飞行器系列丛书

飞机燃油箱惰化技术

刘卫华　冯诗愚　著

科学出版社

北京

内 容 简 介

本书简要地介绍了采用机载燃油箱惰化技术的必要性及其发展与应用现状,系统地阐述了飞机燃油箱惰化系统设计的理论基础、设计原则、计算方法与实验技术。其中,燃油中溶解氧逸出特性对油箱上部气相空间氧浓度变化规律的影响、机载中空纤维膜空气分离性能的影响因素与性能预测、惰化流量需求计算方法、多隔舱油箱惰化气体流动途径确定方法、油箱上部气相空间氧浓度变化规律的仿真计算及惰化系统设计方法等内容是全书的重点。

本书可供从事飞机设计、飞机燃油惰化系统设计、部件研发及相关专业工程技术人员参考,也可作为高等院校航空动力工程、飞机设计、人机环境工程和相关专业的研究生教材或教学参考书。

图书在版编目(CIP)数据

飞机燃油箱惰化技术/刘卫华,冯诗愚著. —北京:科学出版社,2018.1
(飞行器系列丛书)

ISBN 978-7-03-055093-4

Ⅰ.①飞… Ⅱ.①刘… ②冯… Ⅲ.①飞机–燃油滤清器 Ⅳ.①V228.1

中国版本图书馆 CIP 数据核字(2017)第 268749 号

责任编辑:许 健 高慧元/责任校对:樊雅琼
责任印制:谭宏宇/封面设计:殷 靓

科 学 出 版 社 出版

北京东黄城根北街 16 号
邮政编码:100717
http://www.sciencep.com

*江苏凤凰数码印务有限公司*印刷
科学出版社发行 各地新华书店经销

*

2018 年 1 月第 一 版 开本:B5(720×1000)
2018 年 1 月第一次印刷 印张:16 1/4
字数:328 000
定价:90.00 元
(如有印装质量问题,我社负责调换)

《飞行器系列丛书》编委会

名誉主任：赵淳生　郭万林　聂　宏

主　　任：夏品奇

副 主 任：姚卫星　裘进浩　高存法

委　　员（按姓氏笔画排序）：

王立峰　王同光　邓宗白　史治宇　余雄庆　陆志良

陈少林　陈仁良　陈国平　金栋平　赵　宁　胡俊辉

袁慎芳　蒋彦龙

丛 书 序

　　飞行器是指能在地球大气层内外空间飞行的器械，可分为航空器、航天器、火箭和导弹三类。航空器中，飞机通过固定于机身的机翼产生升力，是数量最大、使用最多的航空器；直升机通过旋转的旋翼产生升力，能垂直起降、空中悬停、向任意方向飞行，在航空器中具有独特的不可替代的作用。航天器可绕地球飞行，也可远离地球在外太空飞行。1903 年，美国的莱特兄弟研制成功了人类第一架飞机，实现了可持续、有动力、带操纵的飞行。1907 年，法国的科尔尼研制成功了人类第一架直升机，实现了有动力的垂直升空和连续飞行。1957 年，人类第一颗人造地球卫星由苏联发射成功，标志着人类由此进入了航天时代。1961 年，苏联宇航员加加林乘"东方 1 号"飞船进入太空，实现了人类遨游太空的梦想。1969 年，美国的阿姆斯特朗和奥尔德林乘"阿波罗 11 号"飞船登月成功，人类实现了涉足地球以外的另一个天体。这些飞行器的成功，实现了人类两千年以来的各种飞行梦想，推动了飞行器的不断进步。

　　目前，飞行器科学与技术快速发展，各种新构型、新概念飞行器层出不穷，反过来又催生了许多新的飞行器科学与技术，促使人们不断地去研究和探索新理论、新方法。出版《飞行器系列丛书》，将为人们的研究和探索提供非常有益的参考和借鉴，也将有力促进飞行器科学与技术的进一步发展。

　　本《飞行器系列丛书》，将介绍飞行器科学与技术研究的最新成果与进展，主要由南京航空航天大学从事飞行器设计及相关研究的教授、专家撰写。南京航空航天大学已研制成功了 30 多种型号飞行器，包括我国第一架大型无人机、第一架通过适航审定的全复合材料轻型飞机、第一架直升机、第一架无人直升机、第一架微型飞行器等，参与了我国几乎所有重大飞行器型号的研制，拥有航空宇航科学与技术一级学科国家重点学科。在这样厚重的航空宇航学科基础上，撰写出并由科学出版社出版本套《飞行器系列丛书》，具有十分重要的学术价值，将为我国航空航天界献上一份厚重的礼物，将为我国航空航天事业的发展作出一份重要的贡献。

　　祝《飞行器系列丛书》出版成功！

夏品奇

2017 年 12 月 1 日于南京

前　　言

  油箱的防火抑爆能力，不仅关系到飞机的生存能力和易损性，同时也关系到飞机的利用率、成本与乘员安全。多年来，大量的地面与飞行试验研究和各种防火抑爆技术措施的实际应用结果已表明：利用机载空气分离装置产生惰性气体，并用该惰性气体来实现对飞机油箱惰化是一项技术可行且高效经济的技术方法。该技术方法对提高油箱防火抑爆能力的作用已得到业内普遍关注和认可，在国外，该技术已逐渐趋于成熟，并大量应用于在役和在研的各类军机和民机上，并成为美国联邦航空管理局（FAA）适航审定当局推荐使用技术；在国内，中航工业第一飞机设计研究院、中国商用上海飞机设计研究院、中航工业成都飞机设计研究所、中航工业沈阳飞机设计研究所、中航工业直升机设计研究所及西安飞机工业（集团）公司、成都飞机工业（集团）公司、江西洪都飞机工业（集团）公司等主机单位和南京机电液压工程研究中心、合肥飞机装备有限责任公司、新航（集团）有限责任公司等中航工业附件研制单位也加紧了对该技术的研究及产品样件的开发。可以肯定，在不久的将来，该技术不仅能成功应用于我国自主研制的C919、MA700等大中型旅客机上，而且将广泛应用于我国自主研发的各类军用飞机上。

  为促进飞机燃油惰化技术在国内应用的普及与发展，提升飞机燃油惰化系统设计人员的理论水平并有效地帮助其开展惰化系统的优化设计，更好地保障乘员与飞机的安全，在国内航空设计研究院（所）、飞机工业（集团）公司和南京航空航天大学同行的鼓励和支持下，作者承担了本书的撰写与编辑工作。

  作为国内外第一部关于飞机燃油系统惰化的技术专著，本书内容主要来源于作者所在科研团队近十年来在飞机燃油惰化技术方面的研究心得、学术论文、科学报告和系统设计的工作总结，同时也部分参考了国内外在该领域的最新研究成果、文献资料，在此对被引用的文献作者表示衷心的感谢。

  本书依据概述、基础知识、主要部件、计算方法与系统设计、仿真校核这条主线来安排各章内容。全书共分七章：第 1 章为概述，主要介绍飞机油箱惰化定义及国内外研究与应用现状，惰化技术的发展趋势等；第 2 章论述惰化系统设计中必须首先了解与掌握的几个基础概念和专业知识，如惰化系统技术指标制订依据、燃油中气体溶解特性与逸出规律等；第 3 章重点介绍系统关键部件——机载空气分离装置的性能及其影响因素，具体包括中空纤维膜空气分离的理论基础、影响因素与性能预测方法等内容；第 4 章对油箱上部无油空间氧浓度控制方法进行详细的论述，包括燃油洗涤与冲洗方式的数学描述、计算方法与影响因素分析等；第 5 章为燃油箱惰化系统的设计基础，主要论述系统设计中惰化流量需求计算方法、影响因素、校核方法等；第 6 章详细地论述惰化系统设计中所需遵循的原则、考虑因素与部件定义等；第 7 章介绍采用 CFD 仿真技术对惰化流场的校核。

本书由南京航空航天大学刘卫华、冯诗愚负责编撰，其中，第 1 章、第 2 章、第 4 章、第 5 章、第 7 章由刘卫华负责撰写并承担全书编辑工作，其余章节（第 3 章、第 6 章）及书中图表处理由冯诗愚完成。

在近十年漫长的飞机油箱惰化技术探索和研究过程中，作者曾先后获得了合肥江航飞机装备有限责任公司孙兵研究员、赵宏韬研究员、钱国城研究员、黄雪飞研究员，西安飞机设计研究院蒋军昌研究员、刘苏彦研究员、林厚焰研究员，上海飞机设计研究院周宇穗研究员、雷延生高级工程师、张斌高级工程师，南京机电液压工程研究中心郭生荣研究员、王小平高级工程师、蒋红彦高级工程师，成都飞机设计研究所熊斌研究员、钟发扬研究员、蒋平研究员，沈阳飞机设计研究所董世良研究员、徐蕤高级工程师、单玉伟高级工程师，中航工业直升机研究所叶宁武研究员、杨小龙研究员，西安飞机工业（集团）公司技术中心赵亚正研究员、黎洪高级工程师、刘维蟠高级工程师，成都飞机工业（集团）公司技术中心练夏林高级工程师、邢荣英高级工程师，江西洪都飞机工业（集团）公司 650 所邓新华研究员、古远康研究员，华东适航审定中心刘春阳高级工程师等的大力支持与帮助，在此深表谢意；同时作者还要衷心感谢这些年在飞机油箱惰化技术探索中付出辛勤劳动的研究生，他们是：刘小芳、鹿世化、薛勇、汪明明、付振东、王盛园、卢吉、冯晨曦、吕明文、魏树壮、邵垒、李超越、王洋洋、许滢等。

本书成稿过程中还得到了南京航空航天大学文格副教授、南京理工大学王学德副教授、南京机电液压工程研究中心刘文怡的帮助，在此深表感谢。

限于作者学识水平，书中不足之处恳请读者批评指正。

目　　录

第1章 概　　述

自从有动力飞行以来，燃油箱的安全就成为一个与飞机燃油系统设计和使用有关的、反复出现的问题，但直到 20 世纪 60 年代情况才有所改变，人们开始有目的地进行油箱防火抑爆安全性研究并进入实用阶段，通过对燃油箱内无油空间实施受控惰化为飞机燃油箱提供一个安全环境。

时至今日，技术的进步使得飞机燃油箱安全防护技术已经进入机载燃油箱惰化时代。

1.1　机载燃油箱惰化

机载燃油箱惰化（简称燃油箱惰化）是指惰性气体由机载设备产生，并用之替代燃油箱上部气相（无油）空间内空气以保障油箱的安全。因此，机载燃油箱惰化系统又称为机载惰性气体发生系统（on board inert gas generation system，OBIGGS）。该系统使用机载空气分离技术，去除从航空发动机压气机或环控系统引气中的氧分子，留下富氮气体（nitrogen-enriched air，NEA）惰化油箱。

所谓机载油箱惰性化技术就是在飞机上安装机载空气分离的燃油箱惰化系统，使飞机油箱上部无油空间气层中的氧浓度，在整个飞行过程中始终保持低于支持燃油燃烧所需要的氧浓度水平。国外研究工作表明：当飞机油箱上部无油空间的氧浓度低于 9%时，即便飞机遭遇 23mm 口径高能燃烧弹（high-energy incendiary，HEI）袭击，也不会引起油箱产生过压而损坏。目前，国外通常将 9%、12%作为军用机、民用机采用惰化技术后，油箱上部无油气相空间在海平面高度上可允许的最大氧浓度极限。

一般来说，油箱惰性化技术（系统）主要由三部分技术（子系统）有机组成，一是引气及其处理技术（子系统），无论从飞机发动机压气机直接引气，还是从飞机环境控制系统引气，都必须考虑并设计引气及其处理子系统，以保证气体流量、压力、温度、含水量、含油量、清洁度等指标满足机载空气分离设备入口条件要求。二是机载空气分离技术（子系统），其目的是对空气进行分离，以产生所需要的、具有较高浓度的油箱惰性化气体，即富氮气体。目前，国内外所采用的机载空气分离方法主要有机载分子筛变压吸附分离方法和机载中空纤维膜分离方法两种。其中，机载中空纤维膜分离方法在更大程度上得到了人们的认可，并成为机载油箱惰化系统中富氮气体产生的首选方式。三是油箱上部无油空间气层中氧浓度控制技术（子系统），它要求采用适当的方式，在惰性（富氮）气体消耗量最少的前提下，确保在整个飞行过程中油箱上部空间气层氧浓度始终低于规定值。具体而言，这部分技术又是由燃油洗涤和油箱上部无油空间冲洗两项技术组成的。燃油洗涤一般指在加油或暖机—滑行—起飞阶段，将燃油中所溶解的氧气由富氮气体有效地置换（洗涤）出来；油箱上部空间冲洗则是通过合理布置冲洗（富氮）气体进、出口位置，用适量的富氮气体冲洗（或填充）油箱上部无油空间，以确保在整个飞行（爬升、巡航、俯冲）过程中，油箱上部无油空间气层氧浓度始终低于允许值。

1.2　采用机载燃油箱惰化技术的原因

机载燃油箱惰化技术的采用有其必然性，这不仅仅是因为其技术简单、成熟、便于实现，更是由于与其他油箱惰化方式相比，其经济性最佳、安全性最好。

1.2.1　军用飞机燃油箱惰化技术分析

对燃油箱惰化的需求一直是军用飞机使用的关键问题之一，敌方火力穿透飞机燃油箱时，可能导致无油空间内燃油蒸气发生燃烧、爆炸，引起油箱过压而导致飞机解体。现有统计资料显示：在越南战争中，由于受到地面火力攻击造成油箱失火导致的飞机损失比例高达 50%；北约在对 1141 次与失火有关的飞机事故调查发现，主要也是由于飞行或坠毁时燃油箱过压破裂，同时，在加油和维护期间，也有可能会引起燃油箱燃烧、爆炸而产生过压解体。

正是由于燃油燃烧所产生的过压将引起足够大的结构损坏，导致飞机解体，因而飞机燃油箱防火抑爆能力成为人们关注的重点。但直到 20 世纪 60 年代，军用飞机所使用的燃油箱燃爆抑制的唯一方式还是在燃油箱内安装聚氨酯网状泡沫，这种方式虽然可防止因火焰在油箱内传播而发生的爆炸，但也存在很多不足，为此，从 20 世纪 60 年代开始，美国军方就一直努力探寻新型、更经济实用的油箱防火抑爆技术，用于防止炮火、子弹引起的燃油箱爆炸及其造成的二次损伤。

大量研究表明，控制火焰传递和阻止燃烧进行是飞机燃油箱防火抑爆技术中最为有效的技术途径，该技术途径按工作原理的不同可分为两大类。一类是被动式，即通过在油箱内填充网状泡沫和网状金属丝防爆材料对燃烧或爆炸后的火焰传递进行抑制，目的在于通过控制火焰的传递以减少燃烧后所造成的损失。另一类是主动式，其通过向油箱中注入惰性气体主动控制油箱上部无油空间的氧浓度达到阻止燃烧的目的。常用的惰性气体主要有 N_2、CO_2 和哈龙（halon）1301 等。

用于油箱惰化的气体可采用容器携带和机载设备制取两种方式。前者通过携带充注了液氮/气氮/哈龙 1301 的储存罐，当油箱需要惰化时，由控制系统打开惰性气体流量控制器，惰性气体流向油箱，以确保飞机油箱处于安全状态。该方式已在 DC-9、F-16、F-20 等多款飞机上得到了使用。

携带惰性气体的方式虽可满足油箱对惰性气体瞬时大流量需求，但缺点在于设备重量大，并且需一套复杂的后勤保障系统，全寿命周期内经济性差且效率低，特别是携带的惰性气体总量十分有限，很难做到对油箱的全程惰化保护。同时，哈龙 1301 还是一种碳氟化合物，对地球臭氧层有较大的破坏力，目前已被禁止使用。

20 世纪 70 年代后期，通过机载设备制取惰性气体的机载油箱惰化技术（OBIGGS）发展十分迅速，早期美国军方研究显示，相对于携带惰性气体的方式而言，虽然 OBIGGS 有较大的技术难度，但由于后勤保障要求低，且能实现飞行过程中油箱上部空间始终保持低于支持燃油燃烧的氧浓度水平，因而值得重点发展与推广。

通过几十年的发展，目前机载燃油箱制氮惰化技术已经成为当代军机首选的方式，按其发展历史与制取惰性气体方法不同，机载燃油箱惰化技术大致可分为三类。

（1）燃油催化惰化技术。通过催化燃烧，燃油蒸气混合物在燃烧室进行催化反应生成 CO_2 和 H_2O，分离 H_2O 后，用 CO_2 作为惰性气体。

美国从 1969 年开始在 C-141 和 B-1 等机型上开展了燃油催化惰化技术的预研工作，苏联也进行过相关研究，但是由于该技术中反应温度过高，且易产生有毒的 CO 和 NO_x 气体，现在除伊尔 76/78 运输机外，并无其他机型的应用报道。

（2）分子筛式机载制氮惰化技术。分子筛式机载制氮技术源于机载变压吸附制氧技术，它使用两个（或多个）沸石分子筛吸附床，每个床连续地暴露于高低压中，处于高压力状态下，分子筛吸附床优先地吸收氧气，而暴露于低压状态时，分子筛吸附床放出氧气。

分子筛式机载制氮惰化系统于 1981 年成功装备在阿帕奇 AH-64 武装直升机上，后来在 C-17、MH-60K、AH-1W、UH-1N 等飞机上也进行了试用，但由于该技术对发动机引气量要求较高，且环境和介质温度对分子筛组件性能影响较大，使其工作可靠性降低，目前除少数轻型飞机仍有应用外，已逐步为中空纤维膜空气分离技术所取代。

（3）中空纤维膜惰化技术。其核心就是膜空气分离装置。它将引入的气体进行限流、降温、除杂等预先处理，再经过中空纤维膜空气分离装置进行氧氮分离，形成适合油箱惰化的富氮气体，最后经过分配系统将富氮气体输送到指定的油箱气相空间内（冲洗）或燃油中（洗涤）。

中空纤维膜惰化系统不仅单位体积渗透面积大，且可采用原料气走丝内，分离器外壳无需承压方式，同时不需进行阀门切换，可连续产生富氮气体，体积十分紧凑，更适合用于机载安装，目前在国外已经有多型号军机采用此类惰化装置，如 F-22、F-35、C-17 等。

针对上述各种油箱防火抑爆方式的经济性，美国军方亦开展了大量的分析计算工作。图 1.1 为 20 世纪 80 年代美国军方就当时可使用的各类油箱防火抑爆技术所进行的全寿命周期费用预测，从图中清晰可见，就当时技术水平而言，采用机载油箱惰化方式已是最经济的方式，而随着膜分离技术的发展，该方式的经济性优势得到进一步的凸显。

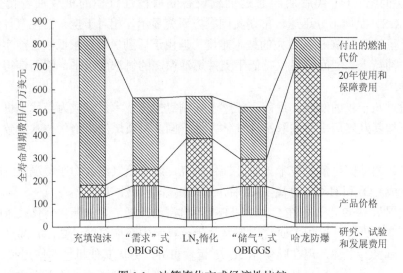

图 1.1　油箱惰化方式经济性比较

正是由于技术可行、经济实用且安全有保障，使得机载中空纤维膜制氮惰化系统在军用飞机上获得了广泛应用，并成为当前军用飞机油箱惰化的首选方式。

1.2.2　民用飞机燃油箱惰化技术分析

1996 年美国环球航空公司的一架波音 B747-100 客机在执行 800 号航班任务时，于纽约长岛上空爆炸，机上 230 人全数丧命（图 1.2），这一事件引起人们的强烈关注，并敦促飞机制造商与适航当局思考，如何进一步提高商用飞机燃油箱的防火抑爆性能。

理论研究和军用飞机的实践早已表明：油箱惰化能有效地保护飞机燃油箱的安全。但限于运营成本，该技术起初并未在商用飞机中获得应用，直到 20 世纪 80 年代后期，膜空气分离技术的突破，才使得该技术就经济方面考虑、应用于商用飞机成为可能。目前，对于商用飞机，国际上普遍采用的先进方法是将机载制

图 1.2　TWA800 飞机残骸

氮系统分离出的富氮气体冲洗油箱上部空间，以此来稀释燃油箱内上部空间的氧和由于飞机爬升而从燃油中析出的氧。

国外关于民用飞机油箱惰化技术的研究大约起始于 20 世纪 80 年代初，国内从 2006 年才刚刚起步。大约从 2000 年开始，由于制膜技术的突破，膜分离空气制氮惰化飞机燃油箱的技术得到了迅猛的发展，尤为突出的是美国联邦航空管理局（FAA）对该技术进行的大量卓有成效的理论和实验研究工作。

1999 年，FAA 对 20 世纪 60 年代以来由于燃油箱燃爆引起的事故进行了统计，结果表明：从 1960 年以来，已有 18 架运输类飞机因油箱爆炸而毁坏，遇难人数达 542 人。

2000 年，FAA 对商用客机的两种惰化方案进行了比较及费用评估，其中一种方案是对燃油箱进行预先地面惰化（ground based inerting，GBI），即在飞机起飞前，将富氮气体通入燃油中，通过气泡和燃油的传质把燃油中大部分的氧置换出来，使得飞机在爬升的过程中没有氧从燃油中析出；另一种方案是进行持续的即时冲洗，且只对中央翼热油箱（hot center wing tank，HCWT）进行冲洗，即在飞行的过程中利用通入富氮气体来不断稀释燃油箱气相空间原有的氧和在飞行过程中从燃油内溢出的氧（目前这种方法已成为民机惰化系统的首选方案），上述两种方案在实施时又有两种具体的方式可以选择，分别为循环惰化和非循环惰化。循环惰化是指洗涤或冲洗后排出油箱的混合气体，被收集起来作为制取富氮气体的气源，送入空气分离模块（air separation module，ASM）的入口，由此进行气体的循环利用；非循环惰化则只利用新鲜空气作为富氮气体的气源，惰化后的混合气体直接排入大气，不再加以利用。两种方案的评估时期为 2000 年以后的 10 年，评估结果表明：即时冲洗中央翼热油箱方案要比地面惰化方案节约 50%左右的费用，而非循环惰化要比循环惰化节约 50%左右的费用。

2001 年，FAA 进行了地面和飞行惰化实验；2005 年，FAA 对 A320 和 NASA B747 飞机的机载油箱惰化系统分别进行了飞行测试；同年，FAA 还采用蒙特卡罗统计方法（Monte Carlo statistical method）对某飞机燃油箱可燃性（fuel tank flammability assessment method，FTFAM）进行了评估，并公布了其计算程序。该计算程序考虑了飞行包线、油箱类型、惰化设置、大气温度、大气压力、载油率、油箱温度、飞行马赫数、燃油品种以及航程和天气等因素对惰化效果的综合影响，最终以油箱暴露在可燃性区域时间占总飞行时间的机队平均概率来评估油箱的可燃性。

在机载油箱惰化系统飞行测试获得成功后，FAA 颁发了一系列修正案、咨询通报和适航规章，强制要求在飞机燃油箱内同时采取有效措施杜绝点燃火源（SFAR 88）和降低可燃蒸气浓度（AC 25.981-1A、AC 25.981-1B、AC 25.981-1C、AC 25.981-2、AC 25.981-2A），以减少运输类飞机燃油箱可燃性（FAR 25.981），提高燃油箱安全性。

FAA 和美国国家运输安全委员会（National Transportation Safety Board，NTSB）建议采取的措施为：燃油箱充氮气；燃油箱隔离；加油前冷却燃油；中央翼油箱装载充足油量，避免油泵干运转等。并在 2008 年 7 月 21 日发布规章，明确采用燃油箱惰化是一种可行的措施。

"降低运输类飞机燃油箱可燃性"这一要求通过修正案 25-125 于 2008 年 9 月定义生效并具有追溯性，对于现役和正在研制飞机均要求进行改装或加装燃油箱惰化系统以满足油箱安全要求。

FAA 认为符合修订要求后可以预防 75%～90% 的燃油箱爆炸。主要依据是设计更改可以增强失效安全设计特性，燃油箱系统检查的强化可以在燃油蒸气引发火灾之前发现导致点火源的故障状态。

125 修正案的贯彻执行将对商业航空公司的营运经济性产生一定影响，FAA 使用 1999 年的数据确定该修订将影响到 6971 架飞机，其中 6252 架涡喷飞机和 719 架涡浆飞机。

虽然 FAA 并没有具体量化这次修订将带来的收益（因为油箱内实际起火源有不确定性），但 FAA 还是就采用该技术的收益/成本进行了分析与比较。FAA 认为：针对典型商用飞机，空中爆炸损失的估算是 40160 万美元，修订后适航符合性成本是 16510 万美元，如果截至 2014 年，该次修订可以预防一次此类事故，避免的损失比符合性成本要大得多。基于此，FAA 认为：采用该修订的收益大于成本。

目前波音 B737 和空客 A320 现役机型均在进行改装，波音 B787 和空客 A380 飞机设计中均采用或选装了机载制氮系统。波音用 B747 飞机作为验证机，对改装的系统进行了空中试验和测试。空客则在 A320 飞机上测试了类似的惰化系统。现役飞机中，已经和正在进行的改装惰化系统的还有 B747、B777、A321 等系列飞机。

综上所述，从国际商用飞机技术的发展趋势来看，随着空气分离技术的快速发展，系统成本和维护费用的降低，以及 FAA 适航当局逐渐明确而强制的要求，可以肯定民用飞机设计必将考虑如何进一步提高油箱安全性，以符合技术发展趋势和适航要求，这使得机载燃油箱惰化成为民机研制中的必选项。

1.3 飞机燃油箱惰化技术的应用现状与发展趋势

1.3.1 军用飞机燃油箱惰化技术的应用现状与发展趋势

应用于军用飞机的油箱惰化方法很多，但总的说来，可分为两大类：一类是被动式惰化措施，即在油箱内填充防爆材料，如填充网状聚氨脂泡沫材料（抑爆泡沫）或铝箔网；另一类是主动式惰化措施，即通过惰性气体来控制油箱上部气相空间的氧浓度，以实现防火抑爆的目的。

1. 聚氨脂类抑爆泡沫

聚氨酯类飞机油箱防爆材料在 20 世纪 60 年代初由美国 Scottpater 公司首先研制成功，并于 1968 年提出网状泡沫塑料（Ⅰ型）标准，后来又发展了更先进的网状泡沫塑料（Ⅱ型和Ⅲ型），1973 年对它们进行了标准化，1975 年又进行了修订，后又发展了两种聚醚型网状泡沫材料（Ⅳ型和Ⅴ型），并于 1978 年重新标准化，1981 年、1984 年又进行了二次修订，随后还进行了大量的改性和实验研究工作。

苏联也进行了一系列网状泡沫材料的研究，并制定了相应标准，如 TY6-05-5127-82，并在苏-27 等飞机上进行了使用。

飞机油箱填充抑爆泡沫的工作原理主要是：抑爆泡沫能够将油箱内混合气体的燃烧控制在局部，防止由于充分燃烧而导致的油箱内气体压力超过承载限度所造成的油箱毁坏，如美国的 P-3、C-130 和 F/A-18 都曾采用过抑爆泡沫技术进行油箱防护。然而，虽然抑爆泡沫能给飞机油箱提供有效的保护，但抑爆泡沫也存在增加重量、减少载油量、积聚静电、易于过早老化和更换周期短、经济效益差等问题。

网状铝合金抑爆材料具有和聚氨脂泡沫大致相同的优缺点。不同点是网状铝合金材料本身具有很好的热传导性，因此能将局部产生的热量更为迅速地传导出去，使其降温抑爆的效果更好。但铝合金填充材料重量较大，填充和取出都较为麻烦，进行油箱内部检查非常困难。

总而言之，维护性差、燃油代偿损失大、经济性欠佳是抑爆泡沫方式逐步被摒弃的主要原因。

2. 气氮、液氮惰化技术

传统的气氮、液氮惰化技术是在每次飞行前向飞机上的气氮、液氮储存罐充氮（气氮/液氮储存在机上的绝热罐内，在每次飞行后都必须重新加满），当飞机油箱需要惰化时，由飞行员打开气氮、液氮开关（液氮瓶内具有一定压力的液氮通过温控器转换成氮气），氮气由管路不断充填到油箱内，以保持油箱气相无油空间氧气浓度低于9%，从而达到油箱惰化的目的。

气氮惰化系统出现在20世纪50年代末和60年代初，F-86和F-100飞机演示了气氮惰化系统为这些飞机燃油箱提供部分时间的惰化。F-86所用系统的重量为52.6kg，仅提供9min的燃油箱惰化使用时间；经过重大改进后的F-100所用系统为19kg，惰化时间为35min，但这些系统均未投入作战使用。

液氮惰化系统在20世纪60年代后期出现在SR-71"黑鸟"、XB-70"北欧女神"（在项目的原型机阶段即被取消）和C-5A"银河"超大型运输机上。在SR-71飞机上对燃油箱惰化的主要需求是防止燃油自燃，因其以大马赫数飞行时，燃油温度可能达到93℃以上。

对液氮惰化方法的主要挑战在于遥远战区的后勤支援措施。对于 C-5A "银河"，这个问题还是可以接受的，因为该飞机仅在全世界少数几个大型基地上使用。

虽然气氮、液氮惰化技术可以满足飞机油箱对惰性气体瞬时大流量的要求，但其重量较大，并且需要一套复杂的后勤保障系统，成本高，效率低，因此不适合于大多数军机应用。

3. 哈龙1301惰化技术

20世纪70年代初期，美国军方研制成功了一种使用哈龙1301的惰化系统方法并经过验证，后来用于F-16"战隼"飞机。

哈龙1301是一种低沸点（其沸点为-57.75℃）并具有较好热稳定性和化学惰性的物质，通常被压缩成液态储存在飞机上，当油箱需要惰化时，控制系统将打开惰化气体流量控制器，大量的哈龙1301气体流向飞机油箱，以保证飞机油箱在整个任务过程中始终处于安全状态。

由哈龙1301系统提供的防护效果随哈龙气体浓度而变化。例如，9%哈龙气体浓度（按体积计），将提供对50mm口径的穿甲燃烧弹（armor-piercing incendiary，API）的防护；而需要用20%的浓度来防护23mm口径高能燃烧弹（high-energy incendiary，HEI）弹头造成的更大的威胁。

由于重量和空间的限制，哈龙1301惰化系统仅可使用相对较短的时间，因此，驾驶员必须在进入敌方空域之前选择使用该惰化系统。图1.3给出F-16哈龙惰化系统原理图。驾驶员一旦做出抉择，无油空间压力从大约 38kPa（表压）减少到13.8kPa（表压），空气排出机外，此时哈龙释放到所有燃油箱，历时20s，达到立即惰化的状态。从这一点起，由比例控制阀将来自通气系统的空气与哈龙气体按照固定的比例混合，随着飞行高度的增加，在燃油箱内保持一个恒定的哈龙浓度水平，在上升过程中，为了维持所要求的无油空间压力，通气系统使无油空间内的哈龙/空气混合物排出机外。为补偿燃油对哈龙的吸收和燃油消耗，通过一个固定不动的限流孔，连续地向无油空间释放哈龙。由于哈龙气体随燃油消耗以及随飞机机动飞行而不断消耗，因此，完全惰化的飞行时间受到所携带的液体哈龙数量的限制。

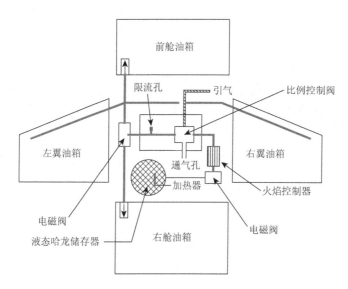

图1.3 F-16飞机哈龙1301惰化系统原理图

F-16"战隼"是采用该方式惰化燃油箱的第一款飞机，后来这一系统的衍生型还曾安装在F-117"夜鹰"上。

为了完善该技术，美国军方还研制了一种精密气体传感器，它可与燃油数字综合管理技术相结合，使哈龙1301气体能按精确需要供给油箱，节省了哈龙1301气体的消耗，在同等性能条件下，减少了储存哈龙1301系统的体积和重量。该技术成功应用于A-6"入侵者"飞机上。

由于哈龙是一种碳氟化合物，有破坏大气臭氧层的作用，鉴于来自美国环境保护局（Environmental Protection Agency，EPA）的压力，目前已不再生产应用哈龙气体的惰化系统了。

4. 耗氧型燃油催化惰化技术

1969年，American Cyanamid公司以C-141型飞机为样机对耗氧型燃油催化惰化技术进行了预研，其中包括概念设计、催化剂选择、系统部件及整体性能计算，为早期耗氧型惰化技术的研究奠定了基础。

　　早期预研中对耗氧型惰化提出了一系列技术指标要求，例如，惰性气体氧浓度为 2%～9%；含水量不超过 5ppm；维护良好状态下催化剂寿命要求超过 500h；系统重量不超过燃油重量的 0.4%；可在 101.3kPa/min 的压降下保证惰化需求；可在 24km 高度下对亚声速和超声速飞机油箱提供惰化保护等。

　　American Cyanamid 公司对 12 种不同类型的催化剂进行了试验，根据催化剂选型试验，通过对反应温度、惰性气体成分、催化剂寿命等方面进行分析，初步挑选出了 Code A 和 F 型催化剂，进一步采用丙烷和 JP-7 燃料试验后，优选了 Code A 型催化剂，其最低反应温度为 306℃，而最高为 564℃，平均为 435℃。

　　催化反应器如图 1.4 所示，当系统启动时，加热原件首先将催化剂温度提升，燃油通过催化反应器外壁进行预热，然后通过引射泵与引气混合通入反应器，混合物在燃烧室进行催化反应生成 CO_2 和 H_2O，并产生一定热量，冷却水通过换热管道，将催化反应温度控制在合理范围。

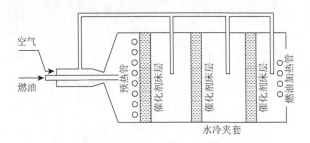

图 1.4　American Cyanamid 公司催化反应器

　　C-141 耗氧型惰化系统总重量约为 1200kg，其中，反应器重 170kg，换热器重 580kg，气体除水装置重 380kg，冷却水重 80kg。显然，装置重量和尺寸过大且需要水冷，大大增加了设备的复杂性。

　　1971 年，Hamilton Standard 公司为远程战略轰炸机 B-1 的惰化系统进行了预研，旨在初步发展催化惰化系统的概念，在这项研究中完成了对燃油催化惰化系统的概念设计，并以 B-1 为应用对象研制了燃油催化惰化系统样件，完成燃油催化惰化系统的地面测试。

　　Hamilton Standard 公司认为系统所采用的材料要具备以下几个特点：在满足系统厚度、强度、重量需求的前提下具有一定的经济性；在 JP-5 燃料燃烧下（260～510℃），系统材料本身不产生燃烧副产物，同时必须有优越的耐高温和抗氧化性；在局部高温应力和短时蠕变时不会发生应力断裂现象。根据上述要求，最终优选出了铬镍铁合金。

　　同时，Hamilton Standard 公司对催化反应器、换热器、燃油-气体混合器、引射器、涡轮冷却及相关控制组件进行了设计。Hamilton Standard 公司直接采用了

American Cyanamid Code A 型催化剂，反应器为圆柱形筒体，其中存在一个很大的流动区域加强流体的流动，满足大流量的需求。催化剂采用直径 0.15cm、长 0.3cm 的小颗粒，采用专门的金属网板固定这些颗粒。

经过大量理论与计算研究，设计的惰化系统如图 1.5 所示。从图中可以看出，其设置了三级催化反应器，且每级反应器后均设置了换热器，该换热器采用板翅式，第一级和第二级换热器结构热侧流通长度为 18.69cm，冷侧为 30.96cm，第三极换热器热侧为 34.62cm，冷侧为 27.61cm。同时，系统中设置了预冷器、油冷器、再热器等多个其他换热器，对燃油和反应器出口产物进行冷却或加热。而且从图中可以看出，该系统由来自发动机的引气驱动，不消耗任何电力。

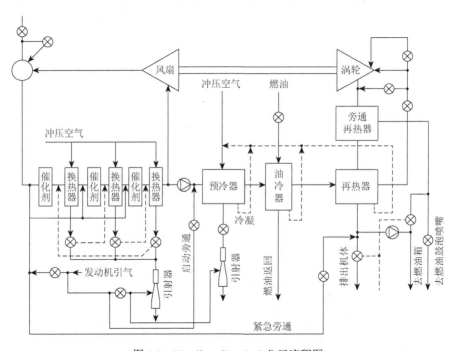

图 1.5　Hamilton Standard 公司流程图

该惰化系统只有同期液氮惰化系统重量的 50%。从流程可以发现，Hamilton Standard 公司的方案设计虽然十分完善，考虑了启动预热和紧急下降等各种极端情况，但是相对于同期进行研究的膜分离和分子筛惰化系统，该流程十分复杂，因此最终并未对系统进行相关装机实验研究。

Airesearch Manufacturing 公司于 1974 年为大型轰炸机设计了新一代耗氧型惰化系统，通过对 American Cyanamid、Hamilton Standard 公司设计系统进行改进，系统重量大幅减少，性能显著提高。

该系统设计以大型轰炸机典型的飞行任务为对象，制定了系统相关性能的设计需求，包括惰性气体流量、成分及系统重量限制等参数。图 1.6 显示了一个飞行包线下不同阶段惰性气体流量需求，在该飞行包线下系统总惰性气体需求量为 242kg。从图 1.6 中可见，下降阶段的气量需求远大于正常爬升和巡航阶段。图 1.7 给出了最大正常下降和紧急下降时惰性气体流量需求，可以发现紧急下降时气量需求较正常下降大了约 1 倍。

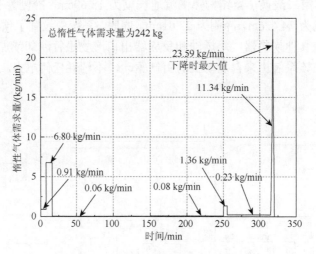

图 1.6　不同飞行阶段惰性气体需求

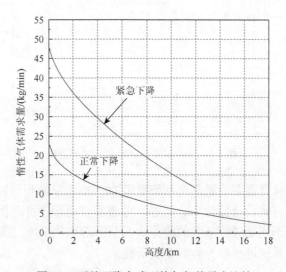

图 1.7　两种下降方式下惰气气体需求比较

为满足不同模式下的流量需求，系统安装了两个不同的反应器，系统设计为低速、最大正常降落、紧急下降三种不同的工作模式。惰化系统流程如图 1.8

所示，由大流量反应器、小流量反应器，反应器控制组件、阻火器、电加热器、燃油泵、冷凝器、涡轮、模式控制组件、水分离器、压力控制组件和过滤装置等组成。

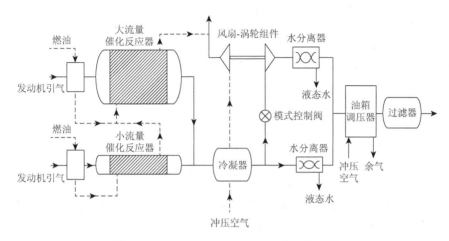

图 1.8 Airesearch Manufacturing 公司流程图

Airesearch Manufacturing 公司测试了 41 种不同工况，并对冲压空气流量、工作模式、油气比等进行了分析，测试结果显示，催化反应温度最高达到约 760℃，且引气比对反应器温度也有直接影响。反应温度过高制约了该系统的实际应用。

2004 年，美国 Phyre 公司在为空军研发一种用于去除燃油中溶解氧气的新型除氧系统时，开发出了一种经济、高效、环保的耗氧型油箱惰化系统。该系统不需要使用发动机引气，系统除一个低压泵外，无任何运动部件，因此功耗低、结构紧凑，重量轻。2007 年，Phyre 公司对该系统进行了完善与测试。由于该系统不但能够解决中空纤维膜式 OBIGGS 存在的需要发动机引气的问题，而且不像纤维膜式系统一样，需要排放富氧气体，因而被称为"绿色机载惰性气体发生系统"（GOBIGGS）。图 1.9 为 Phyre 公司 GOBIGGS 样机照片及与油箱的连接方式。

从图 1.9（a）中可以看出，样机紧凑，壳体内主要有催化反应器/换热器 HX1 和水分离器/换热器 HX2，换热器 HX1 尺寸为 38cm×30.5cm×30.5cm，重量为 28kg，换热器 HX2 为 23.5cm×17.8cm×12.7cm，重量为 5kg。系统有三台风机，其中，风机 P1 和 P2 分别为换热器 HX1 和换热器 HX2 冷侧提供冷却气源，而风机 P0 从油箱抽吸气相空间气体。

从图 1.9（b）中可以看出，GOBIGGS 只要将进出口管道与油箱气相空间进出口连接即可完成安装，相比 OBGISS 需要考虑从发动机引气及 OEA 等气体的排出而言要简单许多。

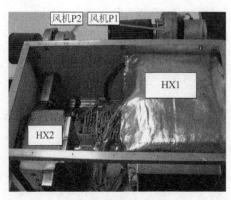
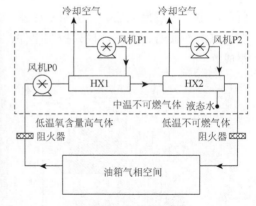

(a) GOBIGGS 样机照片　　　　　　　　　(b) GOBIGGS 流程示意图

图 1.9　GOBIGGS 流程和装置

目前，这项技术还处于试验阶段。一旦技术成熟，GOBIGGS 有可能成为与纤维膜式 OBIGGS 相媲美甚至更优秀的 OBIGGS。

总之，虽然耗氧型惰化技术在性能、重量和后勤方面均有许多优势，但老系统存在以下缺陷：催化反应温度过高，燃油存在燃烧的风险；系统控制较为复杂；催化反应器易产生积碳，需要定期维护，滤网需要定期更换；催化燃烧后产生的气体对油箱的腐蚀性尚未完全明确；在催化燃烧中有可能生成未完全氧化产物，如一氧化碳（CO）、一氧化氮（NO）以及硫化物等。而新系统（GOBIGGS）则技术不成熟。因此，目前除了俄罗斯的伊尔 76/78 运输机安装有老系统外，并无其他实际应用的报道。

5. 机载制氮油箱惰化技术

美国军方从 20 世纪 60 年代就开始对机载制氮油箱惰化系统进行研究。70 年代，George 和 McDonal 以 DC-10 飞机为设计基础对接触式反应产生惰性气体系统的初步设计和性能分析进行了理论和试验研究；Macdonald 和 Wyeth 总结了油箱惰化的各种方法，其中包括用液氮置换气相空间的氧气，即燃油冲洗方法；Kuchta 和 Joseph 则进一步量化了惰性气体需求量，并对测试数据进行了理论分析，但研究中没有考虑海拔的影响。1972～1974 年，Browall 等对渗透膜用于运输机油箱惰化系统可行性进行了研究；Klueg、McAdoo 和 Neese 对应用于 DC-9 飞机储氮式油箱惰化系统进行了分析。1976～1977 年，Manatt、Buss 和 Funk 针对应用于 AH-1G、CH-47C、OV-1D 以及 UH-1B 等军用直升机的中空纤维膜制氮系统，从方案可行性初步论证、系统初步设计、详细设计到搭建实验平台实验测试进行了系统的研究，并制定了相应的设计标准和规范。

　　OBIGGS 的具体应用首先是在 C-17 飞机上实现的，该系统采用机载空气分离技术产生富氮气体来惰化油箱上部无油空间。

　　图 1.10 给出了使用发动机引气作为气源的通用 OBIGGS 原理图。由图可见，OBIGGS 由引气处理子系统、空气分离子系统和富氮气体分配子系统组成。

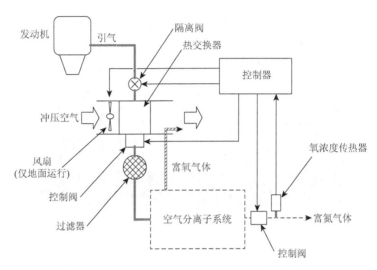

图 1.10　OBIGGS 原理图

　　发动机引气在进入空气分离装置子系统之前，必须先通过热交换器，使温度冷却到 95℃以下。为了防止空气分离器受到污染而导致空气分离功能下降，系统中还必须安装过滤/除臭氧等装置。

　　由于早期的空气分离子系统气体分离能力有限，OBIGGS 设计难点在于如何实现向油箱提供足够量的 NEA，特别是飞机发动机以低功率油门设定值进行下降飞行阶段，在此情况下，外界大气通过通气系统急速流入燃油箱，使无油空间与外界大气之间的压力保持平衡，而在低功率油门设定值下可用于产生 NEA 的发动机引气处于相对低的压力状态，且当油箱接近用空，无油空间的容积很大，因此使得 NEA 气量不足问题加剧。为解决这一问题，在早期 C-17 飞机上采取的技术措施是：在飞行时，当燃油箱满油或发动机处于较高功率设定值时，借助压缩机的作用储存部分多余的 NEA，当 OBIGGS 的 NEA 流量不能满足需要时，则使用已储存的 NEA。然而就系统重量和复杂程度而言，这一方法带来的损失是相当大的。

　　在 OBIGGS 中，需要解决的另一个棘手问题就是溶解在燃油中氧气的逸出问题，燃油是在地面加油和（对于军用飞机）空中加油过程中加入飞机的，在爬升到高空时，这些溶解于燃油中的氧气将逸出至油箱上部无油空间。为了减轻 C-17

飞机上这一问题的影响,早期的 OBIGGS 还安装了一个"洗涤器"装置(图 1.11),
加入的燃油在分配到飞机各个燃油箱之前,流进此装置。此装置使 NEA 在流过
燃油时不断冒泡,迫使溶解的氧气逸出而进入无油空间,并由 NEA 替代之;同
时,在整个加油过程中,由所存储的 NEA 对无油空间进行冲洗,以确保有效的
惰化状态。

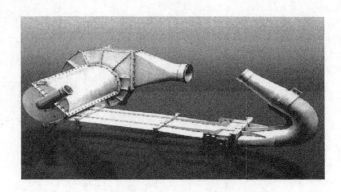

图 1.11　早期 C-17 飞机地面燃油洗涤装置

　　早期 C-17 飞机所使用的空气分离技术是"分子筛"式变压吸附制氮技术。分
子筛制氮技术的发展源于机载制氧系统(OBOGS)的应用,其工作原理如图 1.12
所示。

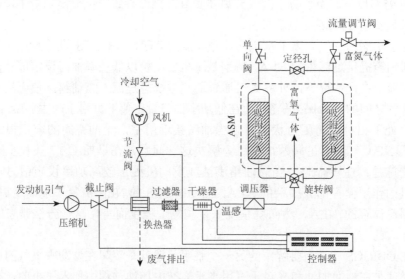

图 1.12　分子筛型 OBIGGS 工作原理图

　　基于变压吸附（PSA）的分子筛制氮技术是利用分子筛中吸附剂（如 4A 沸石吸附剂）对空气中的氮气和氧气的吸附速度不同，通过循环改变分子筛吸附和解吸压力实现空气中氮气和氧气分离的。其工作流程如下：发动机引气经过增压（个别工况需要）、冷却、过滤、干燥和稳压器调整压力后经旋转阀进入吸附床 A，在高压下，氧分子首先被分子筛吸附，而氮分子在沸石结构内不容易被吸附，所以它能自由通过吸附床 A，并在其顶部富集成 NEA，一部分 NEA 供飞机油箱惰化使用，另一部分 NEA 则流经定径孔对吸附床 B 进行降压解吸。当吸附床 A 吸附饱和后，顶部氮浓度逐渐降低，此时旋转阀将空气流切换至解吸干净的吸附床 B，对床 B 进行加压吸附，而床 A 进行降压解吸再生，使分子筛恢复吸附能力。旋转阀以一定速度旋转使得两床交替进行变压吸附循环，从而形成连续的富氮气流。

　　与分子筛展开竞争的技术是渗透纤维膜分离技术。在 20 世纪 80 年代初期，在最佳进口条件下，分子筛能够输送大约 36.7kg/min NEA，而渗透膜纤维空气分离器则大约是 18.6kg/min NEA；但是在 20 世纪 80 年代中后期，渗透膜纤维技术出现重大突破，空气分离试验结果表明，经过重大改进的纤维膜，NEA 流量等指标已远超早期纤维膜。这些直径较大、并带有较薄纤维壁面的新渗透纤维使得机载中空纤维空气分离方式成为了现实。

　　采用中空纤维渗透膜制氮系统（PMOBIGGS）的工作原理如图 1.13 所示。在压差作用下，通过中空纤维膜对空气中的氮气和氧气的选择透过性或渗透速率的不同，把空气分离为富氮气体（NEA）和富氧气体（OEA）。

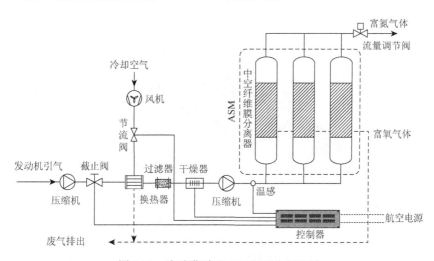

图 1.13　渗透膜型 OBIGGS 工作原理图

　　与分子筛制氮系统相比，渗透膜制氮系统更适合用于机载制氮设备，其突出的优点如下。

（1）体积小、重量轻、耗气量少。中空纤维膜分离器填充密度很大，很小的体积内就可以有很大的渗透面积，而且采用原料气走丝内的流程，分离器外壳不需承压，避免了沉重的承压结构，系统更为简单，所需管道与阀门数量都少得多，重量更轻，更适合在飞机上使用。在性能要求一定的条件下，需产生含氧量低的富氮气体时，中空纤维分离系统的引气量只有分子筛系统的一半。

（2）可靠性高。由于分子筛制氮依靠压力变化实现氧氮分离，在要求连续供氮的场合下，只能用两床、三床或多床分子筛系统并依靠旋转阀切换工作状态，结构复杂，尤其是快速变压吸附系统，旋转阀运动频繁，其寿命一直是一个难以解决的问题；而膜分离系统的运动部件相对较少，系统更为简单，可靠性更高。

（3）对水蒸气不敏感。分子筛对水有极大的亲和力，而且吸水性对压力变化不敏感，因此在快速变压吸附过程中分子筛一旦吸水则很难脱附，吸水量的累积会导致制氮能力不断下降。而膜分离则明显不同，操作上只要保证进入膜组件的原料气相对湿度低于 90%，避免水蒸气在膜表面冷凝，就可以保证水蒸气的渗透不会影响到富氮气体流量。

OBIGGS 空气分离模块（ASM）采用的中空纤维膜分离器如图 1.14 所示，为圆筒结构，内置大量细小的中空纤维膜，沿圆筒轴线方向形成纤维丝束。发动机引气经过增压、冷却、过滤、干燥以及再增压后输入分离器，渗透率高的氧气迅速透过膜，沿纤维丝束的径向排出并富集成富氧气体排入大气，而渗透率小的氮气则保留在膜内沿轴向富集成富氮气体直接输出。

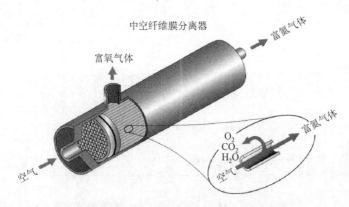

图 1.14 中空纤维膜分离器结构示意图

当前已有若干种不同的纤维源可供使用，每一种纤维源都具有不同的特性，这些纤维的设计和制造工艺具有高度的知识产权，属于各生产厂商核心技术。与早期纤维产品相比，在 NEA 浓度和流量方面，可供使用的最新纤维源均获得很大改善。

纤维技术发展到如今，新的渗透膜纤维膜已成为现代 OBIGGS 中标准的空气分离方式。

2004 年，C-17 飞机完成了 OBIGGS 的更新，它采用了当时最新的渗透膜纤维技术，这一新系统直到现在还在运行使用。

C-17 更新惰化系统后不久，新的渗透纤维膜技术已在美国 F-22 "猛禽"、F-35 "联合攻击战斗机"、欧洲 A400 军用运输机上得到了应用。在这些系统中，通过使用当时最新纤维膜，OBIGGS 均为按需设计的系统，不再需要携带机载 NEA 存储装置，大大降低了系统的复杂程度，提高了系统的可靠性。

1.3.2　民用飞机燃油箱惰化技术的应用与发展

对于商用飞机市场，提供某种形式的机载抑爆系统，在设备购置成本和营运费用方面的矛盾，在很长时间里一直是燃油箱惰化系统应用的主要障碍，一直到 20 世纪 80 年代后期，由于膜技术进步，机载空气分离系统营运成本能为各航空公司所接受，且在适航条款要求下，这才使得机载油箱惰化技术在民用运输类飞机上得到了广泛应用。

事实上，民用运输类飞机燃油箱惰化技术的应用、发展与其安全运营历史是密不可分的，它具体反映在适航条款变迁的过程中。

1. 适航条例变迁与惰化技术

民用运输类飞机燃油箱点燃防护方面的适航要求对应的条款为 FAR25.981 及附录 M、N，FAA 先后颁布与该条款相关的适航规章和符合性指导文件如表 1.1 所示。

表 1.1　燃油箱点燃防护适航规章目录

编号	名称
CCAR 25/FAR 25	Airworthiness Standards: Transport Category Airplanes
FAR 26	Continued Airworthiness and Safety Improvements for Transport Category Airplanes
Amendment 25-102	Fuel Tank Ignition Prevention
Amendment 25-125	Fuel Tank Ignition Prevention
AC 25.981-1B	Fuel Tank Ignition Source Prevention Guidlines
AC 25.981-1C	Fuel Tank Ignition Source Prevention Guidlines
AC 25.981-2A	Fuel Tank Flammability Reduction Means
DOT/FAA/AR-05/8	Fuel Tank Flammability Assessment Method User's Manual
AC 25.1309-1A	System Design and Analysis

续表

编号	名称
SFAR 88	Transprot Airplane Fuel Tank System Design Review，Flammablity Reduction，and Maintenance and Inspection Requirements，Proposed Rule
AC 20-53B	Protection of Aircraft Fuel Systems Against Fuel Vapor Ignition Caused by lightning
AC 20-136A	Protection of Aircraft Electrical/Electronic Systems against the Indirect Effects of Lightning
SAE ARP 1870	Aerospace Systems Electrical Bonding and Grounding for Electromagnetic Compatibility and Safety
SAE ARP 5416	Aircraft Lightning Test Methods

历史上，FAR25.981 条款先后经历了三次修订，分别是修正案 25-11（1967年 6 月 4 日生效，NPPM（立法建议）：65-43）；修正案 25-102（2001 年 6 月 6 日生效，NPPM：99-18）；修正案 25-125（2008 年 9 月 19 日生效，NPPM：05-14）。

修正案 25-11 新增了 25.981 条款"燃油箱温度"。要求必须确定燃油箱最高温度，该值应低于预计的油箱内燃油最低自燃温度，并留有安全裕量；燃油箱内可能点燃燃油的任何部位的温度均不得超过燃油箱最高温度。如果任一部件的工作、失效或故障可能提高油箱内的温度，则必须在该部件的所有可能的工作、失效或故障情况下表明燃油箱温度符合规定。

该修正案修订了 FAR25 部 D 分部、E 分部、F 分部、G 分部的 18 个条款，涉及发动机反推系统、工作特性、燃油系统、冷却系统、操纵器件和防火等适航要求。

该修正案要求飞机制造商与运营商执行更严格的适航设计标准，以防止燃油箱温度超限，这些设计标准涉及电气、机械和燃油箱内部安装等众多问题，其部分示例如下。

（1）燃油箱内布线。对正常使用过程中进入燃油箱的电能、燃油箱布线内的短路和感应电流/电压规定了上限值，由此来支持本征安全的目标。

（2）燃油泵设计。燃油泵必须能够长期地干态运行而不产生可能点燃燃油箱油气的局部高温。设计还必须使由部件磨损或由外来损坏而引起火花的概率减至最小。

（3）电搭接。燃油箱内设备的安装必须有合适的电搭接，以确保由雷电、高能辐射场（HIRF）、静电或故障电流所引起的放电不会点燃燃油蒸气。

（4）电弧间隙。必须在部件和结构之间提供合适的间隙，以确保不会出现由于闪电而引起的电弧。

至于是否需要控制燃油箱内易燃蒸气的暴露时间，该修正案并未给予明确的要求。

1996 年 7 月 17 日，一架具有 25 年机龄的波音 B747-100 系列飞机在从纽约肯尼迪国际机场起飞后不久就发生了空中解体，导致 230 人丧生，造成严重的空难事故（简称 TWA800 航班事故），对此 NTSB 进行了事故调查，结果表明：未知的点火源造成的中央翼燃油箱燃烧爆炸是造成事故发生的元凶。为此，NTSB 颁发了建议书，试图：

（1）减少现有运输类飞机上中央翼燃油箱内燃油的加热程度；

（2）减少或消除新型号合格审定飞机燃油箱内存在易燃油气时的运行时间；

（3）重新评定运输类飞机的燃油系统设计和维修做法。

截至 1998 年 7 月，回顾近 40 年来全世界运输类飞机营运记录，曾发生过 16 起由于飞机燃油箱爆炸而引发的事故。这些事故，特别是 TWA800 航班事故，促使 FAA 去研究围绕燃油箱爆炸的潜在危险性、现有条例的充分性、按这些条例进行合格审定的飞机服役年限以及与燃油箱系统有关的维修做法等问题。

1999 年 10 月 26 日，FAA 发布 NPRM99-18，该通知建议了三个不同的立法要求：

（1）要求特定运输类飞机的设计批准持有人对飞机燃油箱系统进行安全审查，并对任何确定需要重复检查或维护的事项制定具体的燃油箱系统维护和检查文件；

（2）要求禁止这些飞机在指定的时限外运营，除非这些飞机的运营人已将燃油箱系统的维护和检查文件置入他们的检查程序之中；

（3）对于新的设计，建议要求将燃油箱系统的可燃性降至最低，要求进行详细的失效分析来排除燃油箱内出现点火源的可能，并在持续适航文件的限制部分中含有强制的燃油系统维护措施。

2001 年 5 月，FAA 发布了最终法规《运输类飞机燃油箱系统设计评审、降低可燃性，以及维护和检查要求》以及 FAR21 部特别适航条例 SFAR88《燃油箱系统容错评估的等效安全条款》，要求型号合格证和补充型号合格证的持有人/申请人对在役飞机和新设计飞机进行深入评估，查明所有潜在点火源，并制定点火源防护相关的适航限制类维护、检查和关键构型控制限制项目，同时初步提出了对燃油箱可燃环境控制的要求。

在随后的研究中，FAA 发现：制造商在完成 SFAR88 中的阻止点火审查后，还是有不可预测的失效和维修差错将继续产生不期望的点火源，为此，FAA 又发布了多个在 SFAR 审查中没有识别的潜在点火源（不安全状况）要求制造商做进一步的审查，如 AD2006-06-14、AD2006-12-02、AD2006-15-15 等，并根据这些案例，FAA 得出不可能识别和根除所有可能点火源的结论。

2001 年 6 月，FAA 发布实施了 25-102 修正案，该修正案将 FAR25.981 条款标题由"燃油箱温度"修订为"燃油箱点燃防护"；条款中的（a）款和（b）款分别重新排序为（a）（1）款和（a）（2）款，并新增（a）（3）款、（b）款和（c）款。

修订前的 25.981 条款仅定义了运输类飞机燃油箱系统表面温度的限值，为了处理将来的飞机设计，修订后的 25.981 条款既可以处理燃油箱内点火源的阻止问题，又可以缩短燃油箱含有可燃蒸气的时间。其（a）条款明确包含有效排除运输类飞机燃油箱系统内点火源的要求；（c）条款要求将燃油箱内可燃蒸气的形成降至最低。

具体分析当时的 FAR25.981 条款，主要有两点变化。一是提高了对排除点火源和防止点火源发展方面的要求，明确要求有效地排除运输类飞机燃油箱系统内的点火源，"在可能由于燃油或其蒸气点燃导致灾难性失效发生的燃油箱或燃油箱系统内的任一处不得有点火源存在"。虽然此前的设计也是基于杜绝油箱内点火源的失效安全设计，但未考虑存在某些无法预见的以及潜在的失效情况，同时未考虑到其原始失效安全设计特征会因服役时间或维护水平等因素的影响而退化，导致点火源发展失控。为此，需要从设计和维护两个方面来保证对点火源的控制。其中，设计方面主要体现在对失效安全分析的要求更全面（新增 25.981（a）（3）款）；维护方面体现在对点火源防护的持续适航保证方面提出新要求（原来只要求持续适航文件中纳入对结构的强制性检查要求，而没有针对燃油箱系统的要求，此次新增加的 25.981（b）款和 FAR25 部附录 H 的 H25.4（a）（2）款，要求在持续适航文件的适航限制章节中加入针对燃油箱系统的关键设计构型控制限制（CDCCL）、强制性检查或维护程序，以防止燃油箱系统内点火源的发展）。二是新提出了对降低燃油箱系统可燃性的要求，即新增了 25.981（c）（1）款。FAA 已认识到针对燃油箱的防爆工作必须"双管齐下"，即在点火源防护工作基础上，加强对燃油箱内可燃环境的控制，降低燃油箱的可燃性暴露程度，从而达到燃油箱防爆目的。

事实上，当点火源出现后，燃油箱是否会燃烧爆炸，从本质上来说还与油箱内可燃蒸气的暴露相关，为此，FAA 开展了降低点火后爆炸可能性的研究工作。通过研究，FAA 认为："通过将氧含量降低到支持燃烧级别之下来防止可燃燃油蒸气的点燃，可以显著降低点火源进入燃油箱后爆炸的可能性"。为此，FAA 还专门开发了机载燃油箱惰化原型系统，将该系统安装在空客 A320 和波音 B737、波音 B747 飞机上，并进行了试飞实验，获得了成功。

基于上述的一系列研究工作，FAA 认识到："简单的惰化系统通过使用已有的飞机增压气源就可以将燃油箱内的氧浓度水平限制在 12%，这一设计不需要专门的空气压缩机，因此降低了系统尺寸和复杂度"。FAA 的研究还表明："将富氮气体分布到燃油箱的管路系统也是可以简化的，这就进一步降低了惰化系统的重量和安装成本"。FAA 预计："简化的惰化系统足够保护现有机队内飞机上的中央翼油箱"；"基于燃油箱类型，惰化系统的重量为 45.3～114kg，在现有飞机上安装成本为 12 万～22.5 万美元"。这些基础性研究为惰化系统在民用飞机中的应用奠定了基础。

2005 年 11 月 23 日，FAA 颁布了名为"降低运输类飞机燃油箱可燃性"的NPRM05-14。其中，FAA 建议运输类飞机制造商和营运人采取措施显著降低灾难性燃油箱爆炸的可能性，该建议是在 FAA 和工业界对燃油箱惰化技术进行了七年大量研究后产生的，FAA 还建议了安装一套基于性能要求的、将燃油箱可燃性降至可接受的安全水平的惰化系统。

2008 年 9 月，FAA 颁布更新了 25.981 条款"燃油箱点燃防护"细则要求，即 25-125 修正案。该修正案修订了 25.981（b）款和（c）款，新增了（d）款。要求运输类飞机的营运人和制造商采取措施大幅减小灾难性的燃油箱爆炸事件发生的机会，并提出了以性能为基础的一系列要求，这些要求或者在最易爆炸的油箱内设定了可接受的可燃性暴露值，或者要求在受影响的燃油箱内安装点火缓解措施。

对于"降低可燃蒸气"的要求，FAA 推荐飞机可以应用两种技术路线满足条款要求。

（1）采用降低可燃性的措施（flammability reduction means，FRM），即采用惰性气体冲洗油箱油面上方空间或洗涤油箱内燃油的技术，使得油箱内可燃蒸气浓度降低到安全水平，保证氧气浓度始终低于 12% 或 FAA 规定数值。

（2）采用减轻点燃影响的措施（IMM），即使油箱内发生了燃爆，设计上也能降低燃爆危害，保证飞机结构不损坏、飞机着陆安全，避免人员伤亡。

由于目前尚未有成熟、可行的 IMM 技术可应用，新研飞机均倾向于采用 FRM技术。

至于"减少潜在点燃概率"，即避免热源、摩擦、静电、电路短路或诱导电流、诱导电压导致火花点燃燃油蒸气，并减少点燃着火的发生概率。FAA 依据原先制定的 SFAR88，对进入油箱电能提出了更高要求，在 AC 25.981-1C 中规定了应考虑潜在点火源的范围，强调了应采取有效避免由闪电、静电、热源、摩擦造成点火源的设计。将原来可进入油箱电能 200mJ 的限制值更改为 50mJ。对于细丝加热类点火源，如燃油量测量系统，电流限制值由以前最大的 30mA 更改为：正常状态下限制在 25mA RMS 以内，失效情况限制在 50mA RMS 以内，闪电时引起的瞬间峰值电流限制在 125mA 以内。

另外，FAA 规定必须采用安全性分析的方法，表明任何热源、点火源失效造成的单点故障，以及组合故障均不会造成飞机灾难级事件。目前 FAA 尚未针对潜在点火概率的验证提出具体分析规则，但可借鉴 AC 25.1309-2 中安全性分析指导意见中的要求、思路和方法。

由于 125 修正案比 102 修正案要求更为严格，不仅明确提出了燃油箱安装必须考虑燃油箱防爆措施，还对全机队航线中油箱可燃蒸气暴露时间提出了更为严格的指标要求，这极大地促进了机载燃油箱惰化技术在民用运输类飞机上的应用。

2010 年，中国民用航空局也颁布了运输类飞机适航标准第四次修正案（R4），重点强调了民用飞机降低油箱可燃性的重要性。

2. 民用飞机燃油箱惰化技术的研究与应用

在相关适航规章颁布贯彻之前，为使得 FRM 技术在航线上应用经济、可靠、安全，FAA 联合美国国内的飞机制造商、SAE 行业协会、成品供应商通过对 B737、B747 进行改装，完成了大量的机载惰化对比试验，形成了一套理论与试验技术 DOT/FAA 类研究文献（注：这些研究文献从 FAA 官方网站上均可免费下载），简要地概述，这些文献大体涵盖地面惰化可行性与经济性研究、燃油箱惰化气量需求研究、惰化气体管路系统布置方案研究、燃油箱惰化地面试验研究和装机试验研究等内容。

为了寻求最经济的民用运输类飞机油箱惰化方案，FAA 曾组织开展了载客量 19 人以上的民用飞机油箱地面惰化的经济性评估和可行性评估，但随着适航条款对油箱可燃性暴露时间要求的日趋严格和机载系统设计优化，油箱地面惰化方案并没有得到具体的应用。

关于惰化流量需求问题，FAA 的 Burns Michael 和 Cavage 首先针对简单矩形模拟油箱进行了理论和实验研究，结果表明，采用 95%富氮气体（NEA）将气相空间氧浓度惰化至 8%所需的富氮气体量是气相空间体积的 1.5～1.6 倍，即体积置换次数（VTE）为 1.5～1.6。

同时，Burns 和 Cavage 还采用 B737-700 进行了油箱惰化地面测试和飞行测试，分析了风况（无风速、模拟风速、自然风等）和载油率对油箱气相空间氧气浓度的影响。研究结果表明：采用 95%富氮气体将 B737-700 的中央翼油箱惰化至 8%的氧气浓度，需要的体积置换次数约为 1.8，即需要 1.8 倍于气相空间体积的富氮气体；风速、交叉流、高载油率能够显著影响地面测试以及飞行测试条件下油箱气相空间的氧气浓度，特别地，当无风速、无交叉流、低载油率时，气相空间氧气浓度能够长时间维持在 10%以下；飞行测试时，随着载油率的增加对气相空间氧气浓度的影响并不如预期那么明显，而燃油消耗的影响却比较显著。

在 B737-700 的实验测试过程中，由于采用了较为复杂的富氮气体分配系统（图 1.15），将富氮气体均衡地分配至每个隔舱，得到的富氮气体需求量（用体积置换次数表示）比同等条件下的理论计算值要高，富氮气体分配系统效率低下。为此，Cavage 和 Kils 建立了 B747SP 的模拟油箱的实验平台，该平台上安装了可改变富氮气体分配方式的富氮气体分配系统，以及可变的排气方式，通过实验测试得出了简单有效的富氮气体分配方式，从而降低了惰化油箱的富氮气体需求量（体积置换次数为 1.3～1.4），提高了油箱惰化效率。

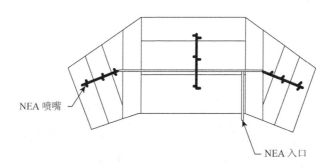

NEA 喷嘴

NEA 入口

图 1.15　B737-700 中央翼油箱气体分配示意图

现有的军用飞机惰化系统通常采用管路将惰性气体均衡分配至油箱的各个隔舱，而运用于商用运输机上的惰化系统，为了满足简单、重量轻及安装方便要求，应该使得管路或富氮气体分配系统尽量简单。为了设计出最佳的富氮气体分配系统，FAA 开展了大量的实验测试和数值模拟研究，其中包括 B747SP 实验测试、24%缩比油箱模型测试（图 1.16）、工程模型以及 CFD 模型仿真分析。研究结果表明，上述测试与数值模拟分析得出的各隔舱氧浓度随体积置换次数的变化曲线非常类似，这为采用简单的工程仿真计算方法来探寻最佳惰化系统管路布置提供了科学依据。

图 1.16　B747SP 油箱 24%缩比模型

在 SFAR88 颁布之后，波音公司和空客公司还着手对民机中央翼燃油箱惰化系统进行飞行试验评估。

波音公司在 B737 和 B747 飞机上对串联安装的惰化盘（由渗透纤维膜空气分离器、气动元件和控制设备组成）进行飞行试验。在每种情况下，空气分离器系统的规格仅提供这些飞机的中央翼油箱保持惰化状态，不对机翼油箱实施惰化。B747 惰化验证系统如图 1.17、图 1.18 所示。

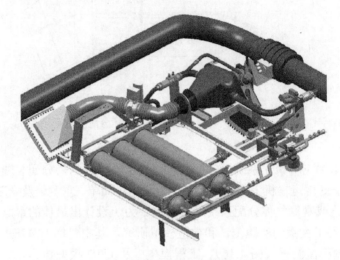

图 1.17　B747 飞机惰化验证系统构型图（一）

图 1.18　B747 飞机惰化验证系统构型图（二）

空客公司也作了相应的惰化系统改装测试试验，如将 A320 飞机作为验证机，对改装后的惰化系统进行了空中试验和测试。A320 飞机惰化验证系统构型如图 1.19 和图 1.20 所示。

图 1.19 A320 飞机惰化系统安装图

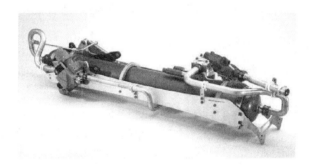

图 1.20 A320 飞机惰化验证系统构型图

21 世纪以来，世界各国对飞机的运输安全性有了更高、更迫切的要求。大型民用客机如 B787 系列机、A380（仅货机型，由于客机未设置中央翼油箱，故未采用惰化系统）等代表了当今航空领域最先进的民用飞机都装配了 OBIGGS。目前，采用先进膜分离技术的机载制系统（PMOBIGGS）已相对成熟，被世界各国的多种类型的飞机广泛接受与采用，我国自主研发的大型旅客机 C919 亦采用了机载惰化系统来惰化中央翼油箱。

第2章　燃油箱惰化基础知识

2.1　油箱可燃与惰化基本概念

要开展燃油箱惰化技术研究，特别是针对民用飞机开展油箱可燃性分析方法及适航审定技术研究，其前提就是对油箱可燃与惰化等概念的准确掌握。

依据 FAA 官方网站资料，油箱的可燃与燃油闪点、燃油的可燃界限紧密相关。

1. 燃油闪点与可燃界限

燃油闪点是指被加热的燃油样本所挥发出的蒸气能被火焰瞬时点燃（或闪燃）时的最低温度。

确定航空燃油闪点的标准方法是 ASTM D56 和 ASTM3828，这两种方法是将燃油样本置于一封闭杯中并以固定的速率加热，一个小火花引入杯中，观察到的着火最低温度就是闪点。

燃油的可燃界限即可燃范围，它是由可燃上限和可燃下限组成的某个区域，位于该区域内可燃蒸气混合物遇到明火将会产生持续性的燃烧。

2. 可燃与惰化概念异同

对于液体或气体，可燃是指容易被点燃或爆炸。当油箱内燃油平均温度处于可燃界限范围内时，没有被惰性化的燃油箱则被认为是可燃的。

在飞机燃油箱中，航空燃油会以气体的形式从燃油中蒸发出来，并聚集于液体燃油上方。在稳定条件下，液体燃油上方的燃油蒸气大致可分为贫油、可燃烧和富油三层。贫油层远离液体航空燃油，其燃油蒸气浓度较低，小于航空燃油起火燃烧的燃料浓度下限要求，所以不可燃；可燃烧层介于贫油层和富油层之间，燃油蒸气浓度适中，是可燃的；富油层位于液体航空燃油表面，在这一区域中有大量的燃油蒸气存在，已经超过航空燃油起火燃烧的燃料浓度上限要求，所以也不可燃。但由于飞机燃油箱所处环境的动态变化，上述三层分布是动态变化的，并没有严格的区分。为此，早期美国适航监管当局和航空工业界总是预先假定飞机油箱内的燃油/空气混合物均匀同性，且在任何时刻都是可燃的；但在可燃性评估中，该假定发生了改变，即仅假定燃油箱上部空间油气混合物均匀同性，是否可燃则涉及燃油温度界限，当位于温度可燃界限范围内，如果未对油箱上部空间油气混合物采用惰化措施，则可燃；反之，不可燃。

产生上述假定改变的原因是：早期美国适航监管当局和航空工业界采取确保飞机燃油箱安全的原理是排除油箱内一切可能的点火源，这一原理主要基于失效安全设计要求，即要求在发生组件失效、故障或遭遇闪电时，飞机燃油系统能将燃油箱内的点火源完全排除。但大量的运行实践和维修案例表明：不可能识别和根除所有可能的点火源，为此，FAA 将采用双轨方法来降低油箱燃爆发生的概率，即在努力根除点火源的同时，还需要采用惰化等技术措施限制油箱内可燃性暴露时间，这自然要求修改上述的假定，使之更符合实际情况。

与可燃概念有所区别，惰化是专门用于反映混合物中氧气浓度的，即油箱上部空间氧浓度低于支持燃油蒸气燃烧所需要的氧浓度水平（氧浓度低），则定义为惰化，这时油箱所处的状态称为惰性状态。

2.2　可燃界限与惰化技术指标

惰化技术指标对于惰化系统设计与气相空间氧浓度控制有着决定性的影响，研究表明，气相空间氧浓度控制值的适度提高对于降低整个惰化系统重量、减少发动机引气量及代偿损失都有着显著作用。

事实上，燃油惰化技术指标的制定与其可燃界限是相互关联的。无论燃油的组成成分如何，当不断降低可燃混合物中氧气浓度时，其可燃上限与下限将会汇聚于一个点，该点就是最大氧浓度（MOC）点，其值就是最大氧浓度值。即当可燃混合物中氧浓度值低于该最大氧气浓度值时，无论用多大的点火能量都不能使之燃烧。因此，理论上讲，油箱惰化就是使得其气相无油空间中气体的氧浓度低于 MOC 值，而惰化技术指标研究也就是 MOC 值计算方法、影响因素及变化规律的研究。无疑，它取决于燃油组成成分、燃爆特性、点火能量及其储存环境等因素。

2.2.1　航空燃油可燃界限

飞机燃油箱火灾是飞机燃油箱起火、失去控制且传播蔓延的一种灾害性燃烧现象。飞机燃油箱起火三角形如图 2.1 所示。当航空燃油、助燃氧气与点火源三者同时存在时，就有可能起火燃烧。如果燃烧过程中聚集的热量大于散失的热量，燃烧就会发展并蔓延，并有可能发生爆炸。

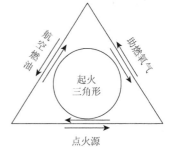

图 2.1　飞机燃油箱起火三角形

由于航空燃油的燃烧热值非常大，约为 43.4MJ/kg，结果是：当发生起火燃烧时，巨大的能量不仅加热燃油使其迅速挥发，而且在油箱内产生巨大的压力严重损坏油箱结构，使其发生爆炸与解体。

由此可见，航空燃油可燃性就是指燃油蒸气的氧化混合物在点火情况下，所产生自持性燃烧波或爆炸行为；而可燃界限是指可燃与不可燃性行为之间的边界。

航空燃油是复杂的烃类混合物，通常包括链烃、烷烃、环烷烃和芳烃等，其中的碳原子跨度从 C11 到 C15。当飞机燃油箱装油后，轻质烃类首先从油中溢出，充满燃油箱上部的无油气相空间，与其中的氧气形成易燃的混合气体。

图 2.2 为常压下，航空燃油的闪点、自燃点、蒸气压和可燃界限随燃油蒸气浓度和燃油温度的变化关系。飞机燃油箱中的航空燃油在一定温度、压力条件下会挥发出一定的燃油蒸气，当燃油温度达到闪点温度时，在存在点火源的情况下会发生闪燃，但是不会持续燃烧。这是因为在闪点温度下燃油液体蒸发较慢，蒸发量少，闪火后已将燃油蒸气烧尽，所以闪点只是引起着火的最低危险温度。随着燃油温度升高，燃油蒸气的蒸发速度提高，当燃油蒸气浓度达到燃烧下限要求时，这时燃油蒸气的蒸发速度能跟上燃烧速度，即进入持续可燃区，这时燃烧可持续进行，并且蒸发速度和燃烧速度相互激励和促进，一旦压力不能及时释放，即可能发生爆炸。燃油蒸气压也将随着燃油温度的升高而升高，燃油蒸气在气相空间的浓度也相应地增加，当气相空间中的燃油蒸气浓度达到燃烧上限时，这时可燃气体过多，助燃氧气则不足，燃烧将停止。如这时燃油温度进一步升高，即使没有点火源，燃油也会发生燃烧，这是因为该燃油温度已达到了燃油蒸气的自燃温度。

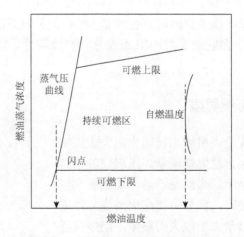

图 2.2　飞机燃油可燃界限关系图

由图 2.2 可知，所谓的可燃界限就是燃油蒸气与空气的混合物可发生燃烧爆炸的浓度范围。它具体又分为可燃上限和可燃下限。可燃下限是指其能够发生燃烧最低的可燃蒸气浓度；上限则为最高的可燃蒸气浓度。可燃界限一般用可燃蒸气在混合物中的体积分数来表示。

事实上，燃油的可燃界限有可燃温度界限、可燃浓度界限两种表示方法。可燃温度界限也称生成可燃混合物的温度界限，在燃料上部密闭空间中某个最低温度下生成的可燃混合物遇有外部火源能产生燃烧，这个最低温度称为可燃温度下限（可燃温度下限与闪点的区别是，后者是在不完全密闭系统中已生成的油气-空气混合物遇到外部火源时闪火点燃，燃烧过程不稳定，闪点与可燃温度下限不完全一致）；在某个最高温度，燃料上部空间中油气-空气混合物仍能保持稳定燃烧能力，这一温度称为可燃温度上限。可燃温度界限随着外界压力降低而降低，并向较低温度方向移动，使得可燃区域也随之变窄。

可燃浓度界限也称为燃料-空气混合气中火焰传播浓度界限。它是指混合气能够进行火焰传播时燃料的体积浓度范围，它也分为可燃浓度下限和上限。可燃浓度界限与燃料及燃料-空气混合气整体的化学活性、导热系数、热容、压力和温度等有关。

对于同一燃油，可燃温度界限与可燃浓度界限具有对应关系，可以进行相互换算，但在飞机燃油箱惰化过程中，人们习惯采用燃油可燃温度界限作为油箱惰化状态的判别，即燃油温度落入可燃界限之内，定义油箱是可燃的，反之，油箱处于惰化状态。

图 2.3 给出了某航空燃油（闪点为 80℉）在给定飞行包线下，可燃温度界限随飞行高度（压力）的变化曲线。

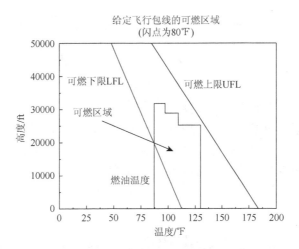

图 2.3　燃油可燃区域随高度变化关系

1ft=0.3048m；℉ = (9/5)℃+32

2.2.2 可燃界限影响因素

实践表明，燃油的可燃界限不是一个固定值，它会随着某些因素的变化而变化。初步分析，影响燃油可燃界限的主要因素有：闪点、混合物初始温度、蒸气压、初始压力、点火能量、氧浓度、惰性气体浓度等。

1. 闪点

航空燃油的闪点对航空安全至关重要，它是衡量航空燃油火灾危险性的一个重要参数。根据各类航空燃油的闪点不同，可以区分出其火灾危险性的大小。表 2.1 所示为我国各类航空燃油的闪点及其可燃性分类。显然，燃油闪点越低，火灾危险性就越大。

表 2.1 我国各类航空燃油的闪点、适用标准及主要用途

代号	闪点/℃	可燃性	适用标准	主要用途
RP-1	30~36	Ⅱ	GB438	民用机、军用机
RP-2	30~36	Ⅱ	GB1788-7	民用机、军用机
RP-3	41~51	Ⅱ	GB6537-86	民用机、军用机
RP-4	<28	Ⅰ	SY1009-80	备用
RP-5	59~69	Ⅲ	CPPC004-83	舰载机
RP-6	62	Ⅲ	未定	特种军用

2. 温度

初始温度对大多数燃料可燃界限是有一定影响的，如图 2.4 所示，图中显示了可燃上限和下限随温度变化的规律。从图中可以看出，随着温度增加，可燃上限会增加，而可燃下限会降低，并且，温度对可燃上限的影响要大于对可燃下限的影响。总的来说，随着温度的增加，可燃区域变宽。

3. 蒸气压

燃油蒸气压是指燃油蒸气与其液体在一定温度下处于动态平衡时的压力。它的大小决定了航空燃油蒸气在飞机燃油箱上部气相空间的含量。

饱和蒸气压对可燃界限是有一定影响的，这可从图 2.4 得到反映。虽然饱和

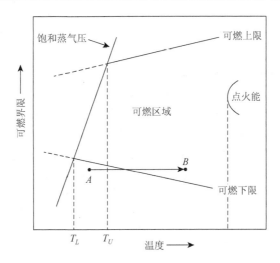

图 2.4　可燃界限随温度的变化规律

蒸气压不会影响到可燃上、下限的值，但是，随着可燃蒸气饱和蒸气压这条曲线的变化，可燃区域也相应地会发生改变。如果饱和蒸气压随温度变化斜率越大，可燃区域也越大，相反，可燃区域就越小。

4. 初始压力

一般来说，初始压力对可燃下限的影响非常小，但对可燃上限的影响却非常显著。在一定的温度下，可燃界限随初始压力的变化情况如图 2.5 所示。从图中可以看出，随着压力的增大，可燃下限几乎不变，只是微略地下降，而可燃上限则迅速上升，并且在低压范围内，变化速率最大。

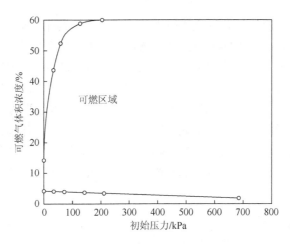

图 2.5　可燃界限随初始压力的变化规律

5. 点火能量

可燃气体混合物燃烧需要一定的点火能量，其开始燃烧时所需的最小能量称为最小点火能量（MIE）。一般来说，很多易燃混合物被火花点燃需要相对少的能量（1～100mJ）和相对较大的功率密度（大于 1MW/cm^3）。图 2.6 所示为可燃蒸气含量对点火能量的影响。从图中可以看出，该混合物依赖于点火源的强度，定义为点火极限，它表示了能量源的点火能力。与点火极限不同，可燃界限基本上是独立于点火源强度的，因此相对于不同的可燃物浓度，需要不同的火花能量来点燃。

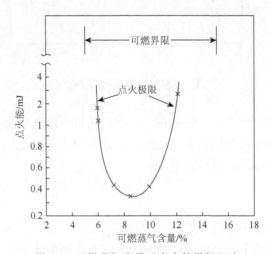

图 2.6　可燃蒸气含量对点火能量的影响

6. 氧浓度

通常情况下，燃油在各种氧浓度下的可燃下限值与空气中的可燃下限值几乎相同。这可理解为，在可燃下限为贫油条件时，无论氧浓度为 21% 或更大，氧气都仅为稀释剂，由于氧氮的摩尔热容是相似的，因此即使在 100% 的氧气环境中，可燃下限值也不会改变。然而，可燃上限值随着氧浓度的增加将急剧增加。图 2.7 为可燃蒸气的可燃界限图，其横坐标为氧气的浓度，左侧坐标为可燃蒸气的浓度，右侧坐标为氮气的浓度。由图中最小氧浓度线可以确定出支持燃烧所需要的最小氧浓度值。从图中可以看出，可燃下限并不随氧浓度的变化而变化，但是可燃上限随着氧浓度的增加从 10% 上升到 60% 以上，可见氧浓度的含量对可燃上限的影响是巨大的。

7. 惰性气体浓度

为控制燃烧和爆炸的发生，惰性添加剂（既不是燃料，也不是氧化剂的物质）

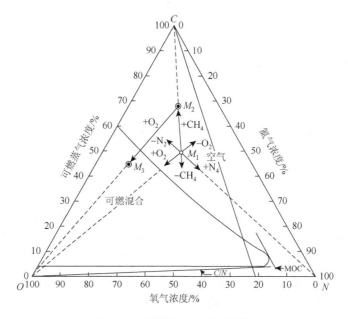

图 2.7 可燃蒸气的可燃界限图

有时会被添加到混合物中，以便减少混合物的可燃界限或使混合物完全置于可燃范围以外。Besnard 系统地研究了一些惰性气体，发现：它们有不同的惰化能力来减少易燃的燃料-空气混合物的可燃范围，如图 2.8 所示。图 2.8 表明在标准条件下加入一组惰性气体后，空气中甲烷可燃界限的变化情况。从图中可以看出，适量的惰性添加剂，其效果主要体现在可燃上限（$C_2H_2F_4$ 除外），如果加入足够数量的添加剂能够使混合物变得不可燃。从图中还可以看出，就阻燃效果而言，从低到高依次是 Ne、N_2、He、CO_2、CF_4、SF_4。

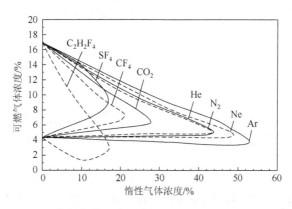

图 2.8 惰性气体浓度对空气中甲烷可燃界限的影响

2.2.3　可燃界限实验与理论计算方法

　　针对燃油的可燃界限，国内外学者展开了大量理论和实验研究，但是由于影响可燃界限的因素非常多，且不同学者对可燃界限的定义也不尽相同，因此目前并未有统一的定义和计算方法。

　　一般来说，实验测试燃油可燃界限的方法可分为观察透明容器内火焰传播现象和测定密闭不透明容器中压力变化情况来判定是否可燃，并定义可燃界限。例如，Bartknecht 和 Conrad 将可燃蒸气混合物恰好能够点火的可燃气体浓度称为可燃界限；而 Zabetakis 和 Lees 则将火焰离开点火源，并蔓延到整个可燃蒸气混合物中时的可燃混合气体浓度称为可燃界限；Smedt 对甲烷等多种烃类化合物进行可燃实验，发现目测德国标准（DIN）玻璃管内的火焰蔓延现象与测试 20L 球状体内的压力在其增加 2%时的实验数据值是基本吻合的；Heinonen 根据自己所得的实验结果，提出将点火后压力增加 2%时的可燃气体浓度定义为可燃界限。

　　图 2.9 为典型的燃油燃爆实验系统流程图，其主体为 20L 柱形爆炸筒，共分爆炸筒、点火源、配气系统三部分。

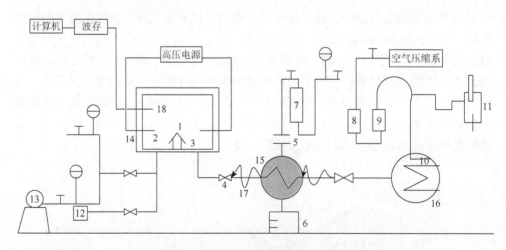

图 2.9　燃油可燃界限实验系统原理图

1-爆炸筒；2-放电极针；3-混合喷嘴；4-电磁阀；5-引射器；6-可燃液体计量装置；7-可燃气体流量计；
8-空气干燥器；9-空气流量计；10-空气加热蛇管；11-空气湿度仪；12-氧分析仪；13-真空泵；
14-温度传感器；15-电加热器；16-电加热器；17-电加热丝；18-压电晶体传感器

　　其测试原理是：可燃性气体与空气（或氧）在一定范围内均匀混合，遇到火源会发生燃烧/爆炸的浓度范围即为其可燃界限；最大允许氧含量是一个临界值，即一旦可燃混合气体中的氧含量高于该值，就会发生燃烧或爆炸，当氧气含量低于该值便不会发生燃烧或爆炸，最大允许氧含量实验就是给以足够的点火能量，利用渐渐逼近的方法，刚好不发生燃烧/爆炸的临界最高氧浓度，就是最大允许氧含量极限值。

作为整个实验装置的核心部件，可燃容器的设计对于实验结果有着重要影响。从 EN1839（B）标准的密闭式球体到体积为 20L 的钢制球体；从美国矿山局标准的竖直开口式玻璃管到 ASTM E681-94 标准的密闭式玻璃球；可燃容器的设计随着研究的不断加深而在不断地发生相应的变化。Takahashi 做了不同尺寸容器的对比实验，指出可燃容器对实验结果的主要影响为：①容器壁的熄火作用；②过热气体在容器顶部的聚集；③预热不可燃周边气体；④热反射和热辐射对于初始火焰的加热作用。

除了容器的大小尺寸外，点火形式对实验结果也有着重要的影响。目前大多数实验都采用电极放电点火。例如，Moorhouse 采用直径为 1mm 的平板断面式钨电极来对烷烃的最小点火能进行研究；Kondo 在分析点火时间与电极间距对可燃界限的影响时，提出了点火时间 0.1~0.2s、电极距离 6~8mm 是采用交流电源进行点火的最佳实验条件。

进行实验研究需要花费大量的时间精力，需要大批量的气体样本，并且存在一定的危险性，因此人们开始寻找既简单又精确的理论公式和经验方法。

对于单一组分的可燃气体，其可燃界限计算方法研究得较早。Nuzdha 和 Shbeko 曾用基团贡献法估算了可燃上限值，但估算误差较大；High 建立了一种估算模型，并降低了估算误差；Melhem 采用化学平衡法来估算可燃界限；Suzuki 在对可燃气体的可燃界限进行研究时采用了神经网络技术，在运用该技术时设定了分子量、扩散系数、临界温度、临界压力等六个已知参数，这使得最后的估算结果较为良好；2001 年，Kondo 提出了一种估算可燃界限的 F-number 分析法，其中，F 的数值通过基于实验值拟合出来的经验公式计算获得；同时，Kondo 在进行可燃界限估算过程中还引入了修正系数 G，提高了 F-number 法的估算精度。

对于多组分的可燃气体混合物，其可燃界限的研究相对较晚，并且大部分研究都是针对 Le Chatelier（理·查特里）法则进行修正。Shebeko 和 Vidal 先后用计算绝热火焰温度（CAFT）的方式估算了可燃物-空气-阻燃剂三元混合物的可燃下限；另外，Kondo 在研究可燃气体-氮气混合物的可燃界限过程中提出了修正后的 Le Chatelier 计算法则。

1. 单组分物可燃界限计算方法

研究单一物质的可燃界限，目前已经有很多较为成熟的计算方法，如经验公式法、完全燃烧时的化学理论浓度法、含碳原子数法、北川徽三法等，总的来看，这些方法都是基于完全燃烧时的反应方程，有的根据方程中所需氧气量计算，如经验公式法和化学理论浓度法；有的则根据方程中含碳数量计算，如含碳原子数法；有的则是将含碳原子数和燃烧所需的氧浓度联系起来，如北川徽三法等。

1）经验公式法

经验公式法只考虑了可燃气体混合物的组成而忽略其他因素，因此，其计算数据与实测数据有一定的误差。其表达形式如下。

可燃下限：

$$L_{\text{下}} = \frac{100}{4.76(N-1)+1} \tag{2-1}$$

可燃上限：

$$L_{\text{上}} = \frac{4 \times 100}{4.76N+4} \tag{2-2}$$

式中，N 为每一分子可燃性气体完全燃烧时所必需的氧原子数。

2）化学理论浓度法

化学理论浓度方法适用于链烷烃类可燃界限的计算。

$$L_{\text{上}} \approx 4.8\sqrt{C_0}，\quad L_{\text{下}} \approx 0.55C_0 \tag{2-3}$$

式中，C_0 为可燃性气体完全燃烧时的化学理论浓度。

对于化学理论浓度 C_0 的求定，有如下方法。

可燃气体分子一般用 $C_\alpha H_\beta O_\gamma$ 表示，设燃烧 1mol 气体所需氧气物质的量为 n，则燃烧反应式可以写成

$$C_\alpha H_\beta O_\gamma + nO_2 \longrightarrow 生成气体 \tag{2-4}$$

如空气中氧浓度为 20.9%，C_0 则可用式（2-5）确定：

$$C_0 = \frac{1}{1+n/0.209} \times 100 = \frac{20.9}{0.209+n} \tag{2-5}$$

在完全燃烧的情况下，可变成式（2-6）：

$$C_\alpha H_\beta O_\gamma + n_0 O_2 \longrightarrow \alpha CO_2 + \frac{1}{2}\beta H_2O \tag{2-6}$$

式中，$2n_0 = 2\alpha + \frac{1}{2}\beta - \gamma$。

对于甲烷有

$$CH_4 + 2O_2 \longrightarrow CO_2 + 2H_2O + Q \tag{2-7}$$

$$C_0 = \frac{1}{1+n/0.209} \times 100 = \frac{20.9}{0.209+n} \tag{2-8}$$

式中，$n = 2$。则

$$L_{\text{下}} \approx 0.55C_0 = 0.55 \times \frac{20.9}{0.209+2} = 5.2 \tag{2-9}$$

因此，甲烷的可燃下限为 5.2%。

式（2-9）也可用于估算链烷烃类以外的其他有机可燃气体的可燃界限。

3）基于碳的数量计算

该方法可以用于计算脂肪族碳烃类的可燃界限。它根据脂肪族烃类含碳原子数 n_c 与其可燃上限 $L_上$、可燃下限 $L_下$ 的关系式求得：

$$\frac{1}{L_下} = 0.1347n_c + 0.04343 \tag{2-10}$$

$$\frac{1}{L_上} = 0.1337n_c + 0.05151 \tag{2-11}$$

4）基于碳数量与氧浓度的计算方法

日本安全工学博士北川徹三提出有机物可燃气体分子中碳原子数 α 与可燃气体的可燃上限所需的氧原子物质的量 $2n$ 之间存在线性关系。对于烷烃，其关系为

$$2n_0 = 0.5\alpha + 2.0, \quad \alpha = 1, 2 \tag{2-12}$$

$$2n_0 = 0.5\alpha + 2.5, \quad \alpha \geqslant 3 \tag{2-13}$$

可燃上限计算公式为

$$L_上 = \frac{20.9}{0.209 + n_0} \tag{2-14}$$

2. 多组分物可燃界限计算方法

上述方法对于单组分可燃蒸气计算具有较高精度，但对于类似燃油蒸气这样复杂组分物质，则有所不足。因此，针对类似于燃油这样的多组分物，人们也提出了不同的计算方法。

1）基于闪点的计算方法

FAA 在针对 Jet A 航空燃油大量实验数据总结的基础上，提出了式（2-15）和式（2-16）基于航空燃油闪点 FP 的可燃界限经验计算方法。

$$\text{LFL} = [(\text{FP} - 32) \times 0.556 - 12.2] - 0.3h/246 \tag{2-15}$$

$$\text{UFL} = [(\text{FP} - 32) \times 0.556 + 17.5] - 0.3h/156 \tag{2-16}$$

式中，闪点 $\text{FP} = 0.3136t_{0\%} + 0.3578t_{10\%} - 67.27$（$t_{0\%}$ 和 $t_{10\%}$ 分别指初馏温度和 10%馏出温度）。

利用上述公式，代入 Jet A 的闪点数据可以求得其可燃界限与高度的关系如图 2.10 所示。

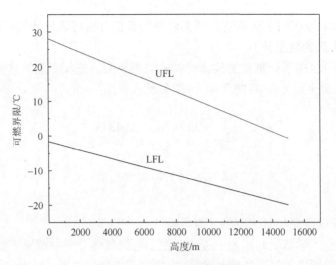

图 2.10　Jet A 的可燃界限图

2）莱·夏特尔定律

对于多组分的可燃蒸气，如果已知每一组分的可燃界限，那么就可以利用莱·夏特尔定律来计算可燃气体混合物的可燃界限。

用 P_n 表示某种可燃气体在混合物中的体积分数，则混合物中可燃气体的可燃下限（%）为

$$LEL = (P_1 + P_2 + P_3)/(P_1/LEL_1 + P_2/LEL_2 + P_3/LEL_3) \qquad （2\text{-}17）$$

可燃上限（%）为

$$UEL = (P_1 + P_2 + P_3)/(P_1/UEL_1 + P_2/UEL_2 + P_3/UEL_3) \qquad （2\text{-}18）$$

此定律已被证明是有效的。

3）理·查特里法则

理·查特里法则认为，复杂可燃混合气体的可燃界限，可根据各组分已知的可燃界限来求取。该计算适用于各组分之间不发生化学反应，并且燃烧时没有催化作用的可燃气体混合物。

$$L_{\mathrm{m}} = \frac{100}{\dfrac{V_1}{L_1} + \dfrac{V_2}{L_2} + \dfrac{V_3}{L_3}} \qquad （2\text{-}19）$$

式中，L_{m} 为混合气体的可燃界限；L_1、L_2、L_3 为形成混合气体的各单独组分气体的可燃界限；V_1、V_2、V_3 为各单独组分气体在混合物中的浓度，$V_1 + V_2 + V_3 + \cdots + V_n = 100$。

该公式适用于计算各组分分子燃烧热 Q、活化能 E、反应速率 K 相接近的混

合物可燃界限。

3. 添加惰性气体后混合物可燃界限计算方法

1）Besnard 经验公式法

惰性气体的添加可明显减少易燃气体-空气混合物的可燃范围，而且适量的惰性气体对可燃上限的影响比对可燃下限的影响更为显著，Besnard 提出的计算添加惰性气体后混合系统的可燃界限经验公式为

$$L = \frac{L_f\left(1+\dfrac{B}{1-B}\right)\times 100}{100+\dfrac{L_f B}{1-B}} \tag{2-20}$$

式中，L_f 为可燃气体的可燃上限或者下限；B 为惰性气体含量。

2）作图法

燃油、氧气和氮气的三角形可燃图可以充分反映燃油、氧气和氮气三者之间的关系，三角形可燃图对研究燃油燃烧与爆炸危险性是非常有用的。只要知道可燃气体在空气中的可燃界限就可以绘制出混合气体可燃三角图，并从图中判定燃爆的可能性，确定临界氧浓度。

燃油可燃三角图的制作过程如下：首先画一个等边三角形，三角形的三个顶点为 C、O、N，分别代表燃油可燃气体、氧气以及氮气。然后连接 CA 得到空气线，并在 CO 边上确定纯氧条件下燃油蒸气的可燃上限 U 和可燃下限 L，再在空气线 CA 线上确定空气中的可燃上限 u 和可燃下限 l，最后依次连接 L 和 l、U 和 u，并分别延长 Ll、Uu 成三角形，最后过顶点作平行于 CN 的切线得到临界氧浓度 EB。

图 2.11 为依据国产 RP-3 号燃油可燃界限数据绘制出的燃油-氧气-氮气三组分混合气体可燃图。由上述绘制过程可知可燃气体 C 在氧气中可燃下限为 L，可燃上限为 U，在空气中下限为 l，上限为 u，则直线 Ll（表示上限）与直线 Uu（表示下限）的交点 E 点称为可燃临界点。如果选择氮气为惰性气体，其可燃下限 Ll 几乎平行于底边，因此其可燃范围为三角形 ULE 所围成的内部区域。图中的 A 点表示空气的组成，其中含氧量为 21%，连接 CA 就可以得到空气线。连接 CN 的线表示氧浓度为零，与该边平行的并且与可燃区域相切的线 EB 即为临界氧浓度。如果添加氮气，可燃界限范围将会缩小，直到变为一个点，该点就是可燃临界点，而该点所对应的氧浓度即为临界氧浓度。

虽然有关可燃界限问题人们已经获得了很多计算模型，但这些计算模型不是存在应用范围有限，就是存在精度不够理想等问题，为此，进一步的研究将是如何优化已有的计算模型以获取更为精确的结果。

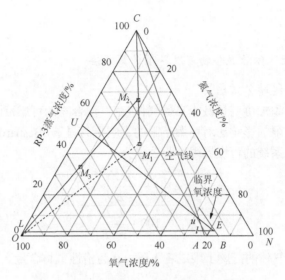

图 2.11　燃油–氧–氮气混合气体的可燃图

2.2.4　油箱惰化技术指标

　　油箱惰化技术指标制定的基础是燃油的组成成分、理化性能及可燃界限，为此，FAA 针对其主要使用的燃油开展了大量的基础性研究工作。例如，Shepherd、Nuyt 和 Lee 等就 Jet A 燃油闪点与化学组成建立了关系式，并通过实验验证了该关系式的正确性；Sochet 和 Gillard 则采用气相色谱分析方法分别研究了 Jet A 与 JP-4 燃油的组成成分，分析了组成成分与可燃界限的关系，并将 FAA 所提出的 Jet A 燃油燃爆极限计算方法简化为与闪点、点火能、初始压力相关的关系式；在美国 NASA Lewis 研究中心资助下，壳牌发展公司（Shell Development Company）对 Jet A 燃油热力学性质进行了实验测试，基于该实验测试数据，采用多项式拟合方法，获得了 Jet A 燃油热力性能与温度、压力的关系方程；作为 1996 年波音 B747 飞机 TWA800 航班的爆炸事故调研的组成部分，James、Woodrow 等对 Jet A 燃油及其蒸气进行了采样，并在实验室条件下对其易燃性开展了理论与实验研究。

　　图 2.12 给出了 Jet A 燃油的易燃性界限，针对燃油温度与飞行高度关系曲线，以及引发点燃所需要能量（mJ）。6 区之外，需要相当大的能量等级（超过 25J）来点燃燃油蒸气。由于存在静电荷或晃动，所有区域的边界可略加延伸。静电使富油边界线向右移动，而晃动使贫油边界线向左移动。

　　正是基于上述燃油理化性能的研究成果，FAA 针对油箱内不支持燃烧的最大氧浓度（MOC）及其变化规律开展了相应的理论与实验研究工作。结论是：对于海平面上充装 Jet A 燃油的油箱，当气相空间氧浓度低于 12%时，油箱是安全的；且随飞行高度上升，其安全氧浓度值增加。为此，FAA 在其最新颁布的适航条款

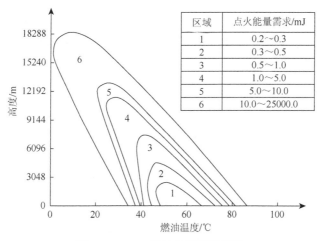

图 2.12 Jet A 燃油的易燃性界限

（25.981 条款）中明确指出：对于使用 Jet A 燃油的油箱，从海平面到 3048m 高度，当油箱内气相空间最大氧浓度不超过 12%；3048m 到 12192m 高度，不超过从 12% 线性增加至 14.5%；则该油箱是惰化的，如图 2.13 所示。并且规定，在油箱可燃性评估中，凡油箱气相空间处于惰化状态即为不可燃状态，民用运输机惰化系统设计可依照此技术指标实施。

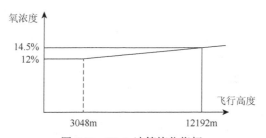

图 2.13 FAA 油箱惰化指标

事实上，由于军机和民机飞行特点不同，其对燃油理化性能要求也有所不同，为此，在航空发达国家中，其军机和民机普遍采用了不同型号的燃油，制定了不同的技术标准，用以规范这些燃油的基本物性，如美国军机广泛使用的是 JP-4 燃油和 MIL-T-83133 规范，民机则采用的是 Jet A 燃油和 ASTM-D-1655 规范等，并各自独立地对其使用燃油的理化性能开展了研究工作。

从 20 世纪 60 年代开始，美国军方就开展了油箱惰化机理及惰化指标的研究工作。研究表明：不同的惰性气体，其燃爆抑制机理及效果是不同的。例如，采用哈龙气体惰化 JP-4 燃油油箱，当其气相空间哈龙气体浓度大于 20% 时，可有效防护 23mm 直径高能燃烧弹；而采用氮气惰化时，则需控制氮气浓度大于 91%才可实现同样的目标。图 2.14 为美国军方采用弹击试验油箱压力变化趋势图。

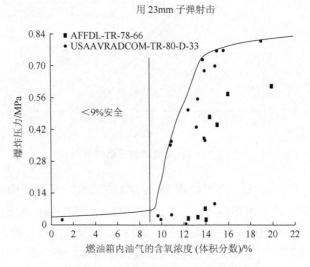

图 2.14　弹击试验油箱压力变化趋势图

事实上，由于军机类型较多，对燃油惰化指标的要求也各不相同。如在美军标 MIL-F-38363B 中，惰化指标定义为 10%，而在 JSSG-2009（联合军种规范指南-2009）中，则规定为 9%，而国外某型军机采用的惰化指标则如图 2.15 所示，其地面惰化要求为 9.8%。

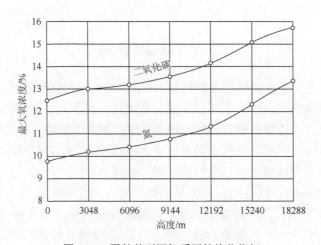

图 2.15　国外某型军机采用的惰化指标

　　无论国外不同机型惰化技术指标如何变化，它们都是依据其所使用的燃油物性参数，通过上述的理论分析与试验测试所获得的结果，因此，其技术指标的制定均有其相应的科学依据和试验结果支撑。

　　我国航空燃油的研制工作始于 20 世纪 50 年代中期，其中，RP-1 是我国批量生产的第一个品种，目前，我国已能生产从 RP-1 至 RP-6 等六种不同型号的航空燃油，与国外民用和军用燃料有所不同，我国军机和民机均使用同一品种牌号的燃油。

　　RP-3 燃油是我国 20 世纪 70 年代为适应国际通航而研制的，目前，它已广泛用于国内的民航飞机和军用飞机，虽然在其技术标准（GB 6537—2006），《3 号喷气燃料》中规定了 RP-3 喷气燃料的要求、试验方法和检验规则，并对其总酸值、芳烃含量、烯烃含量、总硫含量、馏程、闪点、密度、净热值等物性参数制定了相应的技术要求，但这些要求总体是粗略的（如闪点要求是不小于 38℃），并不涉及燃油具体组成成分、理化性能与燃爆性能。

　　正是由于缺乏对国产燃油基本理化性能、燃爆特征等基础研究内容的相关数据资料（虽然作者研究团队已对该问题开展了初步研究，但尚未获得精准惰化-高度变化曲线，尚不足以支撑国产燃油惰化指标制定工作，这也是未来国产油箱惰化技术需重点研究的问题之一），目前，在国内机载油箱惰化系统研制工作中，通常将 9% 作为军机全程惰化控制指标（由此自然增加了系统的重量和引气所产生的燃油代偿损失），而民机则直接采用 FAA 标准。

2.3　燃油中气体溶解特性

　　燃油中气体溶解总量虽然十分有限，但由于飞行过程中环境压力、温度的改变，将使得燃油中溶解气体产生溶解/逸出现象，其中，溶解氧的逸出对于油箱上部气相空间氧浓度的控制有着重大影响。

　　不同气体，其在燃油中的溶解度不同，如在海平面某温度条件下，RP-3 号燃油溶解气体中，氧气约占 35%，氮气仅占 65% 左右；而溶解气体的逸出量，也是依照其溶解度不同而变化的。这里以气相空间初始氧浓度为 21%，载油量为 80% 的油箱为例，当飞机爬升至巡航高度时，由于溶解氧的逸出，油箱内气相空间的氧浓度将升至 33%~34%；又如，在地面惰化时，当用富氮气体冲洗油箱，其气相空间初始氧浓度为 6%，如果对该油箱充分搅动，则由于溶解氧逸出，其气相空间氧浓度可增至 12%~13%，而随着飞机爬升，气相空间氧分压的降低，该油箱气相空间氧浓度还将进一步增加。

　　由此可见，要控制油箱上部无油空间氧浓度，掌握燃油中气体溶解与逸出特性是必要的。

2.3.1 与气体溶解度相关的几个物性参数

1. 燃油密度

燃油的密度有重要的使用意义，是计算飞机续航距离、发动机涡轮转速和燃油中气体溶解度等的重要参数，因此，不仅要求燃油本身密度随温度、压力的变化要小，而且对燃油密度范围也应加以限制。我国生产的燃油密度（$\rho_{p_0}^{20}$）波动范围为：RP-1 为 779～790kg/m³，RP-2 为 776～781kg/m³，RP-3 为 779～805kg/m³。当前飞机用的燃油在 20℃时密度最大不高于 850kg/m³。不同燃油的馏分组成差异很大，密度也不同，借鉴苏联 ГОСТ 燃油标准，本书将 20℃、0.1MPa 时燃油的密度作为计算指定温度和压力下燃油密度的计算值，国内外一些常用燃油的密度计算值如表 2.2 所示。

表 2.2　20℃、0.1MPa 时燃油的计算密度和平均温度修正系数（γ）

燃油品种	新疆 RP-1	胜利 RP-1	大庆 RP-2	大庆 RP-3	大庆 RP-4	管输 RP-5	孤岛 RP-6
密度/(kg/m³)	781.6	787.9	775.8	779.5	766	819.5	837.6
γ/(kg/(m³·K))	−0.7604	−0.7596	−0.7611	−0.7607	−0.7607	−0.7624	−0.7555
燃油品种	T1	TC1	PT	T8	T6	Jet A	JP-4
密度/(kg/m³)	810	779.6	778	789.5	841	805	754
γ/(kg/(m³·K))	−0.7567	−0.7607	−0.7609	−0.7594	−0.7527	−0.7573	−0.764

平均温度修正系数（γ）指温度每变化 1℃时密度的变化值。燃油的平均温度修正系数，在其冰点至初馏点温度范围内变化不是很大，因此常取其平均值，其受燃油性质的影响也很小。

根据不同燃油的计算密度与平均温度修正系数之间的关系，采用曲线拟合的方法可得到如下计算公式：

$$\gamma = -\left(862.0 - 0.13\rho_{p_0}^{20}\right) \times 10^{-3} \tag{2-21}$$

从而使得某一种燃油在 0.1MPa 不同温度下的密度可以按式（2-22）计算：

$$\rho_{p_0}^t = \rho_{p_0}^{20} + \gamma(t - 20) \tag{2-22}$$

式中，γ 为平均温度修正系数，kg/（m³·K）；$\rho_{p_0}^t$ 为燃油在温度为 t、$p_0 = 0.1$MPa 时的密度，kg/m³；$\rho_{p_0}^{20}$ 为燃油在 20℃、$p_0 = 0.1$MPa 时的密度，kg/m³。

作者根据式（2-21）和式（2-22），采用 MATLAB 计算得出我国燃油不同温度时的燃油密度如表 2.3 所示。表中带括号的数据为计算值，不带括号的数据为实验值。

表 2.3　我国燃油不同温度下的密度（0.1MPa）　　　　　单位：kg/m³

温度/℃	新疆 RP-1	胜利 RP-1	大庆 RP-2	大庆 RP-3	大庆 RP-4	管输 RP-5	孤岛 RP-6
−40	826（827.2）	832.4（833.5）	822.8（821.5）	824.2（825.1）	814（811.7）	865.1（864.8）	882.8（882.8）
−30	818.5（819.6）	824.9（825.9）	815.4（813.9）	816.8（817.5）	806.5（804.1）	857.5（857.3）	875.1（875.3）
−20	811（812）	817.4（818.3）	808（806.2）	809.4（809.9）	799（796.5）	849.9（849.7）	867.6（867.7）
−10	803.5（804.4）	809.9（810.7）	800.6（798.6）	802（802.3）	791.5（788.9）	842.3（842.3）	860.1（860.2）
0	796.1（796.8）	802.3（803.1）	793.2（791.0）	794.6（794.7）	783.8（781.2）	834.7（834.6）	852.8（852.7）
10	788.5（789.2）	794.7（795.5）	785.7（783.4）	787.1（787.1）	776.2（773.6）	827.1（827.1）	845.1（845.1）
20	780.9（781.6）	787.1（787.9）	778.2（775.8）	779.6（779.5）	768.2（766）	819.5（819.5）	837.6（837.6）
30	773.3（774.0）	779.5（780.3）	770.7（768.2）	772.1（771.9）	761.3（758.4）	811.9（811.9）	830.1（830.1）
40	765.7（766.4）	771.8（772.7）	763.1（760.6）	764.6（764.3）	754（750.8）	804.3（804.4）	822.6（822.5）
50	757.9（758.8）	764.1（765.1）	755.5（753.0）	757（756.7）	746.5（743.1）	796.7（796.8）	815.1（815.0）
60	750.3（751.2）	756.4（757.5）	747.9（745.4）	749.4（749.1）	739（735.5）	789.1（789.3）	807.6（807.5）

在压力为 0.1～10MPa 和温度为−60～270℃条件下，燃油密度与温度、压力的关系可以进一步用如下线性方程表示：

$$\rho_p^t = \rho_{p_0}^t + (0.5600 + 0.0082t) \times (p_t - 10^5) \times 10^{-6}$$
$$= \rho_{p_0}^{20} + \gamma(t - 20) + (0.5600 + 0.0082t) \times (p_t - 10^5) \times 10^{-6} \qquad (2\text{-}23)$$

式中，ρ_p^t 为燃油在指定温度和压力时的密度，kg/m³；p_t 为大气压力，Pa。

以上公式可适用于温度太高无法实验测量时的密度计算。由表 2.3 可知计算值与实验值计算误差不大于±0.5%。

分析表明随着大气压力的上升，燃油密度虽有所增大，但不明显；在高温下压力对密度的影响同样不明显。以大庆 RP-3 为例，在−60℃时压力由 0.01MPa 上升至 1MPa，密度变化仅为 0.008%，在 120℃时，压力由 0.01MPa 上升至 1MPa，密度变化为 0.2173%。因此，在惰化系统设计中，人们常常忽略压力对燃油密度的影响。

图 2.16 所示为各种燃油在压力为 0.1MPa 时密度与温度的关系。由图可知，不同燃油在相同温度下的密度不同。其原因是燃油的密度与其化学组分和馏分组

成有关，当重质馏分、芳香烃的含量增加和烷烃的含量减少时，燃油的密度则变大，相反则密度减小。温度对同种燃油密度的影响显著，不过对各种燃油的影响程度几乎一致。其原因为不同燃油平均温度修正系数相差很小。

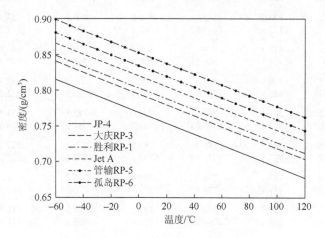

图 2.16　燃油密度随温度变化关系

2. 燃油中氧氮溶解度

在油箱惰化的初始状态，燃油内所含溶解气体将与燃油上方大气保持平衡状态。随着燃油馏分组成的加重，黏度、表面张力和密度的增大，气体的溶解度下降，其中密度对气体溶解度的影响显著。虽然燃油含水量会导致燃油的溶解度增大，但现今控制加入飞机油箱燃油中游离水含量不大于 30ppm，游离水对燃油惰化过程的影响可以忽略不计。

燃油中平衡状态下气体溶解量大小有很多表示方法，如采用本生系数（B）、库恩系数（γ）、拉乌尔系数（δ）、亨利系数（H）及阿斯特瓦尔德系数（β）等表示。为了使用方便，常用本生系数或阿斯特瓦尔德系数来表征气体在燃油中的溶解量大小。本生系数指溶于单位体积燃油中的气体换算成 $t = 0℃$ 和 $p = 0.1\text{MPa}$ 时的体积，可表示为

$$B = \frac{V_0}{V_1} = \frac{273 V_2 p_2}{V_1(273 + t)(p_t - p_v)} \tag{2-24}$$

式中，V_0 为换算到标准条件下的气体体积，m^3；V_1 为饱和温度下燃油的体积，m^3；V_2 为饱和温度下被吸收的气体体积，m^3；p_2 为释放出的气体压力，Pa；p_v 为燃油的饱和蒸气压，Pa；p_t 为大气压力，Pa。

阿斯特瓦尔德系数指单位体积燃油在气体和液体规定的气体分压和温度下处于平衡时溶解的气体体积。

本生系数可按式（2-25）从阿斯特瓦尔德系数求出：

$$B = \frac{273 p \beta_C}{T} \tag{2-25}$$

式中，T 为气体饱和时燃油的温度，K；p 为气体饱和时油箱压力，10^{-5}Pa；β_C 为 15℃时，气体溶解于燃油中的阿斯特瓦尔德系数。

任意温度和密度燃油溶解气体的阿斯特瓦尔德系数可由式（2-26）计算得出：

$$\beta = 2.31 \left(\frac{980 - \rho_p^t}{1000} \right) \exp \left[\frac{0.639(700 - T)}{T} \ln 3.333 \beta_0 \right] \tag{2-26}$$

式中，T 为燃油以及气体的热力学温度，K；p_v 为燃油蒸气压，Pa；β_0 指气体在 $t = 15$℃、密度 $\rho = 850$kg/m^3 时燃油中的阿斯特瓦尔德系数，某些气体的 β_0 值可以从表 2.4 查出。采用式（2-26）计算时，若燃油的蒸气压超过总压的 10%，则需将 β 乘以 $(P_t - P_v)/P_t$。

考虑到机载燃油惰化过程中，只往燃油中通入氮气和氧气两种组分的气体，为此，本书定义气体相对溶解度为

$$\sigma = \beta_O / \beta_N \tag{2-27}$$

式中，β_O、β_N 分别为氧气、氮气的阿斯特瓦尔德系数；σ 表示在同种燃油中氧气的溶解度（如无特别说明，书中所提及的溶解度都采用阿斯特瓦尔德系数表示）相对于氮气的溶解度之比，计算方法可由式（2-26）得出：

$$\sigma = 2.3189^{0.639(700-T)/T} \tag{2-28}$$

相对溶解度的计算式表明其值只与燃油的温度有关，与燃油的种类无关，并随温度的增加逐渐减小。相对溶解度的这一特性，对后续的讨论具有重要的意义。

表 2.4　阿斯特瓦尔德系数 β_0

气体	阿斯特瓦尔德系数 β_0	有效温度区间/℃
氦（He）	0.012	20～150
氖（Ne）	0.018	15～40
氢气（H$_2$）	0.040	0～200
氮气（N$_2$）	0.069	0～200
空气	0.098	0～100
一氧化碳（CO）	0.12	25～200
氧气（O$_2$）	0.16	25～100
氩（Ar）	0.8	15～40
二氧化碳（CO$_2$）	1.45	25～215
氨气（NH$_3$）	1.7	25～200

气体在燃油中的溶解量（G）可利用本生系数（B）按式（2-29）计算（单位为 ppm）。

$$G = \frac{BM_1}{0.0224}\left[\rho\left(1 - 0.000595\left(\frac{T-288.6}{\rho^{1.21}}\right)\right)\right]^{-1} \qquad (2\text{-}29)$$

式中，M_1 为气体的分子量，g/mol；0.0224 为气体在 0℃和 0.1MPa 下的摩尔体积，L/mol；0.000595 和 1.21 为将密度（ρ）校正到规定温度 T 时的经验常数。

当气体溶解度表示为摩尔分数（X）时，则可利用式（2-30）计算：

$$X = 10^{-6}G\frac{M_2}{M_1} \qquad (2\text{-}30)$$

式中，M_2 为燃油的分子量，g/mol。

其他表示平衡状态下气体溶解度的系数均可按表 2.5 从本生系数中换算出来。

表 2.5　平衡溶解度系数换算关系式

系数	本生系数	库恩系数	拉乌尔系数	亨利系数
换算公式	B	$\gamma = B/\rho_1$	$\delta = 100\rho_2 B$	$H = \rho_2 B/P_0$
单位	m³/m³	m³/kg	kg/100m³	kg/(m³·Pa)

注：ρ_1 为燃油密度，kg/m³；ρ_2 为溶解气体在 0℃、0.1MPa 下的密度，kg/m³；P_0 为 0.1MPa。

若要计算压力对气体溶解度的影响，则可利用亨利定律：

$$Q = Hp_2 = \rho_2 B\frac{p_2}{p_0} \qquad (2\text{-}31)$$

式中，Q 为气体在 0℃和压力 p（MPa）下的溶解度，kg/m³；P_2 为释放出的气体压力，Pa。

不同气体在 0.1MPa、温度为 $-60 \sim 50$℃条件下在燃油中的溶解度系数计算结果分别见表 2.6～表 2.8。

表 2.6　0℃时不同气体在燃油中的溶解度系数

燃油	本生系数 B/(m³/m³)				库恩系数 γ/(m³/kg)				拉乌尔系数 δ/(10^3kg/100m³)				亨利系数 H/(10^{-5}/(m³·Pa))			
	空气	N₂	O₂	CO₂	空气	N₂	O₂	CO₂	空气	N₂	O₂	CO₂	空气	N₂	O₂	CO₂
新疆 RP-1	0.147	0.104	0.241	2.177	0.185	0.131	0.303	2.735	0.0180	0.0130	0.0344	0.4276	0.190	0.130	0.344	4.278
胜利 RP-1	0.143	0.100	0.233	2.107	0.178	0.125	0.290	2.626	0.0185	0.0125	0.0333	0.4139	0.185	0.125	0.333	4.139

续表

燃油	本生系数 $B/(m^3/m^3)$				库恩系数 $\gamma/(m^3/kg)$				拉乌尔系数 $\delta/(10^3kg/100m^3)$				亨利系数 $H/(10^{-5}/(m^3 \cdot Pa))$			
	空气	N_2	O_2	CO_2	空气	N_2	O_2	CO_2	空气	N_2	O_2	CO_2	空气	N_2	O_2	CO_2
大庆 RP-2	0.149	0.105	0.244	2.207	0.188	0.132	0.308	2.782	0.0193	0.0131	0.0349	0.4335	0.193	0.131	0.349	4.335
大庆 RP-3	0.148	0.104	0.242	2.191	0.186	0.131	0.305	2.757	0.0192	0.0130	0.0346	0.4304	0.192	0.130	0.346	4.304
大庆 RP-4	0.157	0.111	0.256	2.318	0.200	0.142	0.327	2.957	0.0203	0.0139	0.0366	0.4553	0.203	0.139	0.366	4.553
管输 RP-5	0.118	0.083	0.193	1.750	0.141	0.099	0.231	2.097	0.0153	0.0104	0.0276	0.3438	0.153	0.104	0.276	3.438
孤岛 RP-6	0.105	0.074	0.171	1.645	0.123	0.087	0.201	1.812	0.0136	0.0093	0.0244	0.3035	0.136	0.093	0.244	3.035

表 2.7　氧气在 0.1MPa 下于不同温度下在燃油中的溶解度（计算值）　单位：m^3/m^3

温度/℃	新疆 RP-1	胜利 RP-1	大庆 RP-2	大庆 RP-3	大庆 RP-4	管输 RP-5	孤岛 RP-6
−60	0.1269	0.1212	0.1322	0.1289	0.1412	0.0923	0.0758
−50	0.1421	0.1360	0.1477	0.1442	0.1573	0.1054	0.0878
−40	0.1579	0.1514	0.1638	0.1600	0.1739	0.1190	0.1005
−30	0.1742	0.1674	0.1804	0.1764	0.1910	0.1333	0.1137
−20	0.1909	0.1838	0.1975	0.1933	0.2086	0.1481	0.1276
−10	0.2082	0.2008	0.2150	0.2107	0.2266	0.1634	0.1421
0	0.2259	0.2181	0.2330	0.2285	0.2451	0.1793	0.1570
10	0.2440	0.2359	0.2514	0.2466	0.2639	0.1956	0.1724
20	0.2624	0.2541	0.2701	0.2652	0.2831	0.2123	0.1884
30	0.2812	0.2726	0.2892	0.2841	0.3026	0.2294	0.2047
40	0.3004	0.2915	0.3086	0.3034	0.3224	0.2470	0.2214
50	0.3199	0.3107	0.3283	0.3229	0.3425	0.2648	0.2386
60	0.3396	0.3302	0.3483	0.3427	0.3629	0.2831	0.2561

表 2.8　氮气在 0.1MPa 下于不同温度下在燃油中的溶解度（计算值）　单位：m^3/m^3

温度/℃	新疆 RP-1	胜利 RP-1	大庆 RP-2	大庆 RP-3	大庆 RP-4	管输 RP-5	孤岛 RP-6
−60	0.0372	0.0355	0.0387	0.0378	0.0414	0.0271	0.0222
−50	0.0451	0.0431	0.0469	0.0457	0.0499	0.0334	0.0278
−40	0.0538	0.0516	0.0558	0.0546	0.0593	0.0406	0.0342
−30	0.0634	0.0610	0.0657	0.0643	0.0696	0.0485	0.0414
−20	0.0739	0.0712	0.0765	0.0749	0.0808	0.0573	0.0494

温度/℃	新疆 RP-1	胜利 RP-1	大庆 RP-2	大庆 RP-3	大庆 RP-4	管输 RP-5	孤岛 RP-6
-10	0.0853	0.0823	0.0881	0.0863	0.0929	0.0670	0.0582
0	0.0975	0.0942	0.1006	0.0986	0.1058	0.0774	0.0678
10	0.1106	0.1069	0.1139	0.1118	0.1196	0.0886	0.0782
20	0.1245	0.1205	0.1281	0.1258	0.1343	0.1007	0.0893
30	0.1392	0.1349	0.1431	0.1406	0.1497	0.1135	0.1013
40	0.1546	0.1501	0.1589	0.1562	0.1660	0.1271	0.1140
50	0.1709	0.1660	0.1754	0.1725	0.1830	0.1415	0.1275
60	0.1879	0.1827	0.1927	0.1896	0.2008	0.1566	0.1417

3. 燃油饱和蒸气压

燃油饱和蒸气压指在一定温度下，燃油蒸气与其液体处于动态平衡状态时的压力。燃油的饱和蒸气压与容器中的气相与液相的体积比有关。在其他条件均相同时，气-液比越小，饱和蒸气压越大。当气-液比为零时，饱和蒸气压达到最大，此时的最大饱和蒸气压称为燃油的真实蒸气压。通常测定燃油的饱和蒸气压是在气-液比为 4 的条件下进行的。图 2.17 为大庆 RP-2 在不同温度下饱和蒸气压与气-液比的关系曲线。从图中可以看出，气-液比小于 4 时，饱和蒸气压明显增大，特别是小于 2 时，增大更为显著。

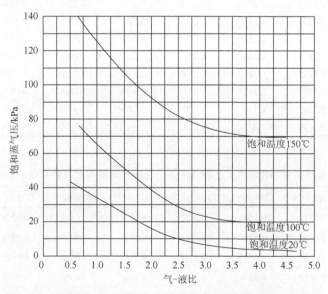

图 2.17　大庆 RP-2 不同温度下的饱和蒸气压与气-液比的关系

作者将航空燃油在气–液比为 4 时的饱和蒸气压与温度的关系进行了拟合，所得结果与相关实验测定值非常吻合。

国内燃油计算公式：

$$\lg p_v^* = A - \frac{B}{t+C} \tag{2-32}$$

国外燃油计算公式：

$$\lg p_v^* = A - \frac{B}{T} \tag{2-33}$$

式中，p_v^* 为燃油的饱和蒸气压，mmHg[①]；t 为燃油温度，℃；T 为燃油温度，K；A、B、C 为与燃油性质及气–液比有关的常数。当气–液比为 4 时，燃油的常数值如表 2.9 所示。

表 2.9　饱和蒸气压计算常数

燃油种类	A	B	C
T8B	9.2446	1940.27	—
T2	8.8275	1486.65	—
RP-3	5.3958	1053.6	240.7

航空燃油 Jet A 和 JP-4 的性质分别与苏联的 T2 和 T8B 相似，因而也可采用表 2.9 所示的计算常数。此外油箱中的燃油与燃油蒸气构成的二元混合物可以看成稀溶液，燃油蒸气压可近似采用燃油饱和蒸气压代替。

2.3.2　平衡状态下燃油中氧溶解度实验与计算方法

所谓的平衡状态是指，空气中的氧氮气体充分溶解到燃油中，此时燃油中的氧氮溶解量达到饱和并与外界空气处于溶解平衡状态，气相空间的氧氮比例和空气完全一致。如飞机在地面的初始加油状态，就可以视为平衡状态。

1. 实验方法

相关文献（本书文献[43]）中较为详细地介绍了平衡状态下燃油中氧溶解度的测试方法，其实验装置如图 2.18 所示，实验仪器为 Beckman 0260 氧分析仪和 39556 氧传感器，该测试仪器可以直接测量燃油液相及气相中氧浓度值。其反应时间大约为 1s，测量误差＜5%。

---

① 1mmHg=0.133kPa。

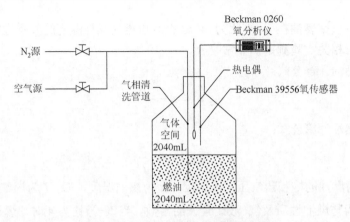

图 2.18　燃油中氧溶解度测量装置图

2. 计算方法

平衡状态时，燃油中氧氮分压与气相空间一致，因此压力平衡关系为

$$p_t = p_{N,F,0} + p_{O,F,0} + p_v = p_{N,U,0} + p_{O,U,0} + x_F p_v^*$$
$$= p_{N,U,0} + p_{O,U,0} + \frac{n_F}{n_F + n_{N,F,0} + n_{O,F,0}} p_v^* \tag{2-34}$$

式中，$p_{N,F,0}$、$p_{N,U,0}$ 为燃油和气相空间氮分压，Pa；$p_{O,F,0}$、$p_{O,U,0}$ 为燃油和气相空间氧分压，Pa；x_F 为燃油摩尔分数；n_F 为燃油摩尔数，mol；$n_{N,F,0}$、$n_{O,F,0}$ 为初始溶解氮氧摩尔数，mol。

平衡状态时燃油中溶解的氮氧摩尔比 $C_{n,0}$ 为

$$C_{n,0} = \frac{n_{N,F,0}}{n_{O,F,0}} = \frac{N_{F,0}/M_N}{O_{F,0}/M_O} = \frac{\dfrac{\beta_N p_{N,U,0} V_F}{RT_F}}{\dfrac{\beta_O p_{O,U,0} V_F}{RT_F}} = \frac{\beta_N p_{N,F,0}}{\beta_O p_{O,F,0}} \tag{2-35}$$

式中，$N_{F,0}$、$O_{F,0}$ 为初始溶解的氮氧质量，kg；M_N、M_O 为氮氧分子量，kg/mol。

将式（2-35）代入式（2-34）可得

$$p_t = p_{O,U,0} \frac{\beta_N + C_{n,0}\beta_O}{\beta_N} + \frac{p_v^* RT_F n_F}{n_F RT_F + (1 + C_{n,0})\beta_O V_F p_{O,U,0}} \tag{2-36}$$

式中，V_F 为燃油体积，m^3；T_F 为燃油温度，K；R 为摩尔气体常数，J/（mol·K）。

由式（2-36）可见，只要知道初始状态气相氧分压，就可得到燃油中平衡的氮氧摩尔比。但是，一般气体溶解度很小，即 x_F 接近于 1，可以认为燃油的饱和蒸气压即为燃油蒸气压，且当海平面为常温时，燃油的饱和蒸气压相对于总压十

分低，因此可忽略燃油饱和蒸气压对氮氧摩尔比的影响，式（2-35）可简化为

$$C_{n,0} = \frac{\beta_{\mathrm{N}}(p_t - p_{\mathrm{O},U,o})}{\beta_{\mathrm{O}}p_{\mathrm{O},U,0}} \qquad (2\text{-}37)$$

所以平衡状态下燃油中溶解氧气的浓度为

$$[\mathrm{O}_2] = \frac{n_{\mathrm{O,F,0}}}{n_{\mathrm{O,F,0}} + n_{\mathrm{N,F,0}}} = \frac{1}{1 + C_{n,0}} = \frac{1}{1 + \dfrac{(p_t - p_{\mathrm{O},U,0})}{\sigma p_{\mathrm{O},U,0}}} \qquad (2\text{-}38)$$

　　显然，初始状态燃油中溶解氧气浓度与燃油的种类无关，仅与燃油温度有关。

3. 计算与实验结果比较

　　相关文献（本书文献[43]）针对 Jet A 及 JP-4 的燃油开展了实验，作为对比，作者采用式（2-38）亦对该实验条件下的燃油溶解氧量开展了计算，计算与实验结果的比较见图 2.19、图 2.20。

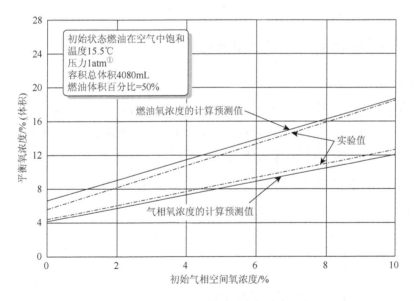

图 2.19　Jet A 燃油平衡氧浓度

　　从图中可以看出，在平衡状态下，理论计算值与实测值有较好的一致性。即采用理论计算方法来预测平衡状态下燃油中氧溶解度的数学模型是可信的。

---

① 1atm=1.01325×10⁵Pa。

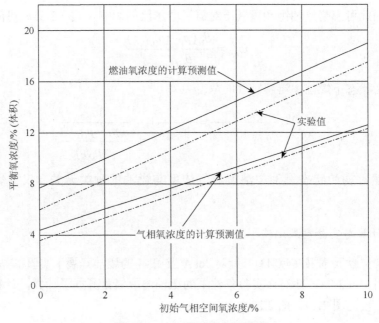

图 2.20　JP-4 燃油平衡氧浓度

2.3.3　影响气体溶解度的诸因素分析

1. 燃油密度对溶解度的影响

图 2.21 给出了温度范围为–60~120℃时，不同种类燃油的密度变化与氧氮溶解度关系。由图可见，燃油氧氮溶解度随燃油密度的增加而减小，不同种类的燃油在同一密度下的氧氮溶解度也存在一定的差异。

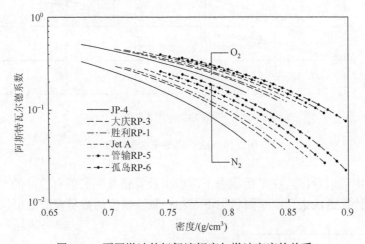

图 2.21　不同燃油的氧氮溶解度与燃油密度的关系

图 2.22 给出了不同气体在大庆 RP-3 中的溶解度随燃油密度的变化关系，其溶解度大小排序为 $CO_2>O_2>$空气$>N_2$。

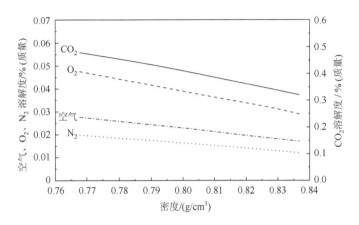

图 2.22　不同气体在燃油中的溶解度与密度关系

2. 温度对溶解度的影响分析

图 2.23 给出了压力为 0.1MPa、温度为–60～120℃条件下，氧气和氮气在各种燃油中的溶解度随温度的变化关系。由图可知，氧气和氮气在各种燃油中的溶解度随着温度的增加而增加，并且氧气的溶解度高于氮气，但是两者的差值随着温度的增加越来越小。

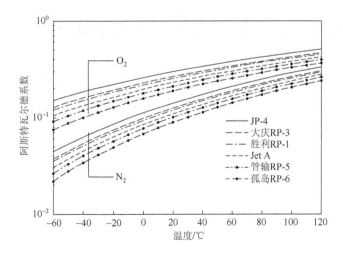

图 2.23　氧氮溶解度随燃油温度变化的计算值

图 2.24 给出了相关文献（本书文献[44]）中各种燃油的氧氮溶解度与燃油温度的变化关系，与图 2.23 数据对比可知，式（2-26）得出的氧氮溶解度计算值随温度的变化趋势与实验数据基本吻合。

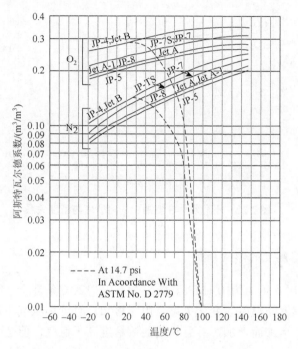

图 2.24　氧氮溶解度随燃油温度变化的实验值

图 2.25 给出了 0.1MPa 时不同气体在大庆 RP-3 中溶解度随温度变化的关系。

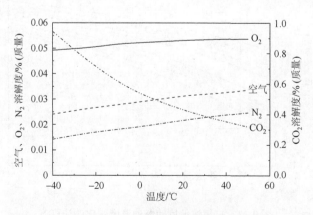

图 2.25　不同气体在燃油中的溶解度与温度之间的关系

由图可知，氧气和氮气的溶解度随温度升高而略有增大，二氧化碳的溶解度则随温度升高而显著降低。

3. 压力对溶解度的影响

燃油中气体溶解度与压力的关系如图 2.26 所示。由图可见，它们遵循亨利定律。压力对气体溶解度的影响比温度显著。

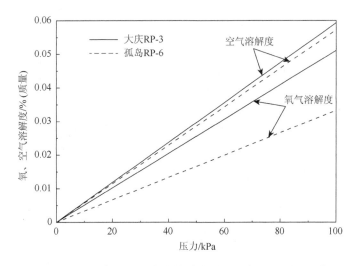

图 2.26　20℃下空气和氧在燃油中的溶解度与压力的关系

2.3.4　飞行状态下溶解氧逸出量的计算方法

在飞机飞行过程中，随着油箱内压力、温度变化，燃油中溶解氧将发生逸出，但由于燃油表面张力的束缚作用，实际燃油中溶解氧的逸出将需要一定时间，它将产生逸出滞后现象，同时，其逸出量也并非符合平衡状态关系，而是普遍存在着过饱和状态。由于该过饱和状态是一个极不稳定的状态，它受到多种因素的综合作用，而实际飞行过程中，这些因素又是难以量化与计算的，因而就造成了燃油中溶解氧的逸出速率难以把握与控制。图 2.27、图 2.28 为相关文献（本书文献[45]）所提供的溶解氧逸出实验结果。从图中可以看出，在不同的激励方式以及不同的海拔下，溶解氧逸出速率是不同的。

事实上，溶解氧不同的逸出速率，将造成油箱惰化时所需惰化气体流量的不同，它是惰化气体流量需求计算中需重点考虑的因素之一，也是惰化系统设计中

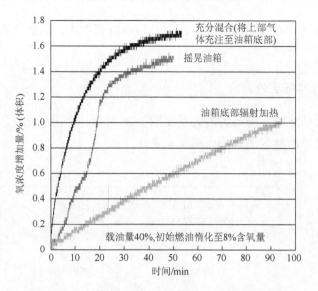

图 2.27　不同激励方式对溶解氧逸出速率的影响

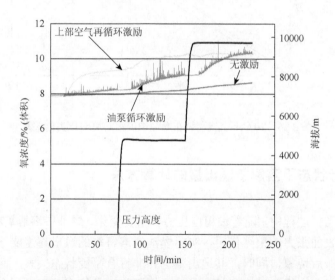

图 2.28　不同激励方式下氧逸出量随高度变化关系

难以精确计量的难点问题之一。为了规避燃油中溶解氧逸出所造成的不良影响，早期的军机采用了燃油洗涤技术，即在加油过程中，通过富氮气体洗涤燃油，以降低燃油中溶解氧，减少溶解氧逸出效应的影响；但对民机而言，由于洗涤系统过于复杂与庞大，因此大多不采用燃油洗涤技术，而直接应用燃油冲洗方式，这自然就涉及溶解氧逸出量与逸出速率问题。

目前，在实际的惰化系统设计计算中，有三种考虑溶解氧逸出影响的方式：一是认为燃油通过前期的洗涤处理，溶解氧含量已经很低，因此在冲洗惰化系统设计中不再考虑溶解氧逸出问题，当然，这种方式主要适用于已采用燃油洗涤技术的军机惰化系统设计；二是按平衡状态关系来考虑溶解氧逸出问题，该方式的优点是物理概念明确，但与实际情况有所出入，它使得惰化流量需求的计算值略微偏小，且不能解决溶解氧突然释放所带来的油箱惰化失效的问题；三是通过实测来确定溶解氧逸出速率，该方式优点是可较好地反映实际情况，但也存在操作困难的缺陷。

由于平衡状态关系物理概念清晰，故本节主要介绍按平衡状态关系计算溶解氧逸出量的方法，同时，考虑到通过实测来确定溶解氧逸出速率的操作困难，作者亦针对通过实测来确定溶解氧逸出速率的两种非平衡状态下溶解氧逸出速率的简化计算方法进行简要论述，以满足不同读者的需要。

1. 地面环境中平衡状态下溶解氧含量计算

地面环境下的平衡状态是大多油箱惰化系统设计的初始状态。在地面环境下，所有参数不变，气相空间氧浓度为 21%。根据前面章节中的相关公式，可以计算出一定质量的燃油在地面环境平衡状态下的氧含量，同时可以求出燃油氮含量、燃油氧浓度和气相氮浓度。具体步骤如下。

（1）设定参数。

设定燃油类型、燃油温度 t_F（热力学温度 T_F）、油箱容积 V、燃油质量 m_F 等参数。

（2）计算燃油密度。

根据表 2.2 得到该类型燃油的 $\rho_{p_0}^{20}$ 和 γ。

燃油密度：

$$\rho_{p_t}^{t_F} = \rho_{p_0}^{20} + \gamma(t_F - 20) + (0.5600 + 0.0082 t_F)(101325 - 10^5) \times 10^{-6}$$

（3）计算阿斯特瓦尔德系数。

根据燃油类型，由表 2.9 得到常数 A、B、C。

国内燃油饱和蒸气压：

$$p_v^* = 10^{A - \frac{B}{t_F - C}}$$

国外燃油饱和蒸气压：

$$p_v^* = 10^{A - \frac{B}{T_F}}$$

氧气的阿斯特瓦尔德系数：

$$\beta_O = \frac{101325 - p_v}{101325} \frac{2.31(980 - \rho_p^{15})}{1000} e^{\frac{0.639(700 - T_F)}{T_F} \ln(3.333\beta_{OO})}$$

氮气的阿斯特瓦尔德系数：

$$\beta_{\mathrm{N}} = \frac{101325 - p_v}{101325} \frac{2.31(980 - \rho_p^{15})}{1000} \mathrm{e}^{\frac{0.639(700 - T_{\mathrm{F}})}{T_{\mathrm{F}}}\ln(3.333\beta_{\mathrm{N0}})}$$

（4）计算燃油中溶解的氧气体积。

燃油体积：

$$V_{\mathrm{F}} = m_{\mathrm{F}} / \rho_{p_t}^{t_{\mathrm{F}}}$$

溶解的氧气体积：

$$V_{\mathrm{FO}} = \beta_{\mathrm{O}} V_{\mathrm{F}}$$

溶解的氮气体积：

$$V_{\mathrm{FN}} = \beta_{\mathrm{N}} V_{\mathrm{F}}$$

（5）求燃油氧和氮含量、燃油氧和氮浓度、气相氧和氮浓度。

燃油含氧量：

$$O_{\mathrm{F}} = \frac{p_{\mathrm{O}}}{R_{\mathrm{O}} T_{\mathrm{F}}} V_{\mathrm{FO}}$$

燃油含氮量：

$$N_{\mathrm{F}} = \frac{p_{\mathrm{N}}}{R_{\mathrm{N}} T_{\mathrm{F}}} V_{\mathrm{FN}}$$

燃油氧浓度：

$$c_{\mathrm{FO}} = \frac{n_{\mathrm{O}}}{n_{\mathrm{O}} + n_{\mathrm{N}}} = \frac{\dfrac{p_{\mathrm{O}} V_{\mathrm{FO}}}{RT}}{\dfrac{p_{\mathrm{O}} V_{\mathrm{FO}}}{RT} + \dfrac{p_{\mathrm{N}} V_{\mathrm{FN}}}{RT}} = \frac{p_{\mathrm{O}} \beta_{\mathrm{O}} V_{\mathrm{F}}}{p_{\mathrm{O}} \beta_{\mathrm{O}} V_{\mathrm{F}} + p_{\mathrm{N}} \beta_{\mathrm{N}} V_{\mathrm{F}}} = \frac{p_{\mathrm{O}} \beta_{\mathrm{O}}}{p_{\mathrm{O}} \beta_{\mathrm{O}} + p_{\mathrm{N}} \beta_{\mathrm{N}}}$$

燃油氮浓度：

$$c_{\mathrm{FN}} = \frac{p_{\mathrm{N}} \beta_{\mathrm{N}}}{p_{\mathrm{O}} \beta_{\mathrm{O}} + p_{\mathrm{N}} \beta_{\mathrm{N}}}$$

气相氧浓度：

$$c_{UO} = 0.21$$

气相氮浓度：

$$c_{UN} = \frac{(1 - 0.21) \times 101325 - p_v}{101325}$$

上述计算流程如图 2.29 所示。

2. 不同高度中平衡状态下溶解氧含量计算

飞行高度变化时，环境压力随之变化，对大多数民机而言，油箱上部气相空间与环境大气相通，如忽略气相空间总压和环境压力的差值（对军机而言，由于大多采用增压油箱，因此需要考虑油箱气相空间总压与环境压力的差值），故气相空间总压随之变化、氧氮分压力也发生改变。根据亨利定律，这将导致氧氮气体

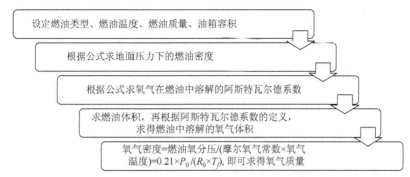

图 2.29　地面环境下平衡状态的氧含量计算流程图

在燃油中的溶解度发生变化，氧氮气体分别逸出和溶解，使燃油含氧量、燃油氧浓度和气相氧浓度发生变化，因此，在特定海拔下，燃油中溶解氧含量可以采用如下方法计算。

1）建立气相空间平衡氧浓度计算模型

当飞机从地面爬升到巡航高度时，可采用微元段计算，建立如下模型。即在飞机飞行的任意高度 h_1，飞行高度升高 Δh 到 h_2，环境压力从 $p_{t,1}$ 减少至 $p_{t,2}$，气相空间氧氮分压从 $p_{O,1}$ 和 $p_{N,1}$ 减小至 $p_{O,2}$ 和 $p_{N,2}$，氧氮气体从燃油中溢出，直至其摩尔浓度由 $c_{O,1}$ 和 $c_{N,1}$ 达到 $c_{O,2}$ 和 $c_{N,2}$，从而建立新的平衡关系。在这个过程中，逸出的氧氮气体在气相空间中增加了额外的体积 ΔV_U，总的气相空间容积变为 $V_U+\Delta V_U$，气相空间的氧氮总质量由 $O_{U,1}$ 和 $O_{N,1}$ 变为 $O_{U,\text{mix}}$ 和 $O_{N,\text{mix}}$。因为气相空间与环境大气相通，氧氮气体将以其体积比例向环境大气排出，气相空间体积恢复到 V_U，气相空间的氧氮总质量变为 $O_{U,2}$ 和 $O_{N,2}$。具体过程如图 2.30 所示。

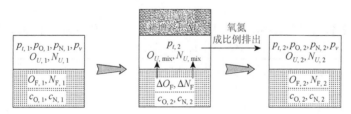

图 2.30　在微元段内高度升高时燃油中氧氮气体逸出过程示意图

在计算过程中将进行如下假设：

（1）每个微元段内，飞机飞行高度每次变化足够小，使环境压力每次变化幅度足够小，且变化后静止时间足够长，使燃油中的氧气氮气逸出完全，气相空间和燃油中氧氮分压力相等，达到平衡状态；

（2）气相空间总压力等于环境压力；

（3）气相空间与燃油温度相同，且该温度在飞行过程中保持不变；

（4）气相空间和燃油中各处物性参数均匀，燃油中溶解的气体均匀分布，燃油蒸气在气相空间也均匀分布；

（5）因为氧氮气体在燃油中溶解量较小，根据乌拉尔定律，气相空间的燃油蒸气压视之等于同温度下的饱和蒸气压。

2）求解不同高度时平衡状态下燃油中含氧量

压力变化后，燃油中氧氮的析出质量分别是

$$\Delta O_F = O_{F,1} - O_{F,2} = \frac{\beta_O p_{O,1} V_F}{R_O T_F} - \frac{\beta_O p_{O,2} V_F}{R_O T_F} \tag{2-39}$$

$$\Delta N_F = N_{F,1} - N_{F,2} = \frac{\beta_N p_{N,1} V_F}{R_N T_F} - \frac{\beta_N p_{N,2} V_F}{R_N T_F} \tag{2-40}$$

其中，在新的压力下气相空间氧氮质量为

$$O_{U,\text{mix}} = O_{U,1} + \Delta O_F = \frac{p_{O,1} V_U}{R_O T_U} + \frac{\beta_O V_F}{R_O T_F}(p_{O,1} - p_{O,2}) \tag{2-41}$$

$$N_{U,\text{mix}} = N_{U,1} + \Delta N_F = \frac{p_{N,1} V_U}{R_N T_U} + \frac{\beta_N V_F}{R_N T_F}(p_{N,1} - p_{N,2}) \tag{2-42}$$

式中，V_U 为气相空间体积，m^3；T_U 为气相空间温度，K。

由于氧氮成比例排出，因此新压力下氧氮分压比应该与气相空间氧氮摩尔比相同，可得

$$\frac{O_{U,\text{mix}}/R_O}{N_{U,\text{mix}}/R_N} = \frac{O_{U,2}/R_O}{N_{U,2}/R_N} = \frac{p_{O,2}}{p_{N,2}} \tag{2-43}$$

初始和终了情况下，总压与分压的关系为

$$p_{t,1} = p_{O,1} + p_{N,1} + p_v \tag{2-44}$$

$$p_{t,2} = p_{O,2} + p_{N,2} + p_v \tag{2-45}$$

将式（2-41）、式（2-42）、式（2-44）、式（2-45）代入式（2-43），并化简可得

$$\frac{p_{O,1}(V_U + \beta_O V_F) - p_{O,2}\beta_O V_F}{(p_{t,1} - p_{O,1})(V_U + \beta_N V_F) - p_v V_U - (p_{t,2} - p_{O,2})\beta_N V_F} = \frac{p_{O,2}}{p_{t,2} - p_{O,2} - p_v} \tag{2-46}$$

令

$$D = (\beta_O - \beta_N)V_F$$

$$E = p_v(V_U + \beta_O V_F) - p_{t,1}(V_U + \beta_N V_F) - (p_{O,1} + p_{t,2})(\beta_O - \beta_N)V_F$$

$$F = p_{O,1}(p_{t,2} - p_v)(V_U + \beta_O V_F)$$

则式（2-46）可简化为

$$D p_{O,2}^2 + E p_{O,2} + F = 0$$

求解可得

$$p_{O,2} = \frac{-E \pm \sqrt{E^2 - 4DF}}{2D} \tag{2-47}$$

因为在微元高度段内，高度升高，环境压力减小，气相空间的氧分压小于燃

油中氧分压，导致氧气逸出补偿气相氧分压的减小，所以终了气相空间的氧分压必然小于初始气相空间的氧分压。故取其中的有效根的条件为

$$0 < p_{O,2} < p_{O,1} \qquad (2\text{-}48)$$

此外，外界环境压力与飞行高度关系如下。

海平面空气压力：

$$p_0 = 101325\text{Pa}$$

在对流层（0m＜h≤11000m）：

$$p_t = p_0 \left(1 - \frac{h}{44330}\right)^{\frac{g}{\alpha R_g}} \qquad (2\text{-}49)$$

在平流层（11000m＜h＜20000m）：

$$p_t = 22631.8\text{e}^{\left(-\frac{h-11000}{6340}\right)} \qquad (2\text{-}50)$$

对于任意一个计算微元段，已知初始高度 H_1，设定一个合适的高度计算间隔 ΔH，则微元段终了高度 $H_2 = H_1 + \Delta H$。用式（2-49）或式（2-50）可求得该微元段的初始总压 $p_{t,1}$ 和终了总压 $p_{t,2}$，同时已知初始的氧气分压力 $p_{O,1}$，用式（2-47）计算并用式（2-48）条件求解后，可求得高度 H_2 下的终了氧分压 $p_{O,2}$，从而求出该微元段终了时的燃油含氧量、燃油氧浓度和气相氧浓度。再把这一微元段的终了数据作为下一微元段的初始数据，重复计算，最终可以通过该模型得到飞行过程中连续变化的每个高度下的数据。

3）计算模型精度分析

由上述模型的推导过程可知，选取不同的高度间隔 ΔH 将会影响最终计算的结果和精度。图 2.31 给出了几个不同计算间隔下平衡氧浓度的变化规律。从图中可以看出，当计算间隔小于 100m 时，对计算结果基本无影响，但当计算间隔太大时，计算终了的氧浓度偏低。因此，在实际计算中将 ΔH 取为 10m 为宜。

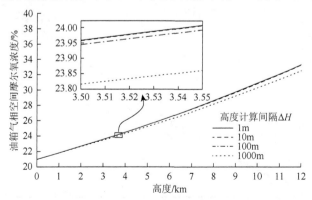

图 2.31　不同计算间隔下的平衡氧浓度变化规律

图 2.32 给出了相关文献（本书文献[42]）所提供的气相氧浓度随高度的变化关

系的实验结果。从曲线上可见,在飞行高度为 11000m 时,平衡氧摩尔浓度约为 34%;同时,图中还计算了几种不同的航空燃油在油箱载油量为 90%时,用上述数学模型计算出的平衡氧浓度变化关系。从图中可以看出,虽然选取的燃油类型、初始载油量等参数不同,但计算结果与文献[42]中所公布的实验结果仍十分接近,因此可认为上述数学模型是正确的。从计算结果可见,随着飞行高度的增加,气相空间的平衡氧浓度增加,但每种燃油由于氧氮的溶解度和逸出量不同,因此氧浓度也有差异。例如,RP-3 和 JP-4 燃油在 12000m 时,其平衡氧浓度相差约 2.5%。

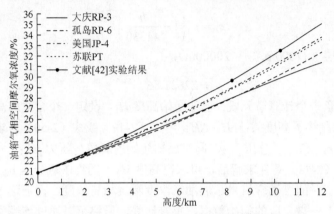

图 2.32　90%载油量时气相空间平衡氧浓度与高度关系

　　图 2.33 给出了不同温度下,平衡氧浓度与飞行高度的关系。从图中实线可见,当燃油温度增加时,平衡氧浓度减少,其主要原因在于:虽然温度增加后,氧氮溶解度都增加,但两者溶解度差别减少,即随着温度增加,氧气与氮气的溢出量之差趋小,因此气相空间中平衡氧浓度变低。但是,这并不是唯一的原因,图 2.33

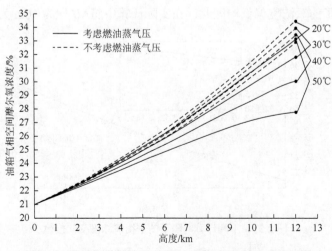

图 2.33　蒸气压和温度对苏联 PT 燃油平衡氧浓度的影响

中还计算了完全忽略燃油蒸气压后的计算结果。从结果可见，虽然不考虑燃油蒸气压后，仍然是温度增加，平衡氧浓度减少，但减少的幅度较考虑蒸气压小很多。

表 2.10 中计算了油箱容积为 100m³，载油量为 90%，温度为 20℃，巡航高度为 12000m 时，不同燃油在海平面和巡航高度下单位体积燃油中溶氧质量及在这两种高度下的总逸出量。从表中可以看出不同燃油的差别较大。

表 2.10　20℃时燃油在两种典型高度下的氧溶解量和逸出量

燃油类型	燃油中溶氧量/(g/m³)		海平面至巡航高度氧总逸出量/kg
	海平面	巡航高度	
新疆 RP-1	62.1	12.8	4.93
胜利 RP-1	60.3	12.8	4.75
大庆 RP-2	62.9	12.9	5.00
大庆 RP-4	65.2	11.9	5.32
孤岛 RP-6	46.0	13.2	3.28
美国 JP-4	68.2	19.6	4.86
苏联 PT	65.3	18.6	4.66

4）计算软件

为了方便飞机惰化系统设计人员对于平衡状态、不同高度下燃油中溶解氧量的计算，作者已将上述计算模型程序化，开发出人机界面计算软件，如图 2.34 所示。该软件可通过直接选择燃油类型，输入相关数据（高度、燃油容积、载油比例等）后获得不同高度下燃油中溶解氧理论含量。

图 2.34　平衡状态下氧含量计算软件

3. 不同高度时非平衡状态下溶解氧含量计算方法

1）FAA 经验计算法

在飞机平稳爬升或者下降过程中，外界大气压力是连续变化的，导致油箱上部空间压力连续变化，同时油箱内不存在剧烈的晃动与搅拌，由于燃油表面张力作用，燃油中溶解氧逸出速率将小于平衡状态下理论逸出速率，因此上述平衡析出计算模型将不再适用，需要采用另外的计算方法。考虑到实际过程的复杂性，经过无数飞行试验修正后，美国 FAA 在建立如下假设的基础上，提出一种简单的、非平衡状态下燃油中溶解氧逸出的计算模型，该模型假设如下：

（1）地面所加入的燃油处于饱和状态；

（2）飞行过程中，燃油按照指数变化规律消耗；

（3）飞行过程中燃油温度按蒙特卡罗分析程序获得；

（4）油箱上部空间温度与燃油的温度相同；

（5）油箱上部空间以及燃油各处物性相同；

（6）忽略油箱上部空间燃油蒸气压的影响。

根据上述假设，FAA 提出计算模型如下：

$$O_{F,i} - O_{F,i-1} = 1 - e^{-t/\tau} \tag{2-51}$$

式中，$O_{F,i}$、$O_{F,i-1}$ 是前后两个时刻燃油中溶解氧气的质量；t 是经过的时间；τ 是气体传质时间常数。

由式（2-51）可知，每一时刻燃油中溶解氧的质量取决于气体传质时间常数 τ。基于试验测试结果，FAA 所规定的传质时间常数 τ 为：维持地面高度不变，气体传质时间常数 τ 取 3500；在飞机爬升阶段，如果飞行高度未超过 4752m，则不考虑溶解氧逸出，即 τ 取无穷大，超过 4752m 后，τ 取 100。

因此，对于民机，只要知道初始状态燃油中溶解氧气的浓度，结合飞机特定的飞行包线，就可以利用式（2-51）计算出各个高度下燃油中溶解氧气的浓度。

2）基于传质理论的非平衡状态计算方法

从本质上来说，燃油中氧的溶解或逸出实际上是一种传质现象，既包括扩散传质，又包括对流、涡流及相间传质，这种现象可使用传质学上的理论模型解决。因此，该问题的解决可以回归到传质理论上，从经典的 Fick 扩散定律出发，建立燃油箱气液体系非平衡传质数学模型，并结合数值计算理论，寻求新的建模计算方法来予以解决。

利用 Fick 扩散定律建立非平衡传质模型，其中的关键就在于扩散系数 D 的取值，扩散系数 D 是一个由物质本身性质决定的常量。相关文献显示，现有氧、氮在燃油中的扩散系数一般在 $10^{-9} \sim 10^{-8} \text{m}^2/\text{s}$ 量级。

实际上，飞机飞行过程中油箱摇晃、振动与温度不均匀的变化等因素都会对扩散传质过程造成影响，此时的传质现象不仅包括分子间的扩散，还包括对流、涡流等传质现象。

考虑到以上问题，对非平衡氧浓度模型提出如下假设。

（1）富氮气体、气相空间中的氧气和氮气、燃油蒸气及其混合气体视为理想气体；

（2）存在等效扩散系数 D'，可以使用 Fick 定律来描述总的传质现象；

（3）气液接触面存在极薄的界面，满足亨利定律；

（4）各种气体均匀混合，内部各处的温度、压力和密度状态参数相同。

燃油箱内气液传质过程如图 2.35 所示，当气液分压不平衡时，在极薄层面内形成局部平衡，满足亨利定律，气体逸出过程则使用 Fick 第二定律来描述，如式（2-52）所示：

$$\frac{\partial c(x,y)}{\partial t} = D'\left(\frac{\partial^2 c(x,y)}{\partial x^2} + \frac{\partial^2 c(x,y)}{\partial y^2}\right) \tag{2-52}$$

式中，D' 为扩散系数；c 为摩尔浓度，mol/m^2。

边界条件如下。

当 $x = L_1$ 时，存在极薄接触面满足亨利定律，因而可以采用阿斯特瓦尔德系数来表示界面浓度：

$$c = \frac{\beta p}{RT_F} \tag{2-53}$$

式中，T_F 为气体和燃油温度；β 为阿斯特瓦尔德系数；R 为气体常数。

当 $x = 0$ 时，浓度沿 x 方向梯度为 0：

$$\frac{\partial c}{\partial x} = 0 \tag{2-54}$$

当 $y = 0$ 时，浓度沿 y 方向梯度为 0：

$$\frac{\partial c}{\partial y} = 0 \tag{2-55}$$

以式（2-53）～式（2-55）为边界条件，对式（2-52）进行计算可求解 t_2 时刻气体浓度分布，因而燃油中溶解氧、氮质量应为

$$m_{F,O} = M_O \iint_{\sum x,y} c_O(x,y)\,\mathrm{d}S \tag{2-56}$$

$$m_{F,N} = M_N \iint_{\sum x,y} c_N(x,y)\,\mathrm{d}S \tag{2-57}$$

式中，M_O、M_N 为氧、氮摩尔质量，g/mol。

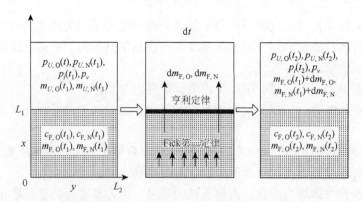

图 2.35　燃油箱内气液传质过程

第3章 机载中空纤维膜空气分离装置性能研究

　　膜空气分离装置依据结构形式的不同，可分为平板式、螺旋卷式和中空纤维膜式三类。所谓的平板式是将平板膜封装在钢外壳中，经热压密封后组成信封状膜叶，然后由多孔中心连管组成膜堆，分离器内设置多挡板，用以增加气流与膜表面的有效接触面积；螺旋卷式是将两张膜三边密封组成膜叶，在膜叶上衬垫格网，将多层膜叶卷绕在带有小孔的细管上，形成膜卷，装入圆筒形外壳中，其流动方式为错流流动，即高压侧与渗透侧气流方向垂直；中空纤维膜式为圆筒结构（图1.14），内部填充大量细小管束，这些管束对于氧气和氮气的渗透具有选择性，在一定的膜内外压差条件下，大量的氮气就被阻隔在中空纤维膜内部，富集成为富氮气体供油箱惰化使用，而大部分氧气透过中空纤维膜作为废气排除。

　　平板式结构的优点是结构简单、膜叶更换方便、无需黏合；但由于其填装密度较低，因此不适用于机载制氮系统。螺旋卷式结构的优点是造价低廉，装填密度相对较高，而且由于隔网作用，气体分布均匀，传质效果较好；缺点是难以清洗，渗透气流程较长。相对而言，中空纤维膜式结构的装填密度最高，单位膜面积造价最低，且可以承担较大压力，因而更广泛地应用于气体分离领域，尤其是在机载制氮系统上，目前已装机的机载制氮系统采用的基本都是中空纤维膜式。

3.1 中空纤维膜传质机理

　　中空纤维膜是非对称膜的一种，其致密层可位于纤维的外表面（如反渗透膜），也可位于纤维内表面（如微滤膜的超渗透膜）。对于气体分离膜，致密层位于内表面或外表面均可。

　　中空纤维膜分离的基本原理是以膜两侧压力差为驱动力，其传质机理包括：①气体透过多孔膜的微孔扩散机理；②气体透过非多孔膜的溶解-扩散机理。不同的气体在膜中产生了不同的传质速率，从而实现气体分离，其传质的过程如图3.1所示。

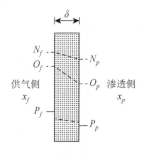

图3.1　气体分离膜
传质过程

3.1.1　多孔膜的微孔扩散机理

气体在多孔膜中的传质机理包括分子扩散、黏性流动、克努森扩散及表面扩散等。由于多孔介质孔径及内孔表面性质的差异，各组分气体与多孔介质之间的相互作用程度的不同，形成了不同的传递特征。

1. 克努森扩散

当微孔直径 d_p 远远小于气体分子的平均自由程（λ）时，气体分子与膜孔壁碰撞的概率远大于分子之间的碰撞概率，此时气体通过微孔的传递过程属于克努森扩散（又称自由分子流）；而在微孔直径 d_p 远远大于气体分子的平均自由程（λ）时，气体分子与孔壁之间的碰撞概率远小于分子之间的碰撞概率。此时气体通过微孔传递过程属于黏性流，又称 Poiseuille 流；当微孔直径 d_p 和气体分子的平均自由程（λ）相当时，气体通过微孔传质过程为克努森扩散与黏性流并存。

对于纯气体，可由克努森因子（K_a）进行判断：

$$K_a = \lambda / d_p \tag{3-1}$$

式中，λ 为气体分子的平均自由程，$\lambda = \dfrac{16\eta}{5\pi \overline{P}} \sqrt{\dfrac{\pi RT}{2M}}$；$\eta$ 为气体黏度；$\overline{P}$ 为平均压力；M 为气体分子量。

当 $K_a \ll 1$ 时，黏性流动占主导，气体通量为

$$F_p = \frac{\varepsilon \mu_p d_p^2}{16RT\eta\delta} \Delta p \tag{3-2}$$

当 $K_a \gg 1$ 时，克努森扩散占主导，气体通量为

$$F_k = \frac{\varepsilon \mu_k \overline{v} d_p}{3RT\delta} \tag{3-3}$$

式中，ε 为孔隙率；μ_p 为 Poiseuille 流形状因子；μ_k 为克努森流形状因子；d_p 为微孔直径，m；η 为气体黏度，Pa·s；δ 为膜厚度，m；T 为气体温度，K；$\overline{v}$ 为分子平均速率，$\overline{v} = \sqrt{\dfrac{8RT}{\pi M}}$，m/s。

若 K_a 接近于 1，则克努森扩散和黏性流并存，其通量可视为两者叠加：

$$F = F_p + F_k \tag{3-4}$$

2. 表面扩散

气体分子可与介质表面进行传质，吸附于膜表面的气体分子沿表面运动。当

压力存在梯度时，气体分子在膜表面的分布是不均匀的，从而产生沿表面的浓度梯度和向低浓度方向扩散的趋势。表面扩散过程的机理比较复杂，在表面浓度梯度比较低的情况下，纯气体的表面流量 f_s 可由 Fick 定律描述：

$$f_s = -\rho(1-\varepsilon)\mu_s D_s \frac{dq_s}{d\delta} \tag{3-5}$$

由此可得出表面通量 F_s 为

$$F_s = \frac{f_s}{\Delta p} = \frac{\rho(1-\varepsilon)\mu_s D_s}{\delta}\frac{dq_s}{dp} \tag{3-6}$$

式中，ρ 为气体密度，kg/m^3；ε 为孔隙率；μ_s 为表面流形状因子；D_s 为表面流扩散系数；q_s 为表面吸附量；mol/kg。

考虑孔径对表面流的影响，则

$$\rho(1-\varepsilon)q_s = \frac{S_v}{A_0 N_{av}} x_s \tag{3-7}$$

式中，S_v 为比表面积，$S_v = \dfrac{4\varepsilon}{d_p}$，$m^2/m^3$；$A_0$ 为单个被吸附分子的表面积，m^2；N_{av} 为阿伏伽德罗常数；x_s 为吸附分子的表面占据率。

由式（3-6）和式（3-7）可得

$$F_s = \frac{f_s}{\Delta p} = \frac{4\varepsilon\mu_s D_s}{d_p A_0 N_{av}}\frac{dx_s}{dp} \tag{3-8}$$

由式（3-8）可以看出，孔径减小，表面积增大，气体的表面扩散通量随之增加。

对于纯气体，若同时发生克努森扩散、层流流动和表面扩散，总通量为

$$F = \frac{\varepsilon}{k_s^2}\left(c_1\frac{\overline{r}}{M^{0.5}} + c_2\overline{r}^2\frac{\overline{P}}{\eta} + c_3\frac{D_s}{r}\frac{dx_s}{dp}\right) \tag{3-9}$$

对于混合气体通过多孔膜的过程，要求混合气体通过膜的传递过程以分子流为主以达到更好的分离效果。因此，用于分离气体的分离膜分离过程应满足以下条件：

（1）多孔分离膜的微孔孔径必须小于混合气体各个气体组分的平均自由程，一般要求微孔孔径在（50~300）×10^{10}m；

（2）混合气体的温度应足够高，压力尽可能低，高温、低压将增加分子的平均自由程，同时可避免表面流动和吸附现象发生。

表 3.1 所示为不同操作条件下气体透过多孔膜的情况。

表 3.1　不同条件下气体透过多孔膜的情况

操作条件	气体透过膜的流动情况
低压，高温（200～500℃）	气体流动服从分子扩散，不产生吸附现象
低压，中温（30～100℃）	吸附起作用，分子扩散加上吸附流动
常压，中温（30～100℃）	增大了吸附作用，而分子扩散仍存在
常压，低温（0～20℃）	吸附效应为主，可能有滑动流动
高压（4MPa 以上），低温（−30～0℃）	吸附效应可控制，可产生层流

3.1.2　非多孔膜的溶解−扩散机理

气体透过非多孔膜的传质机理可用溶解-扩散机理来描述。假设气体透过非多孔膜的传质过程由以下三种过程组成：①气体在膜高压侧表面的溶解过程，它主要与气体组成、膜材料的热力性能、膜结构相关，为热力学过程；②在膜表面溶解的气体由于在膜内部形成了浓度梯度，产生向膜外侧扩散的动力学过程；③扩散至膜表面气体的低压侧脱附过程。

气体在高压侧的溶解过程和低压侧脱附过程较快，主要影响气体通过膜速率的因素是气体在膜中的扩散过程。

气体在膜中的扩散过程可用 Fick 定律描述。稳态时，气体透过膜的渗透速率可用式（3-10）表示：

$$J = \frac{p_1 - p_2}{\delta} \overline{Q} \qquad (3\text{-}10)$$

式中，$\overline{Q} = \overline{D}(c)\overline{S}(c)$，其中

$$\overline{D}(c) = \frac{\int_{c_1}^{c_2} D(c)\mathrm{d}c}{c_1 - c_2} \qquad (3\text{-}11)$$

$$\overline{S}(c) = \frac{c_1 - c_2}{p_1 - p_2} \qquad (3\text{-}12)$$

其中，c_1、c_2 为气体在膜上下游侧的平衡氧浓度。

通常渗透系数 Q 或扩散系数 D 和溶解度系数 S 等与膜材料的性质、气体性质以及气体的温度和压力有关。由于非多孔膜材料类型较多，这里仅以橡胶态聚合物非多孔膜为例来简要说明。

1. 气体在橡胶态聚合物膜中的溶解吸附

1）气体压力的影响

在一定的温度下，气体在橡胶态聚合物膜中的溶解过程分为两类：一是在温度高于气体临界温度 T_c 时，气体在膜中的溶解过程遵守亨利定律，溶解度系数等于亨利常数；二是温度低于或接近气体临界温度 T_c 时，溶解度规律为一个凹型等温吸附线（BET Ⅱ型），溶解度系数与气体在膜中的分压力有关，如图 3.2 所示。

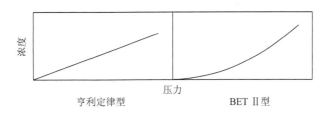

图 3.2　气体在橡胶态膜表面的等温溶解吸附线

2）气体温度的影响

气体在橡胶态聚合物中的溶解吸附随温度的变化关系通常用范霍夫（van't-Hoff）关系描述：

$$S = S_0 e^{-\Delta H_s/(RT)} \tag{3-13}$$

式中，ΔH_s 为气体在橡胶态聚合物中的溶解热，kJ/mol。

气体橡胶态聚合物膜中的溶解吸附过程通常是放热过程，$\Delta H_s < 0$，但对于 H_2、H_e、N_e 等小分子气体，$\Delta H_s > 0$。

2. 气体在橡胶态聚合物膜中的扩散

1）气体压力的影响

如图 3.3 所示，对于临界温度较低的气体，如 H_2、H_e、N_e 等，在橡胶态聚合物膜中的扩散系数不受压力影响，即 $D(c) =$ 常数。而对于临界温度较高的气体，如有机蒸气，压力对于扩散系数的影响很大，可用指数关系来描述：$D(c) = D(0)e^{\alpha^c}$。对于水蒸气在较小亲水性橡胶态膜中的扩散，由于水团作用，随着水蒸气在膜中浓度的增加，扩散系数反而减小，且下降趋势明显。

2）气体温度的影响

气体在橡胶态聚合物中的扩散系数随温度的变化关系可由阿伦尼乌斯（Arrhenius）方程描述：

$$D = D_0 e^{-E_d/(RT)} \tag{3-14}$$

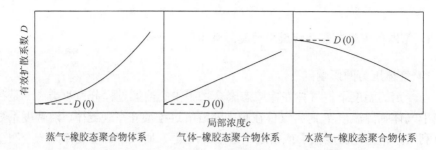

图 3.3 气体在橡胶态膜内的浓度-扩散关系图

温度变化较小的情况下，E_d 为表观活化能，可认为是常数；而温度变化范围较大时，E_d 随温度升高而下降。

3.2 中空纤维膜的数学模型

3.2.1 气体透过膜的传质速率

气体透过膜的传质速率，可由气体渗透系数、膜内外压差来决定，不同气体通过半透膜的传质速率各不相同，渗透系数大的称为快气，渗透系数小的称为慢气，表 3.2 给出了氧氮混合气体在不同膜材料中的渗透系数。

表 3.2 氧氮混合气体在不同膜材料中的渗透系数

膜材料	温度/℃	渗透系数		Q_1/Q_2
		Q_1	Q_2	
硅	20	352	181	1.94
乙基纤维素	25	14.7	4.43	3.31
聚苯乙烯	20	2.01	0.315	6.33
硝化纤维	25	1.95	0.116	16.8
尼龙	30	0.038	0.010	16.8
聚碳酸酯	25	1.4	0.3	4.7
聚醋酸乙烯脂	20	0.225	0.032	7.03
聚偏二氯乙烯	20	0.00046	0.00012	3.8
聚丙烯腈	20	0.0018	0.0009	2.0
交联聚苯乙烯	20	0.162	0.015	10.8
PEG-二元酚 A 共聚合体膜	25	4.63	1.65	2.8

气体单位时间内透过膜的摩尔数，即摩尔流量可表示为

$$n = \frac{AQ(p_i^0 - p_o^0)}{\delta} \qquad (3-15)$$

式中，Q 为气体透过膜的渗透系数，mol/(m·s·Pa)；A 为膜面积，m²；δ 为膜厚度，m；p_i^0 为膜内侧对应气体的分压力，Pa；p_o^0 为膜外侧对应气体的分压力，Pa。

3.2.2　中空纤维膜数学模型

中空纤维膜的数学描述可根据膜组件高压侧和低压侧气体流动状态分为三种基本类型：

（1）并流模型，即高压侧与低压侧同向流动；

（2）逆流模型，即高压侧与低压侧逆向流动；

（3）错流模型，即高压侧与低压侧垂直流动。

根据膜内外侧的混合类型分为单侧混合型（低压侧完全混合）和完全混合型（高压侧和低压侧均完全混合）。膜分离装置中原料气可走丝内也可走丝外。

这里以原料气走丝内、原料气与渗透气顺流流动中空纤维膜模型为例来简述数学模型的建立方法。

在建模之前，先作出如下假设：

（1）渗透气各个组分（氧气与氮气）渗透系数一定，不随环境条件的变化而变化；

（2）不考虑温度变化以及温度极化现象和浓度极化现象的影响；

（3）丝内由于阻力造成的压力降忽略不计；

（4）丝内与丝外径向方向不考虑由黏度造成的浓度梯度，流动形式为柱塞流；

（5）分离空气中仅含氧气与氮气，其中氧气体积浓度为 21%，氮气为 79%。

如图 3.4 所示，将膜丝沿轴向分为若干微元段并取微元段 dA，其中

$$dA = s\pi D_m dz \qquad (3-16)$$

式中，s 为膜丝数，根；z 为膜丝长度，m；D_m 为膜丝名义直径，m；$D_m = \dfrac{(D_o - D_i)}{\ln(D_o / D_i)}$，$D_o$ 和 D_i 分别为膜丝的外径和内径。

定义丝内外流量增加为正，减小为负，则膜丝微元段内外侧氧气和氮气的摩尔流量变化为

$$dn_{O,o} = d(n_o x_{O,OEA}) = x_{O,OEA} dn_o + n_o dx_{O,OEA} = \frac{Q_o}{\delta}(p_i x_{O,OEA} - p_o x_{O,OEA})dA \qquad (3-17)$$

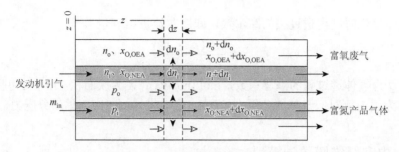

图 3.4　中空纤维膜分离模型示意图

$$dn_{O,i} = d(n_i x_{O,NEA}) = x_{O,NEA} dn_i + n_i dx_{O,NEA} = \frac{Q_O}{\delta}(p_i x_{O,NEA} - p_o x_{O,OEA})dA \quad (3\text{-}18)$$

由式（3-17）和式（3-18）得到膜丝微元段内外气体中摩尔氧浓度变化量为

$$dx_{O,NEA} = \frac{1}{n_i}\left[-\frac{Q_O}{\delta}(p_i x_{O,NEA} - p_o x_{O,OEA})dA - x_{O,NEA} dn_i \right] \quad (3\text{-}19)$$

$$dx_{O,OEA} = \frac{1}{n_o}\left[-\frac{Q_O}{\delta}(p_i x_{O,NEA} - p_o x_{O,OEA})dA - x_{O,NEA} dn_o \right] \quad (3\text{-}20)$$

微元段内膜丝内外侧总气体摩尔流量变化率为

$$dn_i = -\left[\frac{Q_O}{\delta}(p_i x_{O,NEA} - p_o x_{O,NEA}) + \frac{Q_N}{\delta}(p_i x_{N,NEA} - p_o x_{N,OEA}) \right]dA \quad (3\text{-}21)$$

$$dn_o = \left[\frac{Q_O}{\delta}(p_i x_{O,NEA} - p_o x_{O,OEA}) + \frac{Q_N}{\delta}(p_i x_{N,NEA} - p_o x_{N,OEA}) \right]dA \quad (3\text{-}22)$$

根据物料平衡关系，膜丝内外侧气体总的摩尔流量存在如下关系：

$$dn_i = dn_o \quad (3\text{-}23)$$

上述公式中，Q_O、Q_N 为氧、氮渗透系数，mol/(m·s·Pa)；p_i、p_o 为膜丝内外气体总压，Pa，膜丝外侧压力为中空纤维膜所处环境背压，随飞行高度变化，$p_o = 101325 \times \left(1 - \dfrac{H}{4.43 \times 10^4}\right)^{5.256}$；$x_{O,NEA}$、$x_{N,NEA}$ 为膜丝内侧富氮气体中氧氮摩尔浓度，$x_{O,OEA}$、$x_{N,OEA}$ 为膜丝外侧富氧气体中氧氮摩尔浓度。

顺流流动模型中，当 $z = 0$ 时入口条件下膜丝内外的气体总流量为

$$\begin{cases} n_i\big|_{z=0} = n_{in} = m_{in}/M_{air} \\ n_o\big|_{z=0} = 0 \end{cases} \quad (3\text{-}24)$$

式中，m_{in} 为发动机所引空气的质量流量；M_{air} 为空气摩尔质量。

当 $z = 0$ 时，入口处膜丝内侧氧浓度与发动机引气一致，即

$$x_{O,NEA}\big|_{z=0} = 0.21 \tag{3-25}$$

而膜丝外侧初始氧浓度可根据渗透关系按照式（3-26）求得

$$\frac{x_{O,OEA}\big|_{z=0}}{1-x_{O,OEA}\big|_{z=0}} = \frac{Q_O(p_i x_{O,NEA}\big|_{z=0} - p_o x_{O,OEA}\big|_{z=0})}{Q_N(p_i x_{N,NEA}\big|_{z=0} - p_o x_{N,OEA}\big|_{z=0})} \tag{3-26}$$

通过联立式（3-16）～式（3-23）组成的微分方程组以及式（3-25）、式（3-26）所给出的入口条件，利用龙格-库塔法求解即可得出膜丝内外气体总摩尔流量以及各组分气体（氧气与氮气）沿 z 方向的变化规律。

3.3　机载中空纤维膜性能试验与分析

在机载环境中，由于膜的分离效率不仅与引气压力、温度有关，而且与飞行高度、环境温度、NEA 出口压力等众多因素有关，而这些因素又均随飞行状态变化而变化。例如，在飞行包线内，随着飞行高度、速度的变化，来自发动机的引气压力、温度将发生相应的变化，同时，惰化所需的 NEA 流量及浓度等也将随飞行状态变化而变化。也就是说，在实际飞行包线内，膜分离效率是随整个飞行过程变化而变化的动态参数，而要获取在实际飞行状态下膜的分离效率，除必须首先掌握影响膜分离效率的主要因素外，还必须掌握这些因素的作用机理及其相互关系。不幸的是，虽然理论上可以参考渗透机理来研究膜的分离性能与影响因素，并建立其分析模型，但由于实际的气体分离膜非理想现象极其严重，现行的理论模型及计算结果与实际情况差异较大，并不能为实践所采信，因此，最为可靠的方式仍然是采用实验手段来获取机载中空纤维膜的分离特性。

3.3.1　机载中空纤维膜空气分离器制备

由膜分离机理可知，分离选择性（各气体组分渗透量的差异）、面积和两侧的分压差构成了膜分离的三要素。其中，膜分离的选择性取决于制造商选用的膜材料及制备工艺，是决定膜分离器性能和效率的关键因素。

对于膜分离技术的应用研究，重点均放在分离膜性能的提高上，它大体上可分为三个方面：①膜材料研究；②膜生产工艺研究；③膜分离器结构研究。膜的性能是由膜材料及其结构形态、制备工艺以及膜分离器结构共同决定的。

膜材料是膜分离技术发展的关键问题之一，理想的气体分离膜材料应该同时具有高的透气性和良好的透气选择性、高的机械强度、优良的热和化学稳定性以及良好的成膜加工性能。但在实际工业应用中，往往很难找到能同时满足上述要求的膜材料，因此，选择和寻找具有优异性能的膜材料一直是膜技术开发与研究的热点课题。

制备膜的材料一般包括纤维素衍生物类、聚砜类、聚酰胺类、聚酰亚胺类、聚酯类、聚烯烃类、合硅聚合类、含氟聚合物等高分子聚合物。不同的膜材料对膜的性能有着很大的影响，特别是膜的分离和渗透性能。目前在机载惰化中常用的膜材料有聚苯醚（PPO）、聚砜和聚酰亚胺等，国内针对机载油箱惰化应用而研究开发的膜材料多为聚砜。

应用于机载油箱惰性化的中空纤维膜通常是采用干-湿法纺丝工艺制备的。中空纤维膜的丝制备工艺包括原料树脂—烘干+致孔剂+溶剂—高温搅拌混溶—制膜液过滤—保温脱泡—由纺丝机、喷丝板（喷头）、牵伸机纺丝—清水浸泡脱除添加剂—保湿处理—丝缠绕后进行后处理等工序，如图 3.5 所示。

制膜过程中，纺丝压力、温度、缠绕速度等参数影响着中空纤维膜的几何形状，如直径、壁厚等；影响膜质量的关键因素是：树脂的黏度、致孔剂和溶剂的品种、制膜液的配比、牵伸速度、凝固浴的温度、组成等；而中空纤维膜的丝封装工艺，中空纤维膜组件的真空涂层工艺，环氧树脂端头的切割工艺等工艺过程和参数的控制至关重要，对膜分离器的性能有着重大影响。

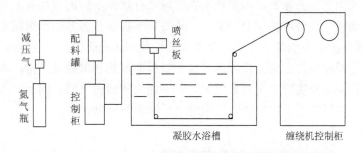

图 3.5　纺丝工艺流程图

同一种材料制成的膜，由于制膜工艺和工艺参数的不同，其性能可能有很大的差别。合理先进的制膜工艺和最优化的工艺参数是制作优良性能中空纤维膜的重要保证。

为了最大限度地增加膜面积，将高分子聚合物纺成中空纤维丝，这样在细小的空间中提供巨大的分离面积。而数万根细小的中空纤维丝浇铸成管束而置于构型承压管壳内即构成膜分离器，如图 3.6 所示。压缩空气进入分离器后，压缩空气走中空纤维丝内，沿纤维丝的一侧轴向流动，"快气"（O_2 等）不断透过膜壁通过渗透气的出口排出，而"慢气"（N_2 等）滞留在纤维丝内，从与气体入口相对的另一端非渗透气的出口排出。

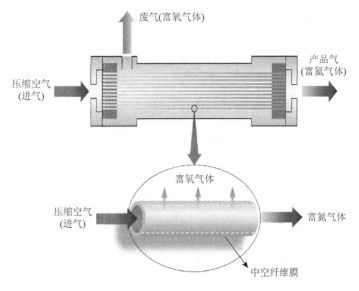

图 3.6　膜分离器工作原理图

机载油箱惰化应用中的膜分离器研制需要考虑在保证膜分离性能条件下，减轻膜分离器质量，对于不需承压的壳体采用了簿的铝件；对于中空纤维膜丝束形成膜分离器的工艺过程，如膜丝的表面涂层处理、膜丝束的环氧树脂离心浇铸、膜分离器的封装等关键工序需进行必要的研究。

3.3.2　机载中空纤维膜空气分离器性能试验

1. 试验系统

膜分离器性能试验系统结构如图 3.7 所示。其主要由大气环境模拟舱、机载制氮实验平台、中空纤维膜空气分离器及相关的测量和调节仪器仪表组成。其中，大气环境模拟舱利用真空泵来调节压力，模拟高空的低气压环境；用加热器或冷却器来调节温度模拟高空低温的大气环境。

输入膜装置的压缩空气气源由压缩机储气罐、调压阀、孔板流量计、第一级冷却器、水分离器、过滤器、第二级冷却器、加热器等部件组成。供气流量由调节阀 F1 和 F2 控制，由孔板流量计测出每次试验所需的供气流量，气体经第一级冷却后，由水分离器分离出水，再经过主路过滤器（AFF8B-06D）、油雾分离器（AM350-06D）和微雾分离器（AMD350-06D）三级过滤后才能进入被试膜装置。输入空气需要加温时打开调节阀 F3，需要冷却时打开调节阀 F4。真空泵启动后，可用调节阀 F5 调节舱内高度。环境温度由调节阀 F8、F9、F10 调节。加热时打开 F8，冷却时打开 F9 和 F10 经两级冷却后供给环境舱。膜装置输出产品氮气流量控制是经减压阀稳压后，通过流量调节阀 F7 实现的，输出流量由转子流量计测出。打开调节阀 F6 使少量输出产品气流过氧气分析仪以测量产品气中的含氧百分比。

本节所采用的试验系统中，测氧仪的精度为 0.1%，量程为 0%～100%；转子流量计的精度为 0.1kg/h，量程为 0～1000kg/h；测温采用热电偶，其精度为 0.1℃，量程为–50～250℃；压力表的精度为 0.01MPa，量程为 ±1MPa。

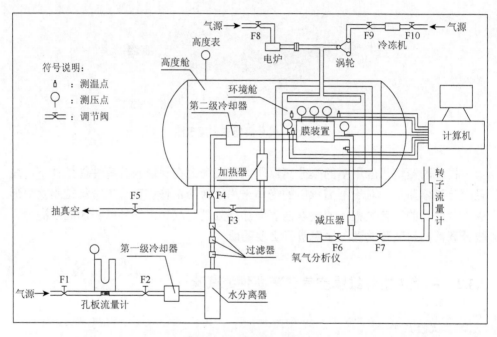

图 3.7　膜分离器试验系统

2. 试验工况

试验目的是测试膜分离器在不同工作条件下的性能，为此可预先制定出类似表 3.3 所示的试验工况。

表 3.3　膜分离器的试验的工况

工况	输入空气压力/MPa	工作温度/℃	环境高度/km	环境温度/℃	富氮气体浓度/%	试验数量
1	0.3, 0.4, 0.5, 0.6, 0.7	60, 70, 80	0	20	88, 91, 95, 98	5×3×1×1×4
2	0.3	70	0, 5, 10	–50, 60	88	1×1×3×2×1

3. 试验流程

试验中应按如下流程开展工作。

1）准备阶段

（1）暖机：所有仪器打开半小时，进行仪器的暖机，以恢复各仪器的正常性能。

（2）标定测氧仪：利用罐装的纯氮气和空气对氧分析仪进行标定。

2）试验阶段

（1）利用真空泵将高度舱内的气压抽低到环境高度设定值（0km，5km，10km）时的压力；

（2）利用电炉（或制冷设备）将环境舱加热（或冷却）到环境温度设定值（-50℃，20℃，60℃），并保持稳定直到下一次温度调节；

（3）利用阀门 F1 调节进气压力至输入空气压力设定值（0.3MPa，0.4MPa，0.5MPa，0.6MPa，0.7MPa），并保持稳定；

（4）调节 F7 将出口处富氮气体浓度调节到设定值（88%，91%，95%，98%），通过转子流量计计量富氮气体流量，等各仪表示数保持稳定 1min 以上才开始读数和记录；

（5）经过以上（1）～（4）步就完成了一次试验及其读数记录工作，返回步骤（3），将压力分别调节为 0.4MPa、0.5MPa、0.6MPa、0.7MPa，再分别读数、记录，完成保持某高度和温度下的试验组；再返回步骤（2），将温度分别调节为 -50℃、25℃、60℃，再分别读数、记录，完成不同环境下的试验组；再返回步骤（1），将高度分别设定为 5km、10km、12km、15km，完成不同高度下的试验组。

（6）调节 NEA 出口浓度至 91%，95%，98%，重复步骤（1）～（5），完成不同浓度下的试验组。

（7）对计算机存储的测试数据进行备份。

3）结束阶段

（1）关闭压缩机，关闭加热器、电炉或冷冻机，关闭真空泵。待各仪器都停止工作或转动后打开大气舱通气阀门，等大气舱内压力恢复到地面大气压后，实验人员进入舱内拆除仪器并妥善安放。

（2）关闭电源。

4. 试验中其他注意事项

（1）试验中，通过温度传感器和压力传感器与计算机的配合工作，可对每次试验的输入空气温度、输出产品气温度、环境舱温度、输入空气压力、输出产品气压力及装置中减压阀出口压力进行自动测量和记录。

需要人工读数的只有高度舱的高度示数和氧分析仪的氧浓度示数。高度舱在每个高度恒定的实验组内的读数稳定，基本不需要人为调节；氧分析仪由两人同时进行读数和记录，在氧分析仪读数稳定 1min 以上进行读数和记录，以进行核对。

（2）应注意试验中分离膜的最大工作压力，确保试验压力在其工作压力范围内，避免因压力过高而引起中空分离膜的永久性结构损伤。

（3）为了防止分离膜受到油污的腐蚀，应保证进气为不含油污的空气，由于过滤器可能因气源中大量油污的污染而失效，并导致中空分离膜的腐蚀，为此，试验前还必须检查过滤器。

（4）试验时大气舱内不能有人或其他生物，因为低气压或导致诸多不良生理反应；也不能含有瓶装压缩气体，以防在低压环境下爆炸；应保证大气舱内的洁净，只留有必需的仪器和设备等。

3.3.3　膜空气分离器试验结果与分析

上述膜分离器试验中，在常温常压地面环境条件下（输入空气压力分别为 0.3MPa、0.4MPa、0.5MPa、0.6MPa、0.7MPa，工作温度分别为 60℃、70℃、80℃，输出的产品气的氮气浓度分别为 88%、91%、95%、98%），测试了膜分离器输入空气的流量以及输出产品气的流量。

当工作温度为 70℃时，在不同的压力条件下，膜分离器的输出产品气的流量与输出的产品气的氮气浓度之间的关系如图 3.8 所示。从图中可以看出，在同一输入压力、工作温度下，随着输出产品气的氮气浓度增加，输出产品气的流量逐渐降低且降低趋势变缓。

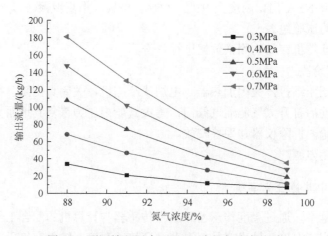

图 3.8　不同输入压力下 NEA 流量与浓度关系

当工作温度为 70℃时，在同一工作温度、输出产品气的氮气浓度下，膜分离器的输出产品气的流量与输入空气压力之间的关系如图 3.9 所示。从图中可以看出，在同一工作温度、输出的产品气的氮气浓度下，随着输入空气压力的增加，输出产品气的流量逐渐增加且增加的趋势基本相同。

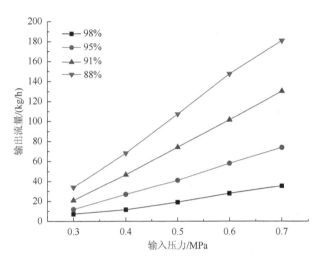

图 3.9　不同 NEA 浓度下 NEA 流量与输入压力之间的关系

当输出的产品气的氮气浓度为 88%时，在同一输入压力、输出的产品气的氮气浓度下，膜分离器的输出产品气的流量与工作温度之间的关系如图 3.10 所示。

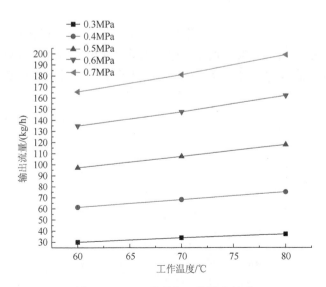

图 3.10　NEA 流量与工作温度关系

从图中可以看出，在同一输入压力、输出的产品气的氮气浓度下，随着工作温度的增加，输出产品气的流量逐渐增加且增加的趋势基本相同。

由图 3.9、图 3.10 可见，输入的空气压力和工作温度对输出产品气的流量的影响是一致的，只是随着输入空气压力的增加，输出产品气流量增加的趋势更明显。

当输入压力为 0.3MPa，工作温度为 70℃，输出产品气的氮气浓度为 88%时，在同一输入压力、工作温度、输出产品气的氮气浓度下，膜分离器输出产品气的流量与环境高度之间的关系如图 3.11 所示。从图中可以看出，在同一输入压力、工作温度、输出产品气的氮气浓度下，随着环境高度的增加，输出产品气流量逐渐增加但增加的趋势有所减缓。

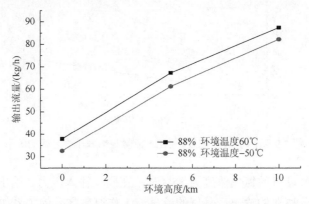

图 3.11　NEA 流量与环境高度关系

输入流量分别与输入压力、工作温度、输出产品气的氮气浓度以及环境高度之间的关系如图 3.12～图 3.15 所示。输入流量与输出产品气流量随输入压力、工作温度、输出产品气的氮气浓度以及环境高度的变化的规律基本相同。

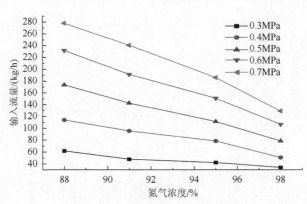

图 3.12　输入流量与 NEA 浓度关系

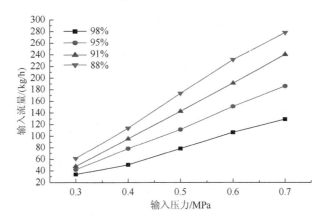

图 3.13　输入流量与输入压力之间的关系

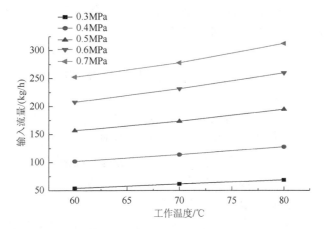

图 3.14　输入流量与工作温度之间的关系

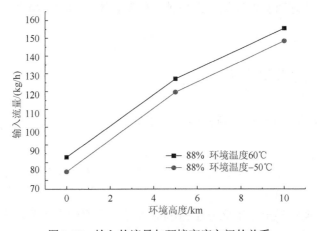

图 3.15　输入的流量与环境高度之间的关系

根据上述试验结果可以得到如下结论：

（1）在同一输入压力、工作温度下，随着输出产品气的氮气浓度增加，输出产品气流量逐渐降低且降低的趋势变缓；

（2）在同一工作温度、输出产品气的氮气浓度下，随着输入空气压力增加，输出产品气流量逐渐增加且增加的趋势基本相同；

（3）在同一输入压力、输出产品气的氮气浓度下，随着工作温度增加，输出产品气流量逐渐增加且增加的趋势基本相同；

（4）输入空气压力和工作温度对输出产品气流量影响是一致的，只是随着输入空气压力增加，输出产品气流量增加的趋势快一些；

（5）在同一输入压力、工作温度、输出产品气的氮气浓度下，随着环境高度增加，输出产品气流量逐渐增加但增加的趋势有所减缓；

（6）输入流量与输出产品气流量随输入压力、工作温度、输出产品气的氮气浓度以及环境高度变化的规律基本相同。

3.4　机载中空纤维膜性能预测技术

如前所述，虽然理论上可以参考渗透机理来研究膜的分离性能与影响因素，并建立其分析模型，但由于实际的气体分离膜非理想化程度极其严重，现行的理论模型及计算结果与实际情况差异较大，并不能为实践所采信，因此，最为可靠的方式仍然是采用实验手段来获取机载中空纤维膜的分离特性。

然而，由于膜分离性能影响参数较多，需要进行大量的实验来考察整个参数域里的性能变化，实验周期长，费用高。因此，在有限的实验结果基础上，寻找更经济的方法来对机载中空纤维膜分离性能进行全面的研究是十分必要的。在此，作者以自身的实际研究例证简介采用神经网络技术和多项式拟合技术预测膜分离性能的方法。

3.4.1　神经网络预测方法

1. 分离膜性能神经网络预测模型的建立

1）建模方法

构造一个三层 BP 网络，并采用贝叶斯正则化方法对网络模型进行训练，以提高网络的泛化能力。

通过贝叶斯式导出正则化方法的α和β变量，采用均方误差作为性能函数。均方目标误差修正函数为

$$F(W) = \alpha A + \beta W \tag{3-27}$$

$$W = \frac{1}{N}\sum_{k=1}^{N} W_k^2 \tag{3-28}$$

$$A = \frac{1}{N}\sum_{p=1}^{N}(y_p - t_p)^2 \tag{3-29}$$

式中，W 为网络中所有权值的均方值；W_k 为网络中权值；A 为均方差；N 为网络的实际权值总个数；y_p 和 t_p 为网络输出和目标输出；α 与 β 为性能参数，在网络训练中通过 L-M 优化理论自适应调节其大小，使其达到最优。若 $\alpha \gg \beta$，则训练算法使网络误差降低；反之，则训练强调权值的减小，使得网络误差相应减小，最终使得神经网络的输出平滑。

2）样本选择

训练样本的选择在神经网络学习中占有重要的地位，其蕴含的信息直接影响着网络的性能。即训练样本集的代表性，不仅决定了神经网络的学习效果，而且影响了其训练的周期。为此，可根据实验中所获得的完整实验数据，在选择训练样本时，为了突出其代表性，防止数据在某些区间过于集中或分散，影响网络质量和学习，可按压力、浓度、高度均匀分布，进气温度随机分布，选择部分实验数据作为训练样本。这不仅能保证数据具有良好的均匀性，同时能较好地反映实验结果的特征。

在作者的某次实验研究中，共获得有效实验数据 600 组，其中，选择了 120 组实验数据作为训练样本，验证样本则由其余 480 组数据中随机抽取出的 24 组数据组成。

3）参数预处理

网络采用的传递函数为 Log-Sigmoid 函数：

$$f(x) = \frac{1}{1 + \mathrm{e}^{-x}} \tag{3-30}$$

根据 Log-Sigmoid 型函数的特点，在输入层需要将输入向量进行归一化后才能作为网络的输入量，为此，可采用式（3-31）进行数据的归一化处理。

$$x_i = \frac{x - x_{\min}}{x_{\max} - x_{\min}} \tag{3-31}$$

式中，x_i 为归一化参数；x 为原始参数；$x_{\min}$ 和 $x_{\max}$ 为归一化前最小和最大值。

4）隐含层神经元数确定

假定隐藏层神经元数目为 S，输入层参数为 4，输出层参数为 2，网络总权值的个数为 $N = 7S+2$。

在训练网络时，对于特定的隐藏层神经元数，当网络经过若干次迭代后，有效权值个数、A 和 W 三个参数处于恒值或变化较小时，说明网络训练收敛。因此，实际操作中可根据样本数据的不同，从一个相对较小的隐藏层神经元数 M 开始训练，如果网络训练不收敛则停止训练；然后，逐步增加 M 值，直到从某个 M 值开始有效权值个数、A 和 W 基本保持不变，那么这个 M 值就可以作为最终的隐藏层神经元数。

表 3.4 是作者针对隐藏层神经元数的训练结果。从表中可以看出，当 S 大于 40 以后，有效权值个数、A 和 W 基本保持不变，因此作者所确定的隐藏层神经元数目为 40。

表 3.4　隐藏层神经元数训练结果

S	有效权值个数	N	A	W
2	12	16	28.0	4.9379
5	28	37	6.85	5.4563
7	39	51	1.53	6.7358
10	58	72	0.224	16.491
15	86	107	0.085	9.0168
20	109	142	0.0236	8.6008
25	118	157	2.66×10^{-5}	8.8618
28	126	198	1.12×10^{-5}	7.2535
30	135	212	6.66×10^{-6}	6.8176
32	146	226	5.25×10^{-6}	6.8258
35	155	247	4.99×10^{-6}	6.9599
40	176	282	4.62×10^{-6}	6.9321
45	176	317	4.61×10^{-6}	6.9223
50	176	352	4.61×10^{-6}	6.912

2. 神经网络预测模型的验证

首先将实验所获取的膜分离性能数据采用制氮效率和无因次制氮量随压力、温度、浓度、飞行高度变化规律进行反映，其中，制氮效率定义为

$$\eta = \frac{\dot{m}_{\text{NEA}}}{\dot{m}_{\text{AIR}}} \tag{3-32}$$

式中，$\dot{m}_{\text{NEA}}$ 为富氮气体质量流量；$\dot{m}_{\text{AIR}}$ 为引气质量流量。

无因次制氮量定义为

$$\dot{m} = \frac{\dot{m}_{\text{NEA}}}{\dot{m}_{\text{max}}} \tag{3-33}$$

式中，$\dot{m}$ 为无因次制氮量；$\dot{m}_{\text{max}}$ 为富氮气体最大质量流量。

1）模型训练结果与训练样本的比较

表 3.5 给出了部分训练结果与样本数据的比较，其训练结果与训练样本值基本一致。其整体均方误差仅为 4.62×10^{-6}，可以反映出该模型已训练充分。

表 3.5　训练结果与训练样本比较

压力/MPa	富氮浓度	温度/℃	高度/km	制氮量/10^{-3}	模拟制氮量/10^{-3}	制氮效率/10^{-2}	模拟制氮率/10^{-2}
0.3	0.85	50	10	44.157	44.043	62.3	63.365
0.3	0.88	70	10	48.442	48.398	55.1	55.641
0.4	0.85	50	5	71.274	71.322	63.7	64.256
0.5	0.98	100	5	48.303	48.337	20.2	19.203
0.6	0.98	100	0	57.105	57.111	16.8	17.657
0.6	0.98	115	12	98.606	98.574	23.2	23.845
0.7	0.98	50	12	54.619	54.632	43.2	41.456
0.8	0.91	70	0	161.92	161.93	46.8	47.05
0.4	0.88	100	0	111.31	111.29	47.9	48.621
0.5	0.95	50	0	35.393	35.274	43.8	45.447
0.6	0.85	70	10	319.45	319.49	68.9	68.447
0.7	0.91	70	10	197.76	197.7	57.5	58.633
0.8	0.85	50	10	293.51	293.42	73.4	71.498
0.8	0.88	80	5	343.87	343.84	63.4	63.714
0.6	0.85	115	10	634.24	634.34	64.5	65.84

2）模型预测结果与验证样本数据的比较

模型预测结果与验证样本的比较如表 3.6 所示。从表中可以看出，制氮量的平均误差为 1.75%，制氮效率的平均误差为 1.38%，这反映了该模型具有很好的预测准确性。

表 3.6　预测结果与验证样本的比较

压力/MPa	富氮浓度	温度/℃	高度/km	制氮量/10^{-3}	预测制氮量/10^{-3}	制氮效率/10^{-2}	预测制氮率/10^{-2}
0.3	0.85	115	12	163.35	168.98	55.9	58.39
0.3	0.88	80	10	59.04	61.11	54.4	54.41
0.3	0.85	50	5	37.03	36.96	59.5	61.00
0.4	0.91	100	10	100.74	100.89	44.0	43.93
0.4	0.95	100	5	46.94	48.69	25.9	26.17
0.4	0.98	80	5	21.34	23.34	16.7	17.39

续表

压力/MPa	富氮浓度	温度/℃	高度/km	制氮量/10^{-3}	预测制氮量/10^{-3}	制氮效率/10^{-2}	预测制氮率/10^{-2}
0.5	0.85	70	0	165.84	165.89	61.2	60.76
0.5	0.88	100	12	255.05	264.80	61.4	61.55
0.5	0.91	70	12	106.37	112.24	55.3	54.95
0.5	0.95	100	10	97.55	101.51	35.5	35.56
0.5	0.98	100	10	61.45	61.40	22.5	23.20
0.6	0.85	80	5	327.65	331.36	65.4	65.69
0.6	0.88	70	0	154.72	154.81	56.8	56.62
0.6	0.91	115	0	178.59	180.51	37.1	36.80
0.6	0.95	70	12	93.05	93.07	47.0	46.76
0.6	0.85	50	5	156.96	156.95	66.9	67.03
0.7	0.85	100	10	681.48	686.55	67.7	67.56
0.7	0.88	100	5	374.00	374.10	59.3	59.52
0.7	0.91	70	5	160.89	162.82	53.9	53.47
0.7	0.95	100	0	123.25	123.32	29.0	29.06
0.8	0.85	80	12	615.70	621.77	70.8	69.51
0.8	0.88	80	10	415.94	421.63	67.5	66.22
0.8	0.95	80	5	141.57	143.45	39.6	41.43
0.8	0.98	70	0	65.44	65.50	25.2	24.22

3. 分离膜性能预测与影响因素分析

1）引气温度对制氮量、制氮浓度和效率的影响

以引气压力为 0.3MPa，环境高度为 0km 为例，引气温度对制氮量、制氮浓度和制氮效率的影响如图 3.16 所示。

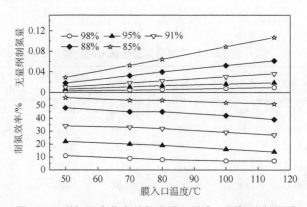

图 3.16　引气温度与产品气流量、浓度、制氮效率关系

　　由图 3.16 可见，制氮量随着引气温度的增加而增加，而制氮效率随引气温度增加而减少。在一定温度下，产品气浓度越低，制氮量和制氮效率越高；当产品气浓度越低时，引气温度对制氮流量的影响越明显。这是由于随着引气温度上升，膜工作温度相应上升，使得分子间运动加剧，渗透系数增加，其结果自然是更多的氧气渗透出来。

　　2）引气压力对制氮量、制氮浓度和效率的影响

　　引气温度为 50℃，环境高度为 0km 时，引气压力对制氮量、制氮浓度和效率影响如图 3.17 所示。由图可见，引气压力增加，制氮量和制氮效率均增加；当引气压力一定时，产品气浓度越高，其制氮量和制氮效率越低。同时，当产品气浓度越低时，引气压力对制氮量的影响越明显。这是由于当环境高度一定时，随着引气压力的增加，膜两侧压力差增大，使得更多氧气渗透出去，提高了产品气浓度。

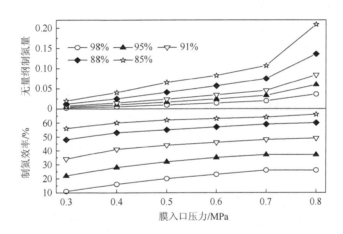

图 3.17　引气压力与产品气流量、浓度、制氮效率关系

　　3）飞行高度对制氮量、制氮浓度和效率的影响

　　当引气温度为 50℃、引气压力为 0.3MPa 时，飞行高度对制氮量、制氮浓度和效率的影响可见图 3.18。由图可见，随着高度增加，制氮量和制氮效率均增加；高度一定时，则随产品气浓度降低，制氮量增加。由于环境压力随高度增加的变化量越来越小，因此高度变化对于产品气浓度的影响也越来越小。

4. 结论

　　采用贝叶斯正则化 BP 网络建立的机载中空纤维膜性能模型可以实现非线性条件下的膜分离性能的有效预测。

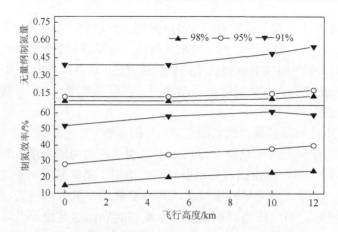

图 3.18　飞行高度与产品气流量、浓度、制氮效率关系

3.4.2　多项式拟合预测方法

试验系统如图 3.7 所示，部分试验结果见表 3.7。

表 3.7　部分试验结果

实验点	富氮浓度/%	温度/℃	压力/MPa	富氮流量/(kg/h)
1	98	50	0.3	1.6
10	91	80	0.3	11.5
20	85	115	0.3	54.5
30	91	80	0.4	23.1
40	85	115	0.4	108.7
50	91	70	0.5	31.6
60	85	115	0.5	161.5
70	91	70	0.6	44.8
80	85	100	0.6	180.3
90	91	50	0.7	34.7
100	85	100	0.7	235.7
110	91	70	0.8	73.9
120	85	115	0.8	342.4

下面叙述的是采用数学拟合方法对试验结果进行处理。所谓拟合是指已知某函数的若干离散值，通过调整该函数中待定系数，使得该函数与已知值的相差最小。

数学拟合方法的难度在于函数的具体形式未知，特别是在有多个自变量的研究中，这个问题更为突出。考虑到实验数据较为完善，作者采用了非线性多项式拟合方法，所选择的拟合函数如下所示：

$$Q = \sum_{k=0}^{3}\left[t^k \sum_{j=0}^{3}\left(x^j \sum_{i=0}^{3} a_{ijk} p^i \right) \right] \tag{3-34}$$

式中，t 为引气温度，℃；p 为膜入口压力，MPa；x 为氮浓度，%；Q 为富氮流量，kg/h。

由 Levenberg-Marquardt 算法吸收了最速下降法和高斯-牛顿法的优点，成为最有效的非线性拟合算法之一，因此，可以应用该算法。

设拟合方程式为 $\hat{y}(t; p)$，其中，t 为自变量，$p = (p_1, p_2, \cdots, p_{n-1}, p_n)^{\mathrm{T}}$ 为参数向量，n 为参数个数。在给定 m 组测量数据（t_i, y_i）（$i = 1, 2, \cdots, m$）中，根据卡方误差准则：

$$\begin{aligned} \chi^2(p) &= \sum_{i=1}^{m}\left(\frac{y(t_i) - \hat{y}(t_i, p)}{\omega_i} \right)^2 \\ &= (y - \hat{y}(p))^{\mathrm{T}} W (y - \hat{y}(p)) \end{aligned} \tag{3-35}$$

式中，ω 为误差标量；W 为对角阵 $W_{ii} = 1/\omega_i^2$。

由 Levenberg-Marquardt 算法，有

$$[J^{\mathrm{T}}WJ + \lambda I]h = J^{\mathrm{T}}W(y - \hat{y}) \tag{3-36}$$

式中，J 表示 $\partial \hat{y}/\partial p$；$I$ 为单位矩阵。

迭代时对参数向量 P 产生一个偏量 h 使 χ^2 减小。当 λ 很大的时候，算法主要体现的是最速下降法，其特点是性能稳定和收敛。当接近极小点时，λ 随之减小，算法主要体现高斯-牛顿算法，其特点是快速收敛到极小点。

拟合函数式系数如表 3.8 所示。

表 3.8　拟合系数

系数	×10⁻²	系数	×10⁻²	系数	×10⁻²	系数	×10⁻²
a000	−1.60681	a100	−2.4312	a200	−2.99952	a300	−3.44584
a001	−0.99216	a101	−1.40598	a201	−1.89271	a301	−2.18766
a002	1.431101	a102	−0.75302	a202	−1.02815	a302	−1.34931
a003	0.180376	a103	−0.09736	a203	−0.591	a303	−0.63927
a010	30.35986	a110	3.354724	a210	−17.5968	a310	−34.6288
a011	25.906	a111	3.913147	a211	−10.7018	a311	−21.2324
a012	26.23266	a112	8.890436	a212	−3.24991	a312	−9.45717
a013	26.18276	a113	13.13005	a213	4.133003	a313	−1.47219
a020	−3.19519	a120	0.998759	a220	4.142389	a320	−0.2388

续表

系数	×10⁻²	系数	×10⁻²	系数	×10⁻²	系数	×10⁻²
a021	48.97816	a121	−60.7115	a221	−48.3438	a321	52.26073
a022	84.45283	a122	−52.845	a222	−55.9254	a322	40.20961
a023	26.14535	a123	−60.8058	a223	−38.7381	a323	63.67555
a030	−0.0513	a130	−0.29696	a230	0.843017	a330	−0.51092
a031	5.061965	a131	−14.4702	a231	13.62413	a331	−4.13551
a032	1.640862	a132	−9.22492	a232	13.42932	a332	−6.00134
a033	3.232503	a133	−9.82408	a233	10.39554	a333	−3.71373

将表 3.8 中的系数代入式（3-34）中，可在已知引气温度、压力和富氮浓度的情况下，求出富氮气体流量。

富氮气体流量拟合计算值与实验值的误差分析如图 3.19 所示。

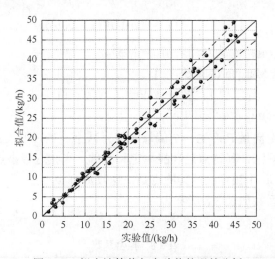

图 3.19   拟合计算值与实验值的误差分析

由图 3.19 可见，在 0～20kg/h 富氮气体流量内，拟合值与实验值偏差较大，尤其在小流量范围，其偏差更大，高达 10% 左右；随着富氮气体流量的增加，拟合值与实验值偏差缩小，其误差基本在 3% 的范围内，同时，根据拟合数据计算富氮流量均方根误差（RMSE）为 3.2，其平均误差百分比为 5.01%，充分说明该方程具有较好的准确性。

第4章 燃油洗涤与冲洗

如前面章节所述，燃油中氧溶解度受压力（海拔）、温度、密度等多种因素的影响，随着飞行高度的增加、油箱上部空间压力的下降，溶解氧将逸出，但其逸出速率、逸出量与激励方式（飞行状况）、飞行高度变化息息相关，对于强激励方式，其逸出速率较大，且随飞行高度的增加，其逸出速率有增加的趋势。

事实上，由于溶解氧逸出所造成的油箱上部空间氧浓度变化还与载油量直接相关，载油量大，上部无油空间容积小，溶解氧逸出使得上部空间氧浓度增量就大。但这个浓度增量与载油量并非线性关系，而是随载油量的增加，油箱上部空间氧浓度变化加剧。

正是由于燃油中溶解氧逸出对油箱上部空间氧浓度影响有着不确定性，因此在实际工作中，人们提出了通过燃油洗涤事先处理溶解氧或燃油冲洗事后处理溶解氧两套技术方案，为此，本章将对燃油洗涤、燃油冲洗技术进行简要介绍，并就燃油洗涤与冲洗技术开展全面的分析与比较，为惰化系统设计中油箱上部无油空间氧浓度控制方案选择奠定基础。

4.1 燃油洗涤

所谓燃油洗涤是指在飞机加油或暖机—滑行—爬升阶段，将富氮气体通入油箱液面下层，通过燃油洗涤器的有效雾化，在油箱液面下层形成均布的富氮微细气泡，利用这些微细气泡与燃油中溶解氧之间浓度差异所产生的传质效应，将部分（或全部）溶解于燃油中的氧气置换出来，以降低或消除随飞机高度等因素变化所带来的溶解氧逸出对油箱上部无油空间氧浓度变化规律的影响。

燃油洗涤的理论基础是紊流射流理论和传质理论。关于这一传质过程，最著名的解释是"双膜理论"。由于氮和氧都是难溶于航空燃油的气体，实验证明，氮氧在气相中的扩散系数比液相中大104倍，故它们传质的主要阻力来自液膜。所以洗涤中气泡直径、气液接触面积、液体紊动程度都将影响洗涤效率。只有通过产生微细气泡，增大气液接触面积，同时产生强烈紊动，促进界面更新，才能提高气泡的滞留率和气液接触时间，从而提高洗涤充氮性能。

燃油洗涤技术最早由美国军方提出，它立足于弥补当时机载空气分离装置气体分离能力的不足，通过事先对燃油中溶解氧处理来达到降低对最大富氮气体流量的需求。由于机载空气分离装置性能的限制，早期美国军用飞机大多采用该技术方案，图 4.1 是美国 KC-135 飞机燃油惰化系统中洗涤管路布置的示意图。

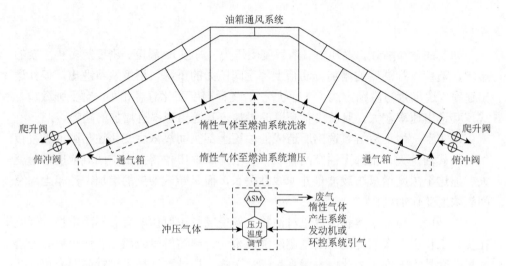

图 4.1　KC-135 飞机燃油惰化系统

实现燃油洗涤技术的方法有很多，如可以用燃油引射富氮气体或用气体喷嘴将富氮气体引入油箱下部，无论何种方式，其目的均是使富氮气体形成大量均匀且微小的气泡，增加气体和燃油的气液传质面积，更有效地置换燃油中的氧气。

按洗涤过程实施的时间不同，燃油洗涤方式可分为地面预先洗涤和机载洗涤两大类，所谓地面燃油预先洗涤就是采用安装在地面输油管道或输油槽车中的洗涤设备对拟加入飞机油箱的燃油进行预先洗涤处理，其优点是可减轻机载设备重量，且无需考虑机上洗涤管路系统布置；缺点是增加后勤保障负担，且无法避免加油过程中外界氧气（空气）的融入，使得燃油实际洗涤效果大打折扣，甚至面临洗涤失效的后果。

机载洗涤方式是指采用机载洗涤设备在地面加油或暖机—滑行—爬升阶段对燃油进行的洗涤处理。

早期的 C-17 飞机采用的是地面加油过程中的洗涤，其洗涤器数量较少，但单个洗涤器尺寸较大，如图 1.11 所示；而 KC-135、C-5A 飞机则是在暖机—滑行—爬升阶段对已载入油箱的燃油分别进行处理，虽然单个洗涤器尺寸小，但要求在每个油箱隔舱中均布置洗涤器，洗涤系统管路布置较为复杂，且整个洗涤系统总重量（洗涤管路+洗涤器）并不一定会比地面加油阶段洗涤方式小，因此，这两种方案的优劣需具体问题具体分析。

4.1.1　燃油地面洗涤方式分析与比较

图 4.2 给出了在不同初始平衡状态下燃油箱上部气相空间氧浓度随着爬升高度的变化规律。从图中可以看出，如将燃油预先洗涤至一定的状态，则在飞机爬升过程中，虽然燃油中溶解氧逸出会造成气相空间氧浓度增加，但在一定的巡航高度下，溶解氧逸出并不会产生严重的后果。如图 4.2 所示，在初始平衡氧浓度为 5%、巡航高度为 10km 情况下，燃油箱上部气相空间氧浓度不会超标；而初始平衡氧浓度为 3%、巡航高度为 17km，燃油箱上部气相空间氧浓度也不会超标。因此，当考虑到机载洗涤管路布置的复杂与不便，可以考虑通过地面洗涤事先解决燃油中溶解氧逸出问题，以满足飞行过程中燃油箱的惰化需求。

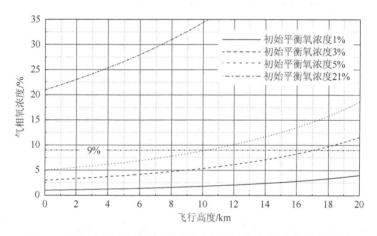

图 4.2　不同初始平衡氧浓度下爬升过程中气相氧浓度变化关系

根据洗涤过程中洗涤油罐内压力的不同，燃油地面洗涤方式又可分为常压洗涤、减压洗涤和增压洗涤三种方式。

1. 常压地面洗涤系统

燃油常压地面洗涤系统使用开式油罐，在油罐底部设置引射器，通过细小喷管将惰性气体通入罐内燃油中，置换其中的氧气，降低燃油中的含氧量。在整个过程中，油罐与大气连通。燃油常压洗涤方式与机载惰化系统加油阶段的洗涤过程十分相似，所不同的是，燃油常压洗涤过程是在地面完成、以直接满足飞机爬行过程中油箱惰化的需求，其目的是充分降低燃油中的含氧量，因此，它以降低燃油中溶解氧量为洗涤控制指标，单位体积的燃油中溶解氧含量越少则说明洗涤越彻底；而加油阶段的机载惰化洗涤过程在降低燃油含氧量的同时还直接降低了油箱气相空间的氧浓度。因此，与机载洗涤相比，燃油地面洗涤往往需要更大的洗涤气量、更高的洗涤要求，即需要用更高纯度、更大流量的富氮气体将燃油洗涤到更低的氧浓度水平。

对于常压地面洗涤系统，可以基于如下假设来建立其理论分析模型：

（1）燃油液相与上部气相空间的温度相等，均为 T；

（2）洗涤所用富氮气体通入燃油底部后将迅速与燃油充分混合，溢出的氧气和氮气混合物也与气相空间原物质充分混合；

（3）氧气与氮气混合后按照分压比排出油罐，并保持油罐中的压力恒定，且恒等于环境压力；

（4）忽略燃油蒸气压对洗涤过程中的影响。

如前所述，对于石油制品，常用阿斯特瓦尔德系数来表征气体在燃油中的溶解量，它的含义是单位体积燃油在气体和液体规定的气体分压和温度下处于平衡时溶解的气体体积，其关系为

$$\beta = \frac{2.31(980-d)}{1000} e^{\frac{0.639(700-T)}{T}\ln(3.333\beta_0)} \tag{4-1}$$

式中，T 为气体和燃油温度；d 为燃油在 15℃时的密度；β_0 为密度为 850kg/m^3 的燃油在 15℃时的系数，氧气取 0.16，氮气取 0.069。

燃油中的氧、氮分压与氧、氮溶解质量之间分别满足如下关系式：

$$p_{OF} = \frac{\beta_O O_F R_O T_F}{V_F} \tag{4-2}$$

$$p_{NF} = \frac{\beta_N N_F R_N T_F}{V_F} \tag{4-3}$$

如图 4.3 所示，在 dt 微元时间间隔内，充入油罐底部的富氮气体，部分与燃油充分溶解，使其溶解氧分压增高，从而产生向气相空间逸出的趋势，而另一部分富氮气体直接排入气相空间，与之充分混合，降低气相空间氧浓度，与气相空间气体完全混合后排出。

定义洗涤效率 η 表示与燃油充分混合的富氮气体质量占总质量的比例。

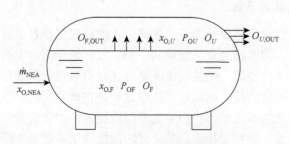

图 4.3　燃油常压地面洗涤示意图

以燃油所占液相体积 V_F 为控制体积建立物料平衡方程:

$$\eta \dot{O}_{NEA} dt = dO_F + O_{F,OUT} = \frac{\beta_O V_F}{R_O T} dp_{OF} + O_{F,OUT} \quad (4\text{-}4)$$

$$\eta \dot{N}_{NEA} dt = dN_F + N_{F,OUT} = \frac{\beta_N V_F}{R_N T} dp_{NF} + N_{F,OUT} \quad (4\text{-}5)$$

式中,β_O、β_N 为氧、氮气体在燃油中阿斯特瓦尔德系数;p_{OF}、p_{NF} 为燃油中氧、氮分压;R_O、R_N 为氧、氮气体常数。

以气相空间 V_U 为控制体积则可得到以下氧氮质量守恒方程式:

$$O_{F,OUT} + (1-\eta)\dot{O}_{NEA} dt = \frac{V_U}{R_O T} dp_{OU} + O_{U,OUT} \quad (4\text{-}6)$$

$$N_{F,OUT} + (1-\eta)\dot{N}_{NEA} dt = \frac{V_U}{R_N T} dp_{NU} + N_{U,OUT} \quad (4\text{-}7)$$

气相空间气体混合后按照氧氮分压比排出:

$$\frac{O_{U,OUT}}{N_{U,OUT}} = \frac{p_{OU} M_O}{p_{NU} M_N} = \frac{p_{OU} R_N}{p_{NU} R_O} \quad (4\text{-}8)$$

氧气与氮气也按照分压比从燃油中溢出:

$$\frac{O_{F,OUT}}{N_{F,OUT}} = \frac{p_{OF} R_N}{p_{NF} R_O} \quad (4\text{-}9)$$

因油罐与大气直接连通,所以认为油罐中的总压力与大气环境一致,各分压之间的关系如下:

$$p_{OU} + p_{NU} = p_{OF} + p_{NF} = p_t = p_{amb} \quad (4\text{-}10)$$

$$dp_{OU} = -dp_{NU} \quad (4\text{-}11)$$

$$dp_{OF} = -dp_{NF} \quad (4\text{-}12)$$

$\dot{O}_{NEA}$ 和 $\dot{N}_{NEA}$ 为富氮气体中的氧气与氮气的质量流量,根据氧氮质量分数可得

$$\dot{O}_{NEA} = \dot{m}_{NEA} \frac{x_{NEA} M_O}{x_{NEA} M_O + (1-x_{NEA}) M_N} \quad (4\text{-}13)$$

$$\dot{N}_{NEA} = \dot{m}_{NEA} \frac{(1-x_{NEA}) M_N}{x_{NEA} M_O + (1-x_{NEA}) M_N} \quad (4\text{-}14)$$

联立以上各式,可得出燃油中与气相空间单位时间内的氧分压变化量为

$$\frac{dp_{OF}}{dt} = \frac{\eta T}{V_F} \dot{m}_{NEA} R_{NEA} \frac{x_{O,NEA} p_t - p_{OF}}{(\beta_N - \beta_O) p_{OF} + \beta_O p_t} \quad (4\text{-}15)$$

$$\frac{dp_{OU}}{dt} = \frac{\dot{m}_{NEA} R_{NEA} T}{V_U p_t} \left[(x_{N,NEA} p_t - p_{OU}) - \eta(x_{N,NEA} p_t - p_{OF}) \frac{(\beta_N - \beta_O) p_{OU} + \beta_O p_t}{(\beta_N - \beta_O) p_{OF} + \beta_O p_t} \right]$$

$$(4\text{-}16)$$

由此可通过数值积分得到洗涤过程中燃油与气相空间含氧量的变化规律。

图 4.4 给出了气相空间氧浓度分别为 21%、10%、5%时，油与气相空间中的氧摩尔分数随洗涤时间的变化规律。从图中可以看出，随着洗涤时间增加，气相空间与燃油中的氧浓度都将减小，且随着洗涤过程的进行，不同初始条件下气相空间氧浓度趋于一致，并最终达到与所用洗涤富氮气体中氧气相同的摩尔分数，且初始条件不同并不会影响燃油中氧气摩尔分数的变化。

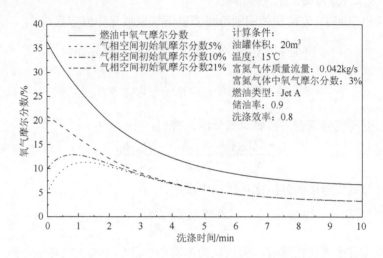

图 4.4　常压地面洗涤系统洗涤过程气相/燃油氧浓度随时间变化示意图

2. 减压地面洗涤系统

燃油减压地面洗涤系统与常压地面洗涤系统的主要区别在于，燃油减压地面洗涤系统在油罐排气口处使用真空泵进行抽吸，使得洗涤出的溶解氧被迅速带走，并降低油箱内的压力，使油罐具有一定的真空度。如忽略真空泵性能的变化，可认为真空泵始终在油罐排气口处形成一定的负压，为此，分析计算中则只需将常压地面洗涤系统中的环境压力设置为负压即可。减压地面洗涤系统的洗涤过程计算结果如图 4.5 所示。

由图 4.5 中可以看出，不同的真空度对燃油预洗涤结果的影响较大，真空度越低燃油中的含氧量降低得越快，并且能达到较低的水平。但是真空度的增加需要更大功率的真空泵。从图中可以看出，真空度从 0.8 降至 0.6 时，燃油中的含氧量下降明显，但是真空度从 0.4 降至 0.1 时，燃油洗涤效果并没有显著提升，影响较小。因此，在减压地面洗涤系统设计过程中应结合实际情况，综合考虑经济性与可行性。

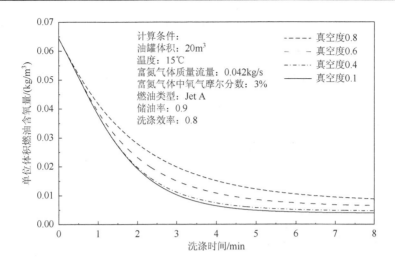

图 4.5　减压地面洗涤系统燃油中氧浓度随洗涤时间变化示意图

3. 增压地面洗涤系统

燃油增压地面洗涤系统采用封闭油罐，底部设置燃油洗涤装置将由中空纤维膜分离系统制得的富氮气体通入油罐中，置换出燃油中的溶解氧。由于油罐是封闭式的，因此在通入富氮气体的过程中，油罐内压力不断增加，因此称为增压地面洗涤系统。

增压地面洗涤系统与常压地面洗涤系统结构相似，不同的是在油罐排气口处设置了一个限压阀门，用于限制油罐内的压力，该阀门上阈值为 Δp_{h}，下阈值为 Δp_{l}，油罐内外压差高于 Δp_{h} 时阀门打开泄压，油罐内气体排出；而当油罐内外压差低于 Δp_{l} 时阀门关闭，油罐内压力上升。

增压地面洗涤过程中燃油的氧气与氮气分压计算方式与常压系统相同，均遵循质量守恒关系式（4-4）和式（4-5），但是由于阀门的限制，气相空间排气过程与常压地面洗涤系统有所不同。

将增压地面洗涤系统排气过程分为两个阶段，第一阶段为氧气、氮气从燃油中的析出过程，并和气相空间气体充分混合，即 $t \sim t + \mathrm{d}t / 2$ 时间段；第二阶段为混合后的气体通过阀门排出的过程，即 $t + \mathrm{d}t / 2 \sim t + \mathrm{d}t$ 时间段，排出的气体量按照孔口模型计算。

$t \sim t + \mathrm{d}t / 2$ 时间段质量守恒方程式为

$$O_U^{t+\mathrm{d}t/2} = O_U^t + O_{\mathrm{F,OUT}} + (1+\eta)\dot{O}_{\mathrm{NEA}}\mathrm{d}t \tag{4-17}$$

$$N_U^{t+\mathrm{d}t/2} = N_U^t + N_{\mathrm{F,OUT}} + (1-\eta)\dot{N}_{\mathrm{NEA}}\mathrm{d}t \tag{4-18}$$

$t + \mathrm{d}t / 2 \sim t + \mathrm{d}t$ 时间段质量守恒方程为

$$O_U^{t+dt} = O_U^{t+dt/2} - \dot{Q}_{U,out} x_{OU}^{t+dt/2} dt \tag{4-19}$$

$$N_U^{t+dt} = N_U^{t+dt/2} - \dot{Q}_{U,out} x_{NU}^{t+dt/2} dt \tag{4-20}$$

式中，$\dot{Q}_{U,out}$ 为通过阀门排出的气体体积流量，其与油箱的内外压差相关，如果 $p_t^{t+dt/2} - p_{env} \leqslant \Delta p_1$，则阀门关闭；$\dot{Q}_{U,out} = 0$，而 $p_t^{t+dt/2} - p_{env} > \Delta p_h$，阀门打开，其流量与压比相关。

在气体通过孔口时可能出现临界流动和亚临界流动情况，这两种流动由临界压力比 $\zeta = \left(\dfrac{2}{\gamma+1}\right)^{\frac{\gamma}{\gamma-1}}$ 决定，其中，γ 是气体绝热指数，因此气体流经阀门会出现以下两种情况：

（1）当 $\zeta p_t^{t+dt/2} < p_{env} < p_t^{t+dt/2}$ 时：

$$\dot{Q}_{U,out} = \mu S \left(\frac{2\gamma}{\gamma-1} P_t^{t+dt/2} \rho_t^{t+dt/2}\right)^2 \left[\left(\frac{p_{env}}{p_t^{t+dt/2}}\right)^{\frac{2}{\gamma}} - \left(\frac{p_{env}}{p_t^{t+dt/2}}\right)^{\frac{\gamma+1}{\gamma}}\right]^{\frac{1}{2}} \tag{4-21}$$

（2）当 $p_{env} < \zeta p_t^{t+dt}$ 时，气体在阀门最小截面处出现临界流动，即

$$\dot{Q}_{U,out} = \mu S \left(\frac{2}{\gamma+1}\right)^{\frac{\gamma+1}{2(\gamma-1)}} (\gamma p_t^{t+dt/2} \rho_t^{t+dt/2})^{\frac{1}{2}} \tag{4-22}$$

式中，μ 为流量系数；S 为阀门通流面积。

联合上述各式，可求得微元终了时刻气相空间氧气浓度和其他参数。

图 4.6 为封闭式油罐模型求解得到的数值解。从计算结果来看，使用闭式油

图 4.6　增压地面洗涤过程气相/燃油氧浓度随时间变化示意图

罐对燃油进行增压洗涤，燃油与气相空间中的氧浓度会产生波动，这是由于油罐中压力变化引起限压阀门的开启与关闭。油罐泄压，使得溶解于燃油中的富氮气体迅速逸出，稀释了气相空间氧气，使得燃油中氧浓度增加。

图 4.6 中点划线表示的是相同情况下，限压阀设置值为 $P_h = \infty$，$P_l = \infty$ 时的一种特殊情况。从图中可以看出，这种洗涤过程中，燃油氧浓度会不断下降，可以将燃油氧浓度洗涤到一个很低的浓度，但由于没有放气过程，储油罐中压力会不断增加，最终将高达数个大气压。

4. 燃油地面洗涤系统比较

对于燃油地面洗涤系统，其主要目的是通过富氮气体的置换，将燃油中的溶解氧充分置换出来，使得低含氧量的燃油充入油箱后，在飞行过程中溶解氧不再发生逸出或较少逸出，以降低机载制氮系统的负荷。因此，在燃油地面洗涤的研究中，通常将单位燃油中的含氧量 m_e 作为衡量洗涤过程好坏的标准。图 4.7 给出了三种洗涤系统均进行 15min 后燃油中的含氧量的变化规律。

由图 4.7 可见，减压地面洗涤对于燃油地面洗涤过程来说是具有优势的，它可以将燃油中的溶解氧气充分置换出来，达到一个在常压下所达不到的含氧量水平。且由于真空泵的抽吸，洗涤出的溶解氧能更快地被带走，所以燃油中的含氧量下降较快，因此，对于燃油地面洗涤，采用减压地面洗涤系统，并设计合理的流程对燃油进行预处理，可以达到更低的含氧量水平。

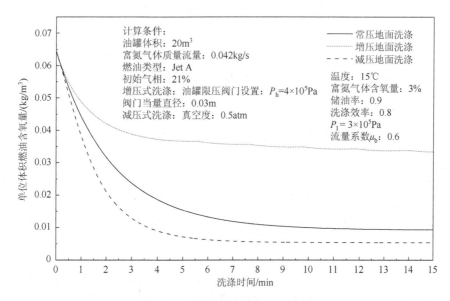

图 4.7　三种地面洗涤系统的比较

　　图 4.8 为由作者设计并获得国家授权专利的一套减压地面洗涤系统。该系统主要包括空气压缩机、富氮气体发生器、洗涤喷嘴、燃油蒸气膜分离器等，空气压缩机吸入大气环境中的空气并压缩，通过后冷器降温后进入富氮气体发生器产生富氮气体，通过流量调节阀经洗涤喷嘴充入油罐下部燃油液相空间，油罐中的气体气压始终低于外界压力，该压力由真空泵维持。为了减少洗涤过程中所携带燃油蒸气造成的浪费，在燃油洗涤过程中设置燃油蒸气膜分离装置回收洗涤尾气中的燃油蒸气。同时在气体发生器富氧气体出口侧使用抽吸泵进行抽气，用来改善富氮气体发生器分离性能，使其产生更低氧浓度的富氮气体。

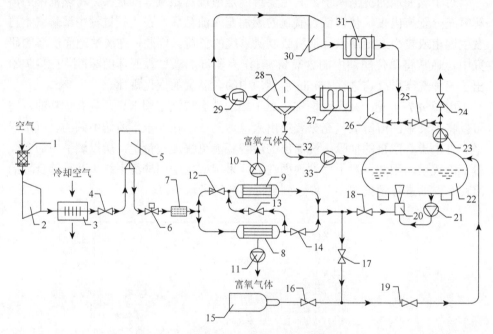

图 4.8　燃油减压地面洗涤系统结构组成

1-空气滤清器；2-气压缩机；3-后冷器；4-空气排气截止阀；5-空气储瓶；6-空气流量调节阀；7-过滤器；8-一级富氮气体发生器；9-二级富氮气体发生器；10-一级抽气泵；11-二级抽气泵；12～14-旁路控制阀门；15-富氮气储瓶；16-富氮气储气截止阀；17-储液冲洗旁通阀；18-富氮气流量调节阀；19-冲洗截止阀；20-洗涤喷嘴；21-燃油循环泵；22-加油车油罐；23-真空泵；24-冲洗尾气旁通阀；25-洗涤尾气截止阀；26-燃油回收一级压气机；27-燃油回收一级冷却器；28-燃油蒸气膜分离装置；29-燃油回收循环泵；30-燃油回收二级压气机；31-燃油回收二级冷却器；32-疏液器；33-燃油回收泵

　　该系统采用两个富氮气体发生器产生富氮气体，通过控制阀门的开闭分别使两个富氮气体发生器工作在并联或串联模式上，使空气分离系统在燃油洗涤初期产生高流量低纯度富氮气体，洗涤过程进行到一定程度，燃油中氧含量降低到一定水平时转换至低流量高纯度模式并对燃油进行进一步洗涤，以进一步降低燃油中的含氧量。洗涤过程中采用双流量模式既可以满足洗涤过程初始阶段高流量的要求，也可以满足洗涤终了燃油中的更低含氧量的要求，缩短洗涤时间。

4.1.2　机载洗涤与洗涤器

虽然燃油地面洗涤系统可以减轻机载设备重量，但其增加了后勤保障负担，特别是无法避免加油过程中外界氧气（空气）的融入，使得燃油实际洗涤效果大打折扣，甚至导致洗涤失效，因此，虽有燃油地面洗涤系统的研究与相关文献报道，但并无实际机型应用。

机载洗涤方式是指采用机载洗涤设备在加油或滑行—爬升阶段对机内燃油进行的洗涤处理，与地面预处理方式不同的是，这时燃油已加入油箱，且在飞行包线范围内，因此，在处理燃油中溶解氧的同时，还必须时刻监测油箱上部空间氧浓度水平。

对于机载洗涤方式，其技术要点是：既要保证喷入燃油中的富氮气泡足够小，以提高洗涤效率；又要保证整个洗涤过程中油箱上部无油空间氧浓度不超过控制指标。即在提高洗涤效率的同时还需要控制溶解氧的逸出速率（这是由于微细气泡过小，传质效率提高，可造成溶解氧的迅速逸出，产生氧浓度超标的现象）。事实上，燃油洗涤器效率不仅直接决定该技术要点能否得以保证，而且影响实际洗涤气量的需求。

机载燃油洗涤技术主要涉及洗涤时间的选择、洗涤管路布置和洗涤器等三方面问题。事实上，洗涤时间的选择、洗涤管路布置与洗涤器是相对应的，对于某些油箱结构复杂、数量众多、洗涤与洗涤器管路布置不易的机型，可选择较大型的、集中处理的洗涤器，并在加油过程中对燃油进行洗涤；而对于油箱结构相对简单、数量较少或洗涤管路方便布置的机型，为每个油箱采用单独的小型洗涤器也是不错的选择。

图 1.11 所示的 C-17 地面燃油洗涤装置就是一个典型的、集中处理的洗涤器，它利用加油压力为动力，通过该洗涤器引射出富氮气体来实现对所加燃油的洗涤。其特点是：地面洗涤在加油过程中完成；洗涤器虽然尺寸大，但数量有限；不需要单独的油泵来为洗涤器提供动力，洗涤管路布置相对简单。但这种方式也存在洗涤气量要求相对较大、洗涤效果较差等缺陷。

图 4.1 所示的 KC-135 飞机燃油洗涤系统中采用的是单独的小型洗涤器，它将洗涤管路布置于每个油箱，并在每个油箱内设置一个或多个小型洗涤器。其特点是：可以对每个油箱进行定点洗涤，洗涤效果好，洗涤气量需求少，但管路复杂。

与地面洗涤方式类似，机载洗涤中，加油过程洗涤可类比于常压地面洗涤系统，而滑行—爬升阶段的洗涤过程则可类比于减压地面洗涤系统，无疑，采用滑行—爬升阶段的洗涤可以节省洗涤气量，获得更完善的洗涤效果。

对于机载洗涤技术，洗涤器的研制是关键。图 4.9 所示为某航空企业为某型飞机所研制的两种型号国产燃油洗涤器。该洗涤器基本结构包括喷嘴、引射管、吸气室、喉管等四部分，经过加压的燃油（约 0.1MPa）由喷嘴喷出后形成高速射流（20m/s 左右），带动富氮气体一起喷入油箱，并对油箱中的燃油进行有效的洗涤。其特点是：洗涤器尺寸小、重量轻（每个洗涤器重量不足 100g），洗涤器效率高（单个洗涤器效率可达 80%以上），能够实现地面洗涤和滑行—爬升阶段洗涤；但它需要独立的油泵来提供动力，且洗涤管路布置复杂。

A型洗涤器　　　　　　　　　　　　　　　　　B型洗涤器

图 4.9　国产两种型号燃油洗涤器外形图

无论地面洗涤还是机载洗涤，总体而言，燃油在洗涤器内的射流运动可分为三个阶段。

第一阶段为液体与气体的相对运动阶段（引射气体段）。该段内液流密实，它依靠边界层与气体之间的黏滞作用，将气体从吸气室带入喉管，液体和气体做相对运动，且均为连续介质。由于受外界扰动的影响，射流在该段后半部分开始产生脉动和表面波。

第二阶段为液滴运动段。由于液体质点的紊动扩散作用，射流表面波的振幅不断增大，当振幅大于射流半径时，液体被剪切成液滴，高速运动的液滴分散在气体中，并通过冲击碰撞将能量传递给气体，气体被加速和压缩。该段内，液体为不连续介质，气体为连续介质。

第三阶段为泡沫流段。该段内气体被液滴压缩为微细气泡，液滴重新聚合为液体，气液两相以泡沫流形式喷入油箱。至此，燃油洗涤器完成了引射气体并把气体粉碎成微细气泡的全过程。

洗涤过程中，洗涤器效率对于洗涤效果有着显著的影响，由于洗涤器内流体流动为气液两相流，理论计算分析十分复杂，且精度欠佳，因此，通常采用实验方法予以解决，图 4.10 为测试国产洗涤器效率的实验系统原理图。

　　需要注意的是：每次实验前，均需先在油中通入压缩空气，使油中溶解空气充分饱和，再用一定浓度的富氮气体冲洗油箱上部气层空间，稳定后，才能开始实验。

　　实验中,可采用 PIV 技术对洗涤器出口处产生的微细气泡进行测量,并用 CCD 拍摄气泡照片,通过对气泡照片的分析处理得出微细气泡的平均粒径、分布及速度场;油箱上部气层空间氧浓度可由极谱仪、质谱仪实时测量,并由计算机自动记录;洗涤器效率则可根据测量数据由其定义导出。

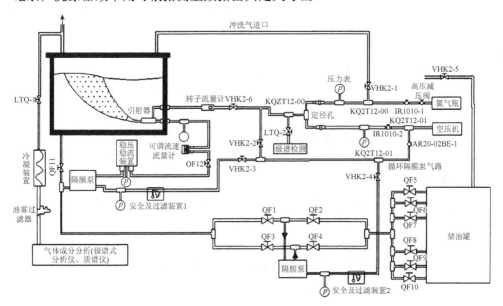

图 4.10　燃油洗涤器性能测试系统原理图

　　图 4.11 为从某型国产洗涤器性能实验中拍摄到的一张经放大后的微细气泡照片。用 QUANTMET 900 图像分析仪分析得到的微细气泡直径分布直方图如图 4.12 所示。图中所示的 334 个气泡中,粒径小于 388μm 的气泡占 95%。

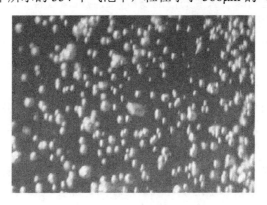

图 4.11　气泡照片

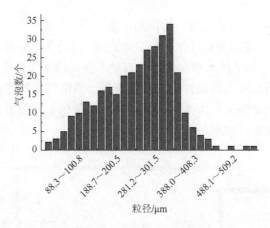

图 4.12　气泡分布直方图

4.1.3　燃油洗涤过程的数学描述

1. 洗涤效率定义

富氮气体充入油箱底部形成微细气泡，部分气体由于气泡颗粒较大，或位于气泡中央，未能充分与燃油发生传质作用，而直接进入了气相空间，这部分气体仍保持原始的氧含量不变；另一部分气体则与燃油产生传质作用，并将燃油中的部分溶解氧置换出来，因此这部分气体的含氧量发生了变化。显然实际洗涤过程中，富氮气体不可能全部与燃油发生传质作用，为此，定义洗涤器效率为

$$\eta_{\text{scrubber}} = \frac{m_{\text{NEA,F}}}{m_{\text{NEA}}} \tag{4-23}$$

式中，$m_{\text{NEA,F}}$ 为实际参与燃油洗涤的富氮气质量，kg；m_{NEA} 为富氮洗涤气体总质量，kg。

洗涤器效率是洗涤器重要的性能参数，它与洗涤过程中气泡直径、停留时间、油箱结构形状、安装位置等因素相关。

事实上，在相同洗涤气量和不同洗涤器效率下，达到同样气相空间惰化效果所需的洗涤时间是不同的；且随着载油量的减少，洗涤器效率对洗涤时间的影响减弱。

同样，当气相空间惰化至相同程度时，不同洗涤器效率会导致洗涤结束后燃油中的氧含量不同。与洗涤时间类似，载油量减少后，洗涤器效率对最终燃油中的氧浓度影响也降低。

过低的洗涤器效率虽然能够在较短的时间内使气相空间氧浓度达到规定值以下，但是由于洗涤结束后燃油中含氧量还较高，还会造成飞机爬升至巡航高度时氧浓度大的变化。因此，为了减少气相空间的冲洗气量和提高安全性，选择具有较高洗涤效率的洗涤器是必要的。

2. 洗涤过程数学模型

如图 4.13 所示，一定流量 m_{NEA} 的富氮气体充入油箱，在油箱底部形成微小气泡，设洗涤器效率为 η，显然，参与传质的气体流量则为 ηm_{NEA}。以图 4.13 所示的某个微元段为例，初始时刻为 t，气相空间的总压与外界环境压力相同，气液均处于平衡状态；富氮气体充入燃油后，燃油内气液传质达到平衡，但在气相空间内，总压比外界压力高，因此氧氮会以等摩尔比排出；终了时刻为 $t+\Delta t$，总压达到终了状态时的外界压力。当 Δt 选择足够小，且气泡分布较均匀时，上述描述基本可反映洗涤的实际物理过程。

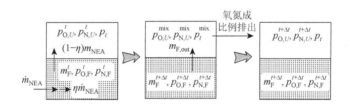

图 4.13　微元段内洗涤过程简化示意图

在建立数学模型前需进行如下假设：

（1）油箱气相空间的气体为氧气、氮气和燃油蒸气，忽略其他微量气体的影响；

（2）将燃油和气相空间分为两个部分，认为参与洗涤的气体与燃油满足平衡关系，而燃油和气相不为平衡关系；

（3）气相空间与燃油温度相同，即 $T_U = T_F$；

（4）氧氮在燃油中的溶解量可按照阿斯特瓦尔德系数计算；

（5）气相空间和燃油中各处物性参数均匀；

（6）忽略油箱与外界的阻力，认为油箱内总压与外界环境压力相同。

在 Δt 时间内，燃油中氧氮的质量平衡关系为

$$\eta \dot{O}_{NEA}\Delta t + O_F^t = O_F^{t+\Delta t} + O_{F,out} \tag{4-24}$$

$$\eta \dot{N}_{NEA}\Delta t + N_F^t = N_F^{t+\Delta t} + N_{F,out} \tag{4-25}$$

由于燃油中的氧氮溶解质量与阿斯特瓦尔德系数有关，因此，式（4-24）和式（4-25）可表述为

$$\eta \dot{O}_{NEA}\Delta t + \frac{\beta_O p_{O,F}^t V_F}{R_O T_F} = \frac{\beta_O p_{O,F}^{t+\Delta t} V_F}{R_O T_F} + O_{F,out} \tag{4-26}$$

$$\eta \dot{N}_{\mathrm{NEA}} \Delta t + \frac{\beta_{\mathrm{N}} p_{\mathrm{N,F}}^{t} V_{\mathrm{F}}}{R_{\mathrm{N}} T_{\mathrm{F}}} = \frac{\beta_{\mathrm{N}} p_{\mathrm{N,F}}^{t+\Delta t} V_{\mathrm{F}}}{R_{\mathrm{N}} T_{\mathrm{F}}} + N_{\mathrm{F,out}} \tag{4-27}$$

若逸出的氧氮气体 $O_{\mathrm{F,out}}$ 和 $N_{\mathrm{F,out}}$ 所占容积为 V_{E}，则式（4-26）和式（4-27）可变换为

$$\left(\eta \dot{O}_{\mathrm{NEA}} \Delta t + \frac{\beta_{\mathrm{O}} p_{\mathrm{O,F}}^{t} V_{\mathrm{F}}}{R_{\mathrm{O}} T_{\mathrm{F}}} - \frac{\beta_{\mathrm{O}} p_{\mathrm{O,F}}^{t+\Delta t} V_{\mathrm{F}}}{R_{\mathrm{O}} T_{\mathrm{F}}} \right) \frac{R_{\mathrm{O}} T_{\mathrm{F}}}{p_{\mathrm{O,F}}^{t+\Delta t}} = V_{\mathrm{E}} \tag{4-28}$$

$$\left(\eta \dot{N}_{\mathrm{NEA}} \Delta t + \frac{\beta_{\mathrm{N}} p_{\mathrm{N,F}}^{t} V_{\mathrm{F}}}{R_{\mathrm{N}} T_{\mathrm{F}}} - \frac{\beta_{\mathrm{N}} p_{\mathrm{N,F}}^{t+\Delta t} V_{\mathrm{F}}}{R_{\mathrm{N}} T_{\mathrm{F}}} \right) \frac{R_{\mathrm{N}} T_{\mathrm{F}}}{p_{\mathrm{N,F}}^{t+\Delta t}} = V_{\mathrm{E}} \tag{4-29}$$

此外，燃油中的压力平衡关系为

$$p_{\mathrm{O,F}}^{t} + p_{\mathrm{N,F}}^{t} = p_{\mathrm{O,F}}^{t+\Delta t} + p_{\mathrm{N,F}}^{t+\Delta t} = p_{t} - p_{v} \tag{4-30}$$

将式（4-28）除以式（4-29），并将式（4-30）代入后化简可得

$$\left[\eta \dot{O}_{\mathrm{NEA}} \Delta t R_{\mathrm{O}} + \frac{\beta_{\mathrm{O}} V_{\mathrm{F}}}{T_{\mathrm{F}}} (p_{\mathrm{O,F}}^{t} - p_{\mathrm{O,F}}^{t+\Delta t}) \right] (p_{t} - p_{v} - p_{\mathrm{O,F}}^{t+\Delta t}) = \left[\eta \dot{N}_{\mathrm{NEA}} \Delta t R_{\mathrm{N}} + \frac{\beta_{\mathrm{N}} V_{\mathrm{F}}}{T_{\mathrm{F}}} (p_{\mathrm{O,F}}^{t+\Delta t} - p_{\mathrm{O,F}}^{t}) \right] p_{\mathrm{O,F}}^{t+\Delta t}$$

$$\tag{4-31}$$

令

$$\begin{cases} A = (\beta_{\mathrm{O}} - \beta_{\mathrm{N}}) V_{\mathrm{F}} / T_{\mathrm{F}} \\ B = \dfrac{V_{\mathrm{F}}}{T_{\mathrm{F}}} [p_{\mathrm{O,F}}^{t} \beta_{\mathrm{N}} + (p_{v} - p_{t} - p_{\mathrm{O,F}}^{t}) \beta_{\mathrm{O}}] \\ \quad - \eta \Delta t (\dot{N}_{\mathrm{NEA}} R_{\mathrm{N}} + \dot{O}_{\mathrm{NEA}} R_{\mathrm{O}}) \\ C = \dfrac{p_{t} - p_{v}}{T_{\mathrm{F}}} (\eta \Delta t \dot{O}_{\mathrm{NEA}} R_{\mathrm{O}} T_{\mathrm{F}} + p_{\mathrm{O,F}}^{t} V_{\mathrm{F}} \beta_{\mathrm{O}}) \end{cases} \tag{4-32}$$

则，式（4-31）可简化为

$$A(p_{\mathrm{O,F}}^{t+\Delta t})^2 + B p_{\mathrm{O,F}}^{t+\Delta t} + C = 0 \tag{4-33}$$

因此，只需要知道该微元段初始状态燃油中的氧分压，则可得到终了状态时燃油中的氧分压。

未参与传质的洗涤气及传质完成后的析出气体与气相空间中初始状态的原有气体混合后，其氧氮总质量为

$$O_{U}^{\mathrm{mix}} = (1-\eta) \dot{O}_{\mathrm{NEA}} \Delta t + O_{U}^{\mathrm{mix}} + O_{\mathrm{F,out}}$$

$$= \dot{O}_{\mathrm{NEA}} \Delta t + \frac{p_{\mathrm{O,U}}^{t} V_{U}}{R_{\mathrm{O}} T_{U}} + \frac{\beta_{\mathrm{O}} p_{\mathrm{O,F}}^{t} V_{\mathrm{F}}}{R_{\mathrm{O}} T_{\mathrm{F}}} - \frac{\beta_{\mathrm{O}} p_{\mathrm{O,F}}^{t+\Delta t} V_{\mathrm{F}}}{R_{\mathrm{O}} T_{\mathrm{F}}} \tag{4-34}$$

$$N_{U}^{\mathrm{mix}} = (1-\eta) \dot{N}_{\mathrm{NEA}} \Delta t + N_{U}^{\mathrm{mix}} + N_{\mathrm{F,out}}$$

$$= \dot{N}_{\mathrm{NEA}} \Delta t + \frac{p_{\mathrm{N,U}}^{t} V_{U}}{R_{\mathrm{N}} T_{U}} + \frac{\beta_{\mathrm{N}} p_{\mathrm{N,F}}^{t} V_{\mathrm{F}}}{R_{\mathrm{N}} T_{\mathrm{F}}} - \frac{\beta_{\mathrm{N}} p_{\mathrm{N,F}}^{t+\Delta t} V_{\mathrm{F}}}{R_{\mathrm{N}} T_{\mathrm{F}}} \tag{4-35}$$

气相中混合气的压力为

$$p_t^{\text{mix}} = p_v + p_{\text{O},U}^{\text{mix}} + p_{\text{N},U}^{\text{mix}}$$
$$= p_v + \frac{O_U^{\text{mix}} R_{\text{O}} T_U}{V_U} + \frac{N_U^{\text{mix}} R_{\text{N}} T_U}{V_U} \tag{4-36}$$

混合气的氮氧摩尔比为

$$C_n^{\text{mix}} = \frac{n_{\text{N},U}^{\text{mix}}}{n_{\text{O},U}^{\text{mix}}} = \frac{x_{\text{N},U}^{\text{mix}}}{x_{\text{O},U}^{\text{mix}}} = \frac{p_{\text{N},U}^{\text{mix}}}{p_{\text{O},U}^{\text{mix}}} = \frac{N_U^{\text{mix}} R_{\text{N}}}{O_U^{\text{mix}} R_{\text{O}}} \tag{4-37}$$

混合气的压力比外界压力高,因此氧氮气体等摩尔比排出,排气结束后,气相空间压力与外界压力相同,故终了状态时气相空间氧氮分压为

$$p_{\text{O},U}^{\text{E}} = \frac{p_t - p_v}{1 + C_n^{\text{mix}}} \tag{4-38}$$

$$p_{\text{N},U}^{\text{E}} = \frac{C_n^{\text{mix}}(p_t - p_v)}{1 + C_n^{\text{mix}}} \tag{4-39}$$

同样,只要知道该微元段初始时候的气相空间氧浓度,则根据以上各式及燃油的计算结果得到终了状态气相空间氧氮浓度,计算时,前一个微元的终了状态计算结果将作为下一个微元段入口状态参数。

以海平面大气压力为总压、气相空间初始状态未惰化、燃油和气相温度均为15℃为例,计算时第一个微元段燃油和气相氧分压入口参数为

$$\begin{cases} p_{\text{O},U}^0 = 1.01325 \times 10^5 \times 21\% = 0.2128 \times 10^5 (\text{Pa}) \\ p_{\text{O},F}^0 = 1.01325 \times 10^5 \times 36.43\% = 0.3691 \times 10^5 (\text{Pa}) \end{cases} \tag{4-40}$$

采用上述模型计算时,不仅可以反映出洗涤过程中燃油和上部空间氧浓度的变化规律,而且当规定最终惰化后气相空间氧浓度后(如规定为9%),还可获得惰性气体流率与洗涤时间之间的对应关系,这为洗涤惰性气体产生装置——中空膜分离器的选择提供了性能参数要求。

3. 计算模型验证

图 4.14 计算了不同洗涤效率下气相空间和燃油中氧浓度随洗涤时间的变化关系,并与相关文献(本书文献[51])中的实验数据进行了对比。计算中,为了与实验条件一致,洗涤过程采用纯氮气,并在洗涤开始前,用纯氮气冲洗了油箱气相空间,使之初始氧浓度为0%。由计算结果可见,两者趋势一致。从图中可以看出,当模型中选取洗涤器效率为75%时(文献中未给出洗涤器效率),气相空间实验值与计算值吻合度较高,因此可认为建立的数学模型具有较高的准确度,可用于预测洗涤过程的气相空间的氧浓度变化。但是,从图中也可见,燃油中氧浓度计算值与实验值相差较大,特别是初始时刻,相对误差达到16%左右,其原因是

气相空间预先进行了冲洗，不可避免地导致部分氧从燃油中逸出，而数学模型中未能考虑预先冲洗的状况，因此造成一定的计算误差，但总体而言，趋势一致，误差可以接受。

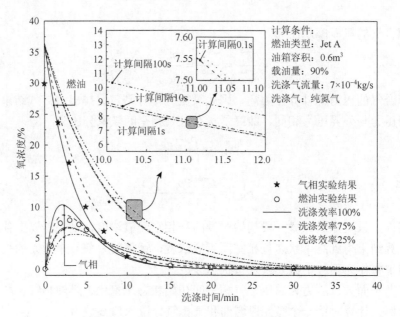

图 4.14　氧浓度随洗涤时间变化关系

图 4.14 中还选取了不同的计算间隔 Δt，计算了洗涤效率同为 50%时的氧浓度分布。由图可见，当计算间隔为 0.1s、1s 和 10s 时，氧浓度曲线基本重合，而计算间隔增加至 100s 时，计算结果有较大偏差，考虑到数据量和计算精度的平衡，因此在实际计算中选取小（等）于 10s 的计算间隔是必要的。

4.1.4　燃油洗涤影响因素分析

1. 洗涤器效率对洗涤过程的影响

洗涤器效率与参与传质的洗涤气量密切相关，通过优化洗涤器设计可在一定程度提高洗涤器效率，显然不同的洗涤器效率将导致不同的气相和液相中的氧浓度变化规律。

图 4.15 给出了在海平面载油量为 90%，温度为 15℃时，气/液相中氧浓度随洗涤时间的变化关系。计算中气相空间初始并未进行冲洗预先惰化，同时洗涤气中氮含量为 95%。从图中可以看出，当洗涤器效率很低时，因为大部分洗涤气直

接进入了气相空间,而溶解氧气逸出量很小,因此气相空间达到同样氧浓度所需的时间也较短,随着洗涤器效率增加,更多的燃油中溶解氧被洗涤置换出来,因此洗涤时间延长;洗涤器效率不同,当气相空间达到同样惰化效果时,燃油中的氧含量却有很大差别,洗涤器效率越高,洗涤后燃油中氧浓度越低。

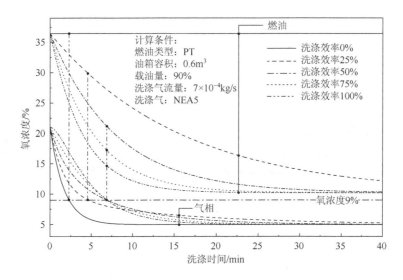

图 4.15 不同洗涤器效率对氧浓度的影响

从图 4.15 中还可以看出,当地面洗涤时间足够长时,洗涤气与燃油中溶解的气体将趋于平衡,表现为燃油和气相空间中的氧浓度将不再随着洗涤时间增加而减少。通过计算可得,若温度为 15℃,洗涤气氮气含量为 95%,则最终理论平衡状态下燃油中的氧含量应为 10.19%,而气相空间氧浓度应当与洗涤气一致,即达到 5%,此时可称为洗涤极限。此外,若气相空间氧浓度为 9%,则与之相平衡时的燃油中的氧浓度为 17.57%。

显然,地面洗涤完成后,随着飞机的爬升,外界压力降低,燃油中的氧会继续逸出,表 4.1 计算了洗涤结束恰好处于上述两种情况下,爬升至 12km 巡航高度时燃油和气相空间中平衡氧浓度的变化关系。从表中可以看出,当载油量小时,则气相氧浓度变化较小,而且在海平面洗涤至极限后,虽爬升至巡航高度时,浓度差也越小。若洗涤结束时为 9%,则除非载油量很小,否则至巡航高度时,气相空间氧浓度还会严重超标。由此可见,仅仅采用燃油地面洗涤是不够的,还必须结合整个飞行过程中的油箱上部空间冲洗才能确保油箱有效的惰化状态。

表 4.1　两种情况下氧浓度变化关系

载油量/%	海平面氧浓度/%		巡航高度氧浓度/%		气相浓度差/%
	燃油	气相	燃油	气相	
30	17.57	9.0	18.90	9.76	0.76
	10.19	5.0	11.03	5.44	0.44
60	17.57	9.0	21.53	11.29	2.29
	10.19	5.0	12.72	6.33	1.33
90	17.57	9.0	29.04	15.95	6.95
	10.19	5.0	17.69	9.06	4.06

随着洗涤效率增加，氮气与氧气溢出速率之差也明显增大，如图 4.16 所示。当洗涤器效率增加到一定程度后，虽然直接进入气相空间的洗涤气量减少，但由于更多的燃油中氮气逸出量弥补了氧气的逸出量，因此达到同样气相空间氧浓度所需的时间将趋于相等。

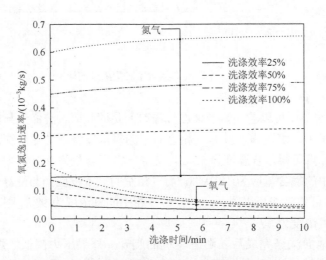

图 4.16　不同洗涤器效率对氧氮逸出速率的影响

图 4.17 给出了气相空间氧浓度均惰化至 9%，在相同洗涤气量、不同载油量下，洗涤器效率与洗涤总时间的关系。从图中可以看出，载油量越少，则不同洗涤器效率下所耗费洗涤总时间差别也越小，其原因在于载油量小，燃油中总的含氧量也小，同样的洗涤气量可迅速置换出燃油中的氧气。

图 4.18 为洗涤效率与洗涤流率之间的关系。从图中可以看出，洗涤效率的提高有助于降低对洗涤流率的需求。

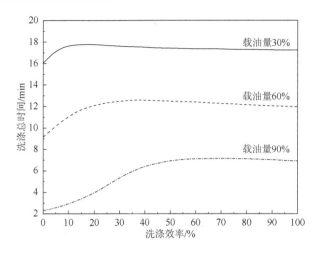

图 4.17　不同洗涤效率下载油量对总洗涤时间的影响

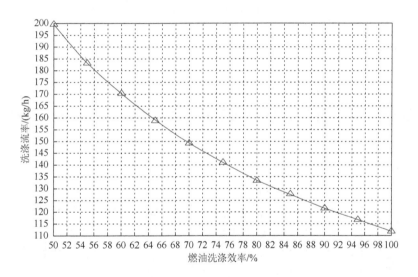

图 4.18　燃油洗涤效率与洗涤流率之间的关系

2. 洗涤时间与洗涤流率关系

洗涤时间与洗涤流率关系见图 4.19。从图中可以看出，随着洗涤时间增加，所需的洗涤流率下降，但两者并非线性关系。这是由于燃油中溶解氧的逸出是逐步进行的，因此洗涤流率与洗涤时间是曲线关系。

在实际惰化系统设计中，可以通过延长洗涤时间来减少对洗涤流率的要求，这可降低膜分离装置尺寸、重量及对其性能的要求。

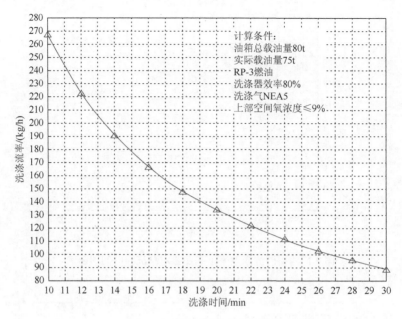

图 4.19　洗涤流率与洗涤时间关系

3. 洗涤气浓度与洗涤流率关系

洗涤气浓度与洗涤流率之间的关系见图 4.20。从图中可以看出，随着洗涤气

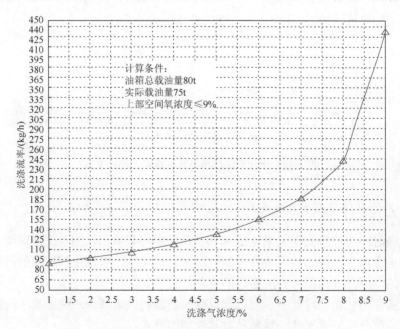

图 4.20　洗涤气浓度与洗涤流率关系

浓度的提高，其所需的洗涤流率也提高。考虑到分离装置产生的惰性气体浓度与流量并非线性关系，因此在实际的惰化系统设计中也应综合考虑膜分离流率及洗涤流率需求关系来选择最佳的洗涤气浓度。

4. 油箱载油率对洗涤流率影响

图 4.21 是油箱载油率与洗涤流率需求的关系图。从图中可以看到，油箱初始载油率越低，则洗涤流率要求越大，且变化十分明显。

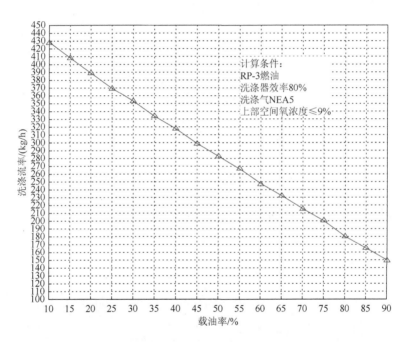

图 4.21　载油率与洗涤流率关系

5. 不同初始氧浓度对洗涤流率影响

图 4.22 是油箱上部空间不同初始氧浓度与洗涤流率及洗涤时间之间的关系。从图中可以看出，当洗涤时间足够长时，油箱上部空间初始氧浓度对于洗涤流率没有什么影响，但如果洗涤时间很短，则会产生较大的影响。

6. 不同阶段洗涤时间的流率比较

图 4.23 是油箱上部空间氧浓度小于 9% 与地面洗涤 20min，再加起飞 10min 所需要的洗涤流率的关系曲线。

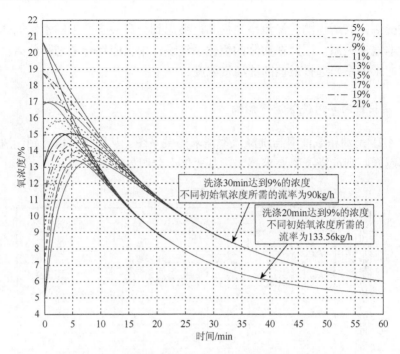

图 4.22 初始氧浓度与洗涤时间、洗涤流率之间的关系

比较图 4.19 与图 4.23 可以看出，在同样 30min 的规定洗涤时间内，地面洗

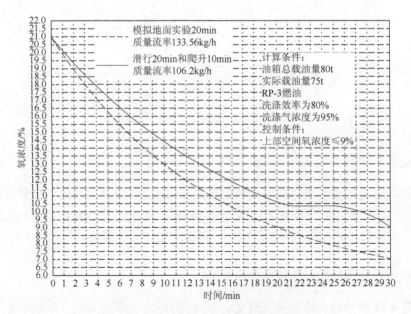

图 4.23 地面洗涤与地面+起飞洗涤的比较

涤所需要的流率（89kg/h，图 4.19）远小于地面+起飞所需要的洗涤流率（106kg/h，图 4.23）。这个问题可以这样定性解释，随着飞行高度变化，燃油中的氧逸出明显，这就需要更多的洗涤气量去中和逸出的氧，以保证油箱上部空间的氧浓度≤9%。

4.2　燃油冲洗

如前所述，由于早期的机载空气分离模块产生富氮气体能力有限，为降低飞行过程中对富氮气体的需求，早期的军机大多采用了洗涤技术来预先处理燃油中溶解氧的问题，但随着膜分离技术的发展，空气分离模块效率的提高，目前机载空分装置已能产生充足的惰化流量；同时，燃油洗涤涉及洗涤管路与装置的复杂性，因此现代军机和民机惰化系统设计或原机型更新升级中大多已摒弃了燃油洗涤方案，而直接采用燃油冲洗技术。

燃油冲洗技术是利用机载空气分离模块产生富氮气体，并将富氮气体直接通入燃油箱上部无油空间，用以稀释油箱上部气相空间原有的及由于飞机爬升或晃动而从燃油逸出到气相空间的氧气。相比于洗涤技术，燃油冲洗技术更为简单，管路布置更为方便。

4.2.1　燃油冲洗过程的数学描述

燃油冲洗过程的数学描述有三种方式，一是不考虑燃油中溶解氧的逸出问题，认为溶解氧逸出问题已通过洗涤解决；二是按平衡状态逸出方式来考虑燃油中溶解氧的逸出；三是按实际溶解氧逸出规律来进行数学描述。无疑，按实际情况来考虑溶解氧逸出问题是最科学的，但实际工作中，由于溶解氧逸出速率涉及的因素众多，建立精准的实际溶解氧逸出数学模型十分困难，因此，在目前的理论分析中大多采用前两种数学描述方式。

1. 不考虑溶解氧逸出的数学模型

所谓不考虑溶解氧逸出数学模型是指，无论油箱中是否存有燃油，均不考虑燃油中所溶解的氧气向气相空间的逸出，后续讨论中简称其为无氧逸出模型。为了便于分析，无氧逸出模型中采用了如下基本假设：

（1）不考虑燃油中氧气逸出；

（2）外界环境的压力与燃油箱内压力保持一致；

（3）忽略氧氮分子量的差异；

（4）富氮气体和燃油箱气相及燃油温度相同；

（5）燃油箱上部的热力参数和浓度参数各处相同，且混合过程瞬间完成。

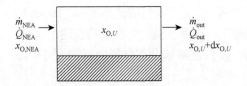

图 4.24　无氧逸出模型冲洗惰化示意图

如图 4.24 所示，某个微元时刻 $\mathrm{d}t$ 内，一定流量的富氮气体从入口进入燃油箱上部气相空间，与气相空间原来的气体混合后，部分混合后的气体从出口排出至外界环境。

由于认为燃油箱的压力无变化，即不存在质量堆积，因此排出的气体流量为

$$\dot{m}_{\mathrm{out}} = \dot{m}_{\mathrm{NEA}} \tag{4-41}$$

由于忽略氧氮分子量差异，即不同组分气体密度保持一致，因此流入和流出的气体体积流量相同，即

$$\dot{Q}_{\mathrm{NEA}} = \dot{Q}_{\mathrm{out}} = \dot{Q} \tag{4-42}$$

故 dt 时间内，气相空间内氧气浓度的变化与流入流出气体体积流量的平衡关系如下：

$$\dot{Q}x_{\mathrm{O,NEA}}\mathrm{d}t - \dot{Q}x_{\mathrm{O,U}}\mathrm{d}t = V_U(x_{\mathrm{O,U}} + \mathrm{d}x_{\mathrm{O,U}}) - V_U x_{\mathrm{O,U}} \tag{4-43}$$

式中，$x_{\mathrm{O,NEA}}$、$x_{\mathrm{O,U}}$ 为气相空间和富氮气体摩尔氧浓度；V_U 为气相空间体积。

另外 $x = x_{\mathrm{O,NEA}} - x_{\mathrm{O,U}}$，将其代入式（4-43）并化简可得

$$\dot{Q}x\mathrm{d}t = V_U\mathrm{d}(x_{\mathrm{O,NEA}} - x) = -V_U\mathrm{d}x \tag{4-44}$$

冲洗开始时，气相空间氧浓度与外界环境摩尔氧浓度一致，为 $x_{\mathrm{O,amb}}$，则对式（4-44）积分可得

$$\int_0^t \frac{\dot{Q}}{V_U}\mathrm{d}t = \int_{x_{\mathrm{O,NEA}}-x_{\mathrm{O,amb}}}^{x_{\mathrm{O,NEA}}-x_{\mathrm{O,U}}(t)} -\frac{1}{x}\mathrm{d}x \tag{4-45}$$

式中，t 为冲洗惰化时间。对其积分后可得

$$\frac{x_{\mathrm{O,amb}} - x_{\mathrm{O,U}}}{x_{\mathrm{O,amb}} - x_{\mathrm{O,NEA}}} = 1 - \mathrm{e}^{\frac{\dot{Q}t}{V_U}} \tag{4-46}$$

若定义燃油箱惰化率（inerting ratio，IR）为

$$\mathrm{IR} = \frac{x_{\mathrm{O,amb}} - x_{\mathrm{O,U}}}{x_{\mathrm{O,amb}} - x_{\mathrm{O,NEA}}} \tag{4-47}$$

定义燃油箱气相体积置换次数（volumetric tank exchange of ullage，VTE）为

$$\mathrm{VTE}_U = \frac{t\dot{Q}}{V_U} \tag{4-48}$$

则式（4-46）可简化为

$$\mathrm{IR} = 1 - \mathrm{e}^{-\mathrm{VTE}_U} \tag{4-49}$$

采用式（4-49）表征无溶解氧逸出的冲洗过程具有很强的物理意义，在初

始时刻，未进行冲洗，此时油箱内气相氧浓度与外界大气一致，即 $x_{O,U} = x_{O,amb}$，IR 为 0，当冲洗过程持续无限长时间后，则 $x_{O,U} = x_{O,NEA}$，此时 IR 为 1；类似地，如果气相体积置换次数 VTE_U 为 0，则燃油箱未进行惰化，即 IR = 0，若 VTE_U 为无穷大，则 IR = 1。

当燃油箱中载油量发生变化时，气相空间的容积也相应发生变化，为了便于计算冲洗的气量，定义油箱总体积置换次数为

$$VTE_T = \frac{t\dot{Q}}{V_U + V_F} = \frac{t\dot{Q}}{V_{TANK}} \tag{4-50}$$

若定义燃油箱体积载油率为

$$\varepsilon_V = \frac{V_F}{V_U + V_F} \tag{4-51}$$

则气相体积置换次数与总体积置换次数关系为

$$VTE_T = (1 - \varepsilon_V)VTE_U \tag{4-52}$$

2. 溶解氧平衡逸出的数学模型

初始状态时，燃油与气相空间中的氧气处于平衡状态，当富氮气体进入气相空间后，导致其氧浓度降低，燃油中氧气有向气相空间逸出的趋势，将造成式（4-46）所描述结果与实际有较大偏差。特别是若油箱存在较强的外界激励，如晃动、颠簸等，逸出的速率会较大，由于溶解氧逸出速率影响因素很多，在此，仅讨论溶解氧按平衡状态逸出的情况，并称为有氧逸出模型。

有氧逸出模型推导过程中采用了如下假设：

（1）逸出的氧气与气相空间原有气体及冲洗过程所流入的富氮气体混合过程在瞬间完成，且其热力和浓度参数各处均相同；

（2）燃油中氧气的逸出速率足够快，且氧气逸出后，气相和液相立刻达到平衡状态；

（3）外界环境的压力与燃油箱内压力保持一致；

（4）富氮气体和燃油箱气相及燃油温度相同；

（5）排出油箱外的气体与气相空间混合后的气体氧氮摩尔比相同。

如图 4.25 所示，某个微元时刻内，富氮气体流入燃油箱气相空间，并与原有的气体混合，由于混合后气相空间中氧浓度减少，燃油中的氧气将向气相空间中逸出，并再次与气相空间中的气体混合后排出燃油箱外，当微元时刻 dt 足够小时，可认为排出的氧氮气体摩尔比为本微元初始时刻时气相空间中氧氮摩尔比，这样其质量比可由式（4-53）描述：

$$\frac{dO_{out}}{dN_{out}} = \frac{p_{O,U}M_O}{p_{N,U}M_N} \tag{4-53}$$

式中，$p_{O,U}$ 和 $p_{N,U}$ 为氧氮分压；M_O 和 M_N 为氧氮分子量。

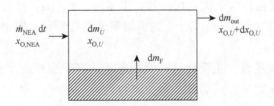

图 4.25　有氧逸出模型冲洗惰化示意图

气相空间氧氮分压与总压 p 的关系为

$$p = p_{O,U} + p_{N,U} = x_{O,U}p + (1 - x_{O,U})p \tag{4-54}$$

微元时刻内排出的氧气质量 dO_{out} 与流入的氧气质量 dO_{in}、气相空间氧气质量变化量 dO_U 及燃油中氧气逸出量 dO_f 的关系为

$$\begin{aligned}
dO_{out} &= dO_{in} + dO_f - dO_U \\
&= \dot{O}_{NEA}dt - \frac{\beta_O V_F p}{R_O T_F}dx_{O,U} - \frac{pV_U}{R_O T_U}dx_{O,U}
\end{aligned} \tag{4-55}$$

排出的氮气质量 dN_{out} 与流入的氮气 dN_{in}、气相空间氮气变化量 dN_U 及溶解到燃油中的氮气量 dN_f 的关系为

$$\begin{aligned}
dN_{out} &= dN_{in} + dN_f - dN_U \\
&= \dot{N}_{NEA}dt + \frac{\beta_N V_F p}{R_N T_F}dx_{O,U} + \frac{pV_U}{R_N T_U}dx_{O,U}
\end{aligned} \tag{4-56}$$

将式（4-55）和式（4-56）代入式（4-53），并考虑到气体和燃油温度相同，即 $T_U = T_F = T$，化简可得

$$\frac{dx_{O,U}}{dt} = \frac{(\dot{O}_{NEA}R_O + \dot{N}_{NEA}R_N)Tx_{O,U} - R_O T \dot{O}_{NEA}}{(\beta_O - \beta_N)V_F p x_{O,U} - (\beta_O V_F p + pV_U)} \tag{4-57}$$

以上各式中，R_O 和 R_N 为氧氮气体常数；V_F 为燃油体积；$\dot{O}_{NEA}$ 为富氮气体中氧气流量；β 为阿斯特瓦尔德系数。

将式（4-57）进行积分，并将式（4-48）和式（4-51）代入可得

$$VTE_U = \frac{\dot{Q}t}{V_U}$$

$$= \int_{x_{O,amb}}^{x_{O,U}} \frac{R_{NEA}}{R_O M_O} \frac{(\beta_O - \beta_N)\dfrac{1 - \varepsilon_V}{\varepsilon_V} x_{O,U} - \left(\beta_O \dfrac{1 - \varepsilon_V}{\varepsilon_V} + 1\right)}{\dfrac{x_{O,U}}{x_{O,NEA}M_O + (1 - x_{O,NEA})M_N} - x_{O,NEA}} dx_{O,U} \tag{4-58}$$

式中，R_{NEA} 为富氮气体的气体常数。

从式（4-58）可以明显看出，即使考虑了燃油中溶解氧的逸出，在一定的载油率下，气相空间氧浓度的变化仍然只与气相体积置换次数相关。式（4-57）可直接积分求解，也可采用数值积分方式求解。

同样考虑到载油量发生变化后，气相空间的体积非恒值，将式（4-50）代入式（4-57）积分可得油箱总体积置换次数为

$$
\begin{aligned}
\mathrm{VTE}_a &= \frac{\dot{Q}t}{V_U + V_F} = \frac{\dot{Q}t}{V_{\mathrm{TANK}}} \\
&= \int_{x_{\mathrm{O,amb}}}^{x_{\mathrm{O,U}}} \frac{R_{\mathrm{NEA}}}{R_{\mathrm{O}} M_{\mathrm{O}}} \frac{\dfrac{(\beta_{\mathrm{O}} - \beta_{\mathrm{N}}) x_{\mathrm{O,U}} - (\beta_{\mathrm{O}} + 1 - \varepsilon_V)}{x_{\mathrm{O,U}}}}{x_{\mathrm{O,NEA}} M_{\mathrm{O}} + (1 - x_{\mathrm{O,NEA}}) M_{\mathrm{N}}} - x_{\mathrm{O,NEA}} \, \mathrm{d}x_{\mathrm{O,U}}
\end{aligned}
\tag{4-59}
$$

3. 频率传质模型

为了描述溶解氧逸出的真实传质过程，作者提出了一种气液边界层的频率传质模型，该模型利用传质的频率来表征传质过程的快慢。

传质频率是指进行传质的两种组分在单位时间内的传质次数，用符号 f 表示。

对应于传质频率的概念，频率传质模型所假设的传质方式如图 4.26 所示，假设气相与液相之间有一较薄的传质边界层将气相层和液相层的直接传质阻隔开。在进行传质过程时，假设气相层先和传质边界层进行平衡，使得传质边界层的气体组分体积分数升高或者降低；接着传质边界层再和液层进行平衡使得液层中的气体组分体积分数升高或者降低。

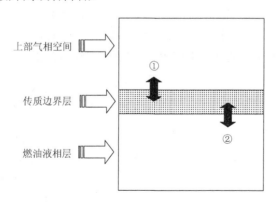

图 4.26　燃油和气相空间频率传质方式示意图

需要说明的是，这两个先后进行的平衡都假设是瞬间完成的，这样就用瞬时平衡的频率替代了每次传质的速率对传质过程的快慢进行表征。假设传质边界层的厚度与总的燃油层厚度比为 x，$x = H_m/(H_m + H_f)$，理论上 x 的取值范围为 $0 \sim 1$，在本节的计算中，暂定 $x = 0.01$。对一个既定的传质过程而言，x 和 f 的搭配是负

相关的，但两者之间的配合关系还不能简单地确定。如果能够依据实验而发现液相体积分数梯度的一般性的变化规律，那么可以参照速度边界层或者温度边界层的方法来给传质边界层下一个确切的物理定义。

当 $f=0$ 时，气相就无法和传质边界层进行传质，此时液相的组分和气相的组分相互没有影响。

当 $f=\infty$ 时，气相、传质边界层和液相之间的相关组分浓度瞬时达到平衡。

当 $0<f<\infty$ 时，传质频率就可以量化一般的气液两相间的传质速率。

传质的频率主要取决于燃油的种类和温度这两个因素，燃油箱的晃动或泵射气体进入液层内部增大了燃油和气体的接触表面积，为了模型计算的方便，增大的接触表面积可近似等效为增大了传质的频率，而气相空间压力的变化则只关系到每次传质平衡时的质量交换量。环境温度、燃油箱晃动程度和燃油品种都会影响到传质频率。

在建立飞机燃油箱冲洗传质理论模型前可提出如下假设：

（1）富氮气体、气相空间中的氧气和氮气、燃油蒸气及其混合气体视为理想气体；

（2）冲洗过程中，恢复平衡状态所需的弛豫时间远小于计算步长；

（3）计算步长内，各种气体充分混合，气体内部各处的温度、压力和密度状态参数相同；

（4）混合气体按组分的摩尔分数比排出；

（5）富氮气体与燃油温度相等；

（6）忽略燃油蒸气的逸出引起的燃油质量的减少；

（7）不考虑飞行中燃油消耗引起的燃油液面下降及其对惰化效果的影响。

基于频率传质的传质模型，飞机爬升阶段通气式燃油箱内氧氮传质的过程如图 4.27 所示。它将某一微元时间段内的传质过程分为三步。

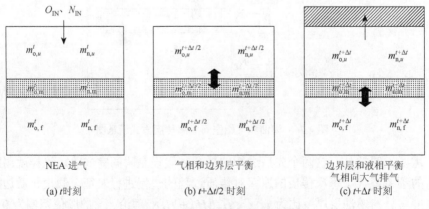

图 4.27　频率传质模型建模步骤图

假设起始时刻为 t 时刻，终了时刻为 $t+\Delta t$，氧浓度数学模型的推导过程如下。

第一步：从 t 时刻到 $t+\Delta t/2$ 时刻，NEA 进入油箱上部空间，燃油箱内的氧氮质量增加，氧的质量平衡方程如下：

$$\dot{m}_{o,\text{NEA}}\Delta t + m_{o,u}^{t} + m_{o,m}^{t} = m_{o,u}^{t+\Delta t/2} + m_{o,m}^{t+\Delta t/2} \tag{4-60}$$

式中，$\dot{m}_{o,\text{NEA}}$ 为单位时间内 NEA 的质量流量；$m_{o,u}^{t}$ 为 t 时刻气相空间的氧的质量；$m_{o,m}^{t}$ 为 t 时刻传质边界层中氧的质量；$m_{o,u}^{t+\Delta t/2}$ 为 $t+\Delta t/2$ 时刻气相空间的氧质量；$m_{o,m}^{t+\Delta t/2}$ 为 $t+\Delta t/2$ 时刻传质边界层的氧质量。

第二步：$t+\Delta t$ 时刻气相和传质边界层之间氧组分瞬时达到平衡，平衡时液相中含有的氧氮的质量根据氧的 Ostword 系数来计算。此时气相和传质边界层内的氧质量比为

$$\frac{m_{o,u}^{t+\Delta t/2}}{m_{o,m}^{t+\Delta t/2}} = \frac{\dfrac{p_{o,u}^{t+\Delta t/2}V_u}{R_oT_u}}{\dfrac{\beta_o p_{o,m}^{t+\Delta t/2}V_m}{R_oT_f}} \tag{4-61}$$

式中，V_u 为气相空间的体积；V_m 为传质边界层的体积；T_u 为燃气相空间的温度；T_f 为燃油的温度；β_o 为某种燃油在温度为 T_f 时的氧的 Ostword 系数；R_o 为氧气的气体常数；$p_{o,u}^{t+\Delta t/2}$ 为 $t+\Delta t/2$ 时刻气相空间的氧压；$p_{o,m}^{t+\Delta t/2}$ 为 $t+\Delta t/2$ 时刻传质边界层的氧压。

因为假设 $T_u = T_f$，且 $p_{o,u}^{t+\Delta t/2} = p_{o,m}^{t+\Delta t/2}$ 代入式（4-61）有

$$\frac{m_{o,u}^{t+\Delta t/2}}{m_{o,m}^{t+\Delta t/2}} = \frac{V_u}{\beta_o V_m} \tag{4-62}$$

令 $\dfrac{V_u}{\beta_o V_m} = A_o$，代入氧质量守恒方程式（4-60）中可以得到

$$m_{o,u}^{t+\Delta t/2} = (\dot{m}_{O,\text{NEA}}\Delta t + m_{o,u}^{t} + m_{o,m}^{t})\left(\frac{A_o}{1+A_o}\right) \tag{4-63}$$

$$m_{o,m}^{t+\Delta t/2} = (\dot{m}_{O,\text{NEA}}\Delta t + m_{o,u}^{t} + m_{o,m}^{t})\left(\frac{1}{1+A_o}\right) \tag{4-64}$$

第三步：传质边界层和燃油液层进行氧浓度均匀混合，其所含氧质量的多少正比于传质边界层和燃油液层的体积 V_m 和 V_f，传质边界层的氧质量满足

$$m_{o,m}^{t+\Delta t} = \frac{V_m}{V_f + V_m}(m_{o,f}^t + m_{o,m}^{t+\Delta t/2}) = 0.01(m_{o,f}^t + m_{o,m}^{t+\Delta t/2}) \tag{4-65}$$

$$m_{o,f}^{t+\Delta t} = \frac{V_f}{V_f + V_m}(m_{o,f}^{t+\Delta t/2} + m_{o,m}^{t+\Delta t/2}) = 0.99(m_{o,f}^t + m_{o,m}^{t+\Delta t/2}) \tag{4-66}$$

式中，$m_{o,m,2}^{t+\Delta t}$ 为 $t+\Delta t$ 时刻，传质边界层和燃油液层平衡后的氧质量；$m_{o,f}^t$ 为燃油在 t 时刻的氧质量；$m_{o,f}^{t+\Delta t}$ 为 $t+\Delta t$ 时刻，燃油液层和传质边界层平衡后的氧质量；V_f 为燃油液层中不包括传质边界层的那部分体积，$V_f = 99V_m$。

氮组分的计算过程与氧组分的计算过程类似，终了时刻传质边界层和液层内的氮的质量分别为

$$m_{n,m}^{t+\Delta t} = 0.01(m_{n,f}^t + m_{n,m}^{t+\Delta t/2}) \tag{4-67}$$

$$m_{n,f}^{t+\Delta t} = 0.99(m_{n,f}^t + m_{n,m}^{t+\Delta t/2}) \tag{4-68}$$

与此同时，气相空间由于压力超过大气压而向大气层排出多余气体，气体中氧氮组分按压力比排出，油箱内的气相压力值下降为外界大气压的大小，气相空间终了时刻的氧质量含量方程可表示为

$$\frac{m_{o,u}^{t+\Delta t}}{m_{o,u}^{t+\Delta t/2}} = \frac{p_{amb}^{t+\Delta t}}{p_{o,u}^{t+\Delta t/2} + p_{n,u}^{t+\Delta t/2} + p_v^{t+\Delta t/2}} \tag{4-69}$$

式中，$p_{amb}^{t+\Delta t}$ 为 $t+\Delta t$ 时刻外界大气压；$p_v^{t+\Delta t/2}$ 为燃油蒸气压。

终了时刻气相空间的氧浓度可表示为

$$C_{o2}^{t+\Delta t} = \frac{\left(\dfrac{\dot m_{O,NEA}\Delta t + m_{o,u}^t + m_{o,m}^t}{\dot m_{n,NEA}\Delta t + m_{n,u}^t + m_{n,m}^t}\right)\left(\dfrac{\beta_n V_m + V_u}{\beta_o V_m + V_u}\right)\dfrac{R_o}{R_n}}{1 + \left(\dfrac{\dot m_{O,NEA}\Delta t + m_{o,u}^t + m_{o,m}^t}{\dot m_{n,NEA}\Delta t + m_{n,u}^t + m_{n,m}^t}\right)\left(\dfrac{\beta_n V_m + V_u}{\beta_o V_m + V_u}\right)\dfrac{R_o}{R_n}} \tag{4-70}$$

此时，t 到 $t+\Delta t$ 时刻的计算结束，$m_{o,u}^{t+\Delta t}$、$m_{n,u}^{t+\Delta t}$、$m_{o,m}^{t+\Delta t}$、$m_{n,m}^{t+\Delta t}$、$m_{o,f}^{t+\Delta t}$、$m_{n,f}^{t+\Delta t}$ 成为下个时间段初始时刻的氧氮质量含量。通过计算每个步长的氧氮含量的变化就能得到惰化过程中氧的体积分数随时间的变化曲线。

由于目前频率传质模型的使用仅局限于民用飞机燃油箱冲洗惰化过程，对于一般的气液传质问题的描述是否有效、准确还有待发现和补充，同时频率传质模型的准确性取决于实际过程中传质频率的选择，故在后续的讨论中将不再论述。

4.2.2　模型验证与分析

　　冲洗模型的验证实验所采用的油箱如图 4.28 所示。该油箱为一简单的单 NEA 进气口和单排气口矩形铝材质的油箱，容积为 2.49m³，通过加热底部和 CO_2 冷却壁面的方法调节油箱的温度，油箱内安装了温度传感器、氧浓度监测仪和燃油蒸气测量仪等数据采集仪器和系统，用以记录实验过程中的相关参数，实验测试设备布置如图 4.29 所示。

　　实验主要内容如下：

　　（1）在给定不同富氮气体体积流率的条件下，分别测定油箱内氧浓度随时间的变化关系；

　　（2）在给定不同富氮气体浓度时，分别测定油箱内氧浓度随时间的变化关系；

　　（3）在给定的不同气相空间温度条件下，分别测定油箱内氧浓度随时间的变化关系。

图 4.28　实验用油箱实物照片

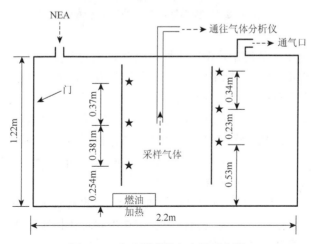

图 4.29　实验测试设备布置示意图

★ 热电偶的位置

为验证所建模型的正确性，可分别对空油箱和具有一定载油量的油箱进行计算，并将计算结果与实验值进行对比，如图 4.30 所示。所取实验值由一组实验获得，而另外一组实验数据来自 FAA 相关文献。在 FAA 的实验中，冲洗过程中油箱具有很强的外界晃动激励，且燃油也由泵不断抽出再回灌至油箱中，即燃油被充分搅动，以达到较强的传质效果。从图中可以看出，上述数学模型可基本反映冲洗惰化过程中上部气相空间氧浓度的变化规律。对于空油箱，实验值与无氧气逸出模型十分吻合，而当油箱存有一定燃油，且传质较剧烈时，实验值与有氧逸出模型更加贴近。

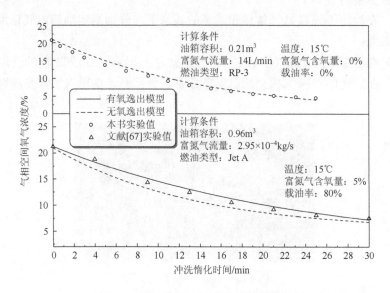

图 4.30　两种模型计算结果与实验值对比

图 4.31 给出了无氧逸出模型中采用不同含氧量的富氮气体时，气相体积置换次数与惰化率及冲洗后气相空间氧浓度的变化关系。从图中可以看出，惰化率仅与气相体积置换次数相关，而与富氮气体的含氧量无关。但是，在相同的惰化率下，不同的富氮气体将油箱冲洗所能达到的最终气相空间氧浓度是不同的，富氮气体中含氧量越高，则最终气相空间氧浓度也越高，换言之，若所要求惰化到相同气相空间氧浓度，富氮气体中含氧量越低，则所需要的气相体积置换次数越少，即所需的冲洗气体流量也可降低。

图 4.32 给出了两种不同模型采用含氧量为 5% 的富氮气体将油箱上部气相空间惰化至相同氧浓度时，所需气相体积置换次数和总体积置换次数与油箱载油率变化的关系。以惰化至气相空间为 8% 为例，将计算结果与实验数据进行了对比，结果显示理论计算结果与实验值吻合程度很高。

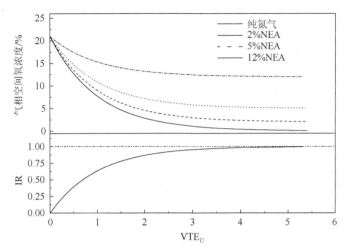

图 4.31　气相体积置换次数对惰化率和气相空间氧浓度的影响关系

由图 4.32 并结合式（4-49）和式（4-52）可知，在无氧逸出模型中，气相体积置换次数不随载油率的变化而变化，而总体积置换次数随着载油率增加而线性减少。而在有氧逸出模型中，由于考虑了氧气的逸出，所需的冲洗气量显然会增加，以消除逸出的氧气对气相空间的影响，因此气相体积置换次数随着载油率的增加而急剧上升。由式（4-58）可见，实际上 $\mathrm{VTE}_U \propto \varepsilon_V^{-1}$，而由式（4-59）可见，总体积置换次数随着载油率增加而线性减少，即 $\mathrm{VTE}_T \propto \varepsilon_V$，且有氧逸出模型中的总体积置换次数也高于无氧逸出模型。此外，在相同的载油率下，惰化终了时的气相空间氧浓度越低，则所需的置换次数越高。

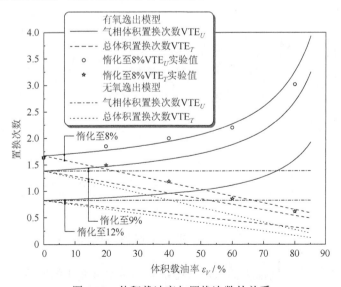

图 4.32　体积载油率与置换次数的关系

目前，国内外常用含氧 5%的富氮气体作为冲洗气源，而惰化终了的气相空间氧浓度也大多为 9%（对于军机）或 12%（对于民机）两种要求，因此当无氧气逸出时，总体积置换次数可采用式（4-71）进行估算，而有氧气逸出时，则可采用式（4-72）进行估算，实际设计时，根据飞机的飞行任务特点可在式（4-71）和式（4-72）计算结果之间合理选取。

$$\begin{cases} \text{VTE}_{a,9\%}^{\text{氧气平衡逸出}} = 1.386 - 1.058 \times 10^{-2} \varepsilon_V \\ \text{VTE}_{a,12\%}^{\text{氧气平衡逸出}} = 0.827 - 6.33 \times 10^{-3} \varepsilon_V \end{cases} \quad (4\text{-}71)$$

$$\begin{cases} \text{VTE}_{a,9\%}^{\text{无氧气逸出}} = 1.386 - 1.386 \times 10^{-2} \varepsilon_V \\ \text{VTE}_{a,12\%}^{\text{无氧气逸出}} = 0.827 - 8.27 \times 10^{-3} \varepsilon_V \end{cases} \quad (4\text{-}72)$$

4.2.3 冲洗惰化过程中影响氧浓度变化的因素分析

基于上述数学模型可对冲洗惰化过程中油箱内的氧浓度变化规律进行分析与研究。

图 4.33 给出了不同的温度条件下冲洗过程中氧浓度随时间变化关系。由于温度变化影响燃油的密度，氧、氮溶解度以及饱和蒸气压，最终势必影响油箱气相的氧浓度。由图可知，温度对气相氧浓度造成的影响是非常小的。由于温度的增加将导致燃油蒸气压力的增加，温度较高时，气相空间氧浓度将有所下降。

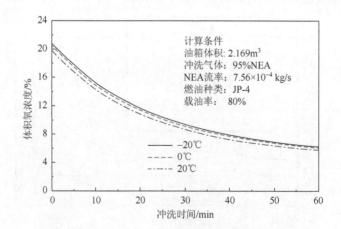

图 4.33　不同温度下油箱内体积氧浓度变化规律

图 4.34 所示为不同油箱体积对气相空间的氧浓度变化的影响。由图可知，随着油箱容积的增大，达到相同惰化效果所需时间有明显的增加。

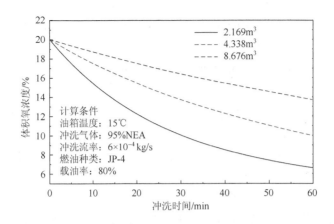

图 4.34　不同容积下油箱内体积氧浓度变化规律

　　图 4.35 所示为采用不同流率 NEA 冲洗气相空间所得的氧浓度随时间的变化关系。由图可知，随着冲洗流率的增大，达到相同惰化效果所需的时间明显缩短。

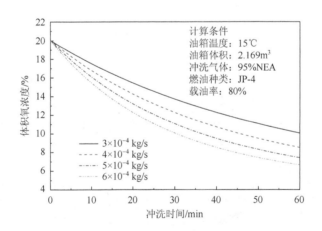

图 4.35　不同流率下油箱内体积氧浓度变化规律

4.3　冲洗与洗涤惰化技术的分析比较

　　本节将对冲洗惰化均采用有氧逸出模型进行计算。

　　图 4.36 给出了不同载油率下,冲洗与洗涤时油箱内氧浓度随时间的变化关系。从图中可以看出,洗涤和冲洗时,燃油中的氧浓度均随着惰化时间的延长而降低,但是起始阶段洗涤时降低的幅度远大于冲洗,即洗涤技术更容易在短时间内将燃油中的溶解氧置换出来。其原因在于,洗涤时富氮气直接和燃油接触,因此其传质的推动力为燃油中溶解氧与富氮气中氧浓度之差,而冲洗时,传质推动力为燃

油中溶解氧与气相空间氧浓度之差，显然由于气相空间氧浓度是逐渐降低的，所以洗涤时的传质推动力远大于冲洗。

从图中还可以看出，洗涤和冲洗对气相空间氧浓度的降低作用均随着惰化时间的增加而减少。但是在同样载油率下，起始阶段洗涤时气相空间氧浓度略大于冲洗，但是随着惰化时间增加至氧浓度10%对应时刻后，洗涤时气相空间氧浓度将低于冲洗。其原因在于两者对气相空间惰化机理有明显的区别，冲洗过程中极低含氧量的富氮气体将直接通入气相空间，对气相空间氧气的稀释作用十分明显，虽然燃油中的溶解氧也逸出至气相空间中，但其量较少；而洗涤过程中，对气相空间氧气的稀释的气体是与燃油传质后的混合气体，该混合气含有大量的溶解氧，因此初始阶段对洗涤气相空间惰化效果较冲洗要差。但是，随着惰化时间的增加，相对于冲洗而言，洗涤能较快地将溶解氧析出，使得进入燃油底部的富氮气与燃油中的氧气基本达到平衡，因此洗涤后的混合气中含氧量与原始富氮气十分接近，对气相空间惰化效果逐渐增加，而冲洗过程中燃油中溶解氧逸出持续时间长，因此惰化至气相空间氧浓度10%对应时刻后,洗涤对气相空间惰化效果将优于冲洗。

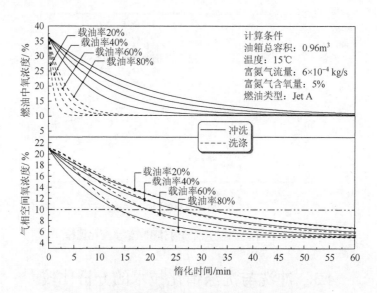

图 4.36 冲洗和洗涤时氧浓度随时间变化关系对比

此外，从图4.36中还可以看出，在相同惰化时间下，采用洗涤技术时，随着载油率增加，燃油中的氧浓度相应增加，而冲洗则相反，随着载油率增加而相应地减少。产生该现象的原因在于，在任意一个惰化时刻，洗涤时随着载油率的增加，溶解氮气和氧气的质量之比逐步减小，而冲洗过程中氮气和氧气的这种比例关系将逐步增加，如图4.37所示。

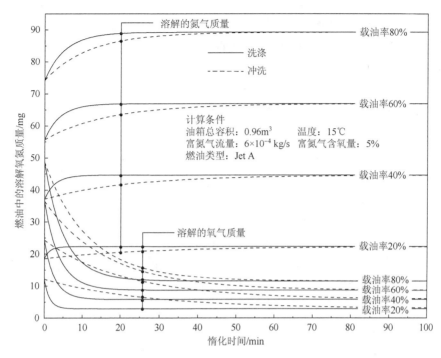

图 4.37　冲洗和洗涤氧氮含量随时间变化关系对比

图 4.38 给出了两种不同载油率下,当富氮气体流量发生变化时不同惰化方式所造成的气相空间氧浓度随惰化时间的变化关系。从图中可以看出,达到相同的惰

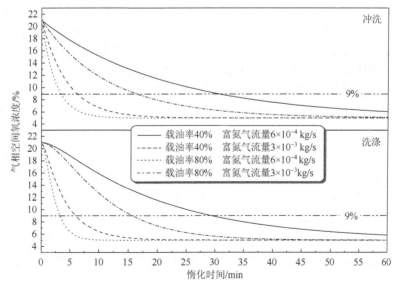

图 4.38　冲洗和洗涤气相空间氧浓度随惰化时间变化关系

化效果时，不仅与载油率相关，同时随着气体流量增加，惰化时间缩短，即不同富氮气体流率下的氧浓度随时间的变化曲线不相重合，这为设计惰化系统带来了一定的困难。

图 4.39 给出了气相空间氧浓度随相对体积置换次数的关系。从图中可以看出，富氮气体流率和惰化时间由相对体积置换次数替代，这时惰化效果仅与载油率及体积置换次数有关。

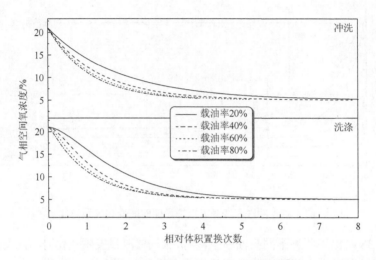

图 4.39　冲洗和洗涤氧浓度随相对体积置换次数变化关系

从图中还可以看出，将油箱惰化至指定的氧浓度时，冲洗和洗涤的相对体积置换次数随着载油率的增加而增加，两者的差值也随之加大，这表明惰化单位气相空间体积的富氮气体需求量在增加，并且当氧浓度惰化至低于 10%时，冲洗相对体积置换次数高于洗涤相对体积置换次数，而氧浓度高于 10%时则相反，特别当载油率为 0%时，冲洗数学模型演变为无氧逸出模型，即 FAA 文献中的 CSTA 模型。

图 4.40 给出了分别将气相空间惰化至 9%和 12%时洗涤和冲洗的体积置换次数与载油率的关系。图中的横线给出了 FAA 采用 CSTA 模型计算出的体积置换次数随载油率的变化关系。显然考虑氧气逸出的冲洗数学模型计算值高于无逸出的 CSTA 模型，这一结果符合实际情况。从图中还可发现，绝对体积置换次数与载油率基本呈线性关系，这样只要给定所需的惰化效果，根据载油率就可计算出绝对体积置换次数，进而按照油箱总体积和惰化时间要求就可估算出所需富氮气体流率。

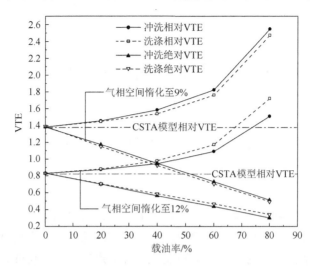

图 4.40　冲洗和洗涤体积置换次数随载油率变化关系

第5章　惰化系统设计中几个相关问题的计算方法

5.1　洗涤气量需求计算方法

1. 数学模型

燃油洗涤是指将富氮气体按照一定流率均匀通入燃油中，以气泡的形式将燃油中溶解的氧气带出，进入气相空间，与气相空间的气体混合后排出油箱体外，从而达到油箱惰化的目的。由于洗涤发生了传质过程，故惰化效果更为充分。由于燃油洗涤需要较复杂的管路布置，目前主要运用于军用飞机。洗涤模型如图 5.1 所示。为方便模型的建立，做出以下假设：

（1）该模型所涉及的富氮气体、气相空间气体等均视为理想气体，满足理想气体状态方程；

（2）在整个模型过程中，各处压力、温度保持不变；

（3）在每个时间段内，气体的混合过程瞬间完成，且为准静态过程；

（4）富氮气体流率及含氧量均可按要求实现。

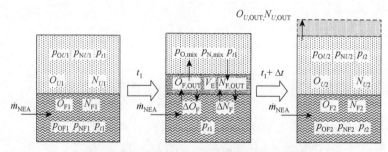

图 5.1　微元时间步长内燃油洗涤过程示意图

$\dot{m}_{NEA}$：富氮气体质量流率；Δt：时间步长；p_{OF1}、p_{NF1}：初始时刻燃油氧氮分压；p_{OF2}、p_{NF2}：终了时刻燃油氧氮分压；p_{OU1}、p_{NU1}：初始时刻气相空间氧氮分压；p_{OU2}、p_{NU2}：终了时刻气相空间氧氮分压；p_{t1}、p_{t2}：油箱总压；O_{U1}、N_{U1}：初始时刻气相空间氧氮质量；O_{U2}、N_{U2}：终了时刻气相空间氧氮质量；O_{F1}、N_{F1}：初始时刻燃油氧氮质量；O_{F2}、N_{F2}：终了时刻燃油氧氮质量；$O_{F,OUT}$、$N_{F,OUT}$：由燃油进入气相空间的氧氮质量；$O_{U,OUT}$、$N_{U,OUT}$：气相空间排出到油箱体外的氧氮质量

2. 模型计算

1）确定燃油中的氧浓度

Δt 微元时间段内，终了时刻的燃油氧分压 $P_{O,F2}$ 满足如下一元二次方程：

$$DP^2_{O,F2} + EP_{O,F2} + F = 0 \tag{5-1}$$

式中，系数 D、E、F 分别为

$$\begin{cases} D = \dfrac{V_{F2}}{R_N T_{F2}}(\beta_O - \beta_N) \\[2mm] E = \dfrac{V_{F2}}{R_N T_{F2}}(\beta_N - \beta_O)(P_{t2} - P_v) - (N_{F,IN}\Delta t + QO_{F,IN}\Delta t) \\[2mm] \qquad - \dfrac{V_{F1}}{R_N T_{F1}}[(\beta_O - \beta_N)P_{O,F1} + \beta_N(P_{t1} - P_v)] \\[2mm] F = \left(\dfrac{V_{F1}}{R_N T_{F1}}\beta_O P_{O,F1} + QO_{F,IN}\Delta t\right)(P_{t2} - P_v) \end{cases} \tag{5-2}$$

　　考虑地面燃油洗涤时，由于燃油处于不消耗状态，并且在洗涤过程中压力温度不发生变化，故初始与终了时刻燃油体积 $V_{F2} = V_{F1} = V_F$；初始与终了时刻总压 $P_{t1} = P_{t2} = P$，燃油温度 $T_{F1} = T_{F2} = T$。

　　R_O、R_N 分别为氧气与氮气的气体常数，Q 为氮气与氧气的相对分子质量之比，即

$$Q = \frac{M_N}{M_O} \tag{5-3}$$

$P_{O,F1}$ 为初始时刻燃油中的氧分压，为已知条件。$O_{F,IN}$、$N_{F,IN}$ 分别为富氮气体中氧气与氮气的质量流率，可由以下公式确定：

$$O_{F,IN} = m_{NEA}XM_{O,NEA} \tag{5-4}$$

$$N_{F,IN} = m_{NEA}(1 - XM_{O,NEA}) \tag{5-5}$$

式中，m_{NEA} 为富氮气体流率；$XM_{O,NEA}$ 为富氮气体中氧的质量分数。m_{NEA} 可根据需要自行设定，$XM_{O,NEA}$ 由富氮气体的含氧量 $X_{O,NEA}$ 确定：

$$XM_{O,NEA} = \frac{X_{O,NEA}M_O}{X_{O,NEA}M_o + (1 - X_{O,NEA})M_N} \tag{5-6}$$

　　在燃油洗涤过程中，燃油氧分压随时间变化呈下降趋势，故联立以上公式求解一元二次方程，即可求出每个时间微元 Δt 终了时刻的氧分压 $P_{O,F2}$。然后再以终了时刻氧分压值为初始时刻氧分压值，并以微元时间 Δt 循环，即可求出每个时间微元终了时刻的氧分压。求出每个时间微元终了时刻氧分压以后，利用式（5-7）

求出燃油中氮气分压：

$$P_{N,F} = P_t - P_{O,F} - P_v \tag{5-7}$$

则燃油中氧浓度由式（5-8）确定：

$$X_{OF} = \frac{\beta_O P_{O,F}}{\beta_O P_{O,F} + \beta_N P_{N,F}} \tag{5-8}$$

2）确定气相空间氧浓度

时间微分 Δt 终了时刻气相空间氧分压满足式（5-9）：

$$G P_{O,U2} + H = 0 \tag{5-9}$$

式中，系数 G、H 分别为

$$\begin{cases} G = \dfrac{V_{U1}}{T_{U1}}\left(\dfrac{M_O}{R_N} P_{N,U1} + \dfrac{M_N}{R_O} P_{O,U1} \right) + N_{F,OUT} M_O + O_{F,OUT} M_N \\ H = -M_N(P_{t2} - P_v)\left(O_{F,OUT} + \dfrac{P_{O,U1} V_{U1}}{R_O T_{U1}} \right) \end{cases} \tag{5-10}$$

洗涤过程中气相空间体积、压力、温度不随时间变化而变化，故 $V_{U1} = V_{U2} = V_U$，$P_{O,U1} = P_{O,U2} = P$，$T_{U1} = T_{U2} = T$。

气相空间初始氧分压可由其已知条件中的氧浓度确定。以油箱中燃油为研究对象，在 Δt 时间步长内，根据质量守恒定律，燃油中含气量的变化、富氮气体以及从燃油从逸出的气体满足以下关系式：

$$O_{F,OUT} = (O_{F,1} - O_{F,2}) + O_{F,IN}\Delta t \tag{5-11}$$

$$N_{F,OUT} = (N_{F,2} - N_{F,1}) + N_{F,IN}\Delta t \tag{5-12}$$

因此可以确定微元时间 Δt 终了时刻气相空间氧分压 $P_{O,U2}$。同样以 Δt 时间进行循环，可得每个时间微元段终了时刻气相空间氧分压。然后由式（5-13）求出气相空间氧浓度：

$$X_{O,U} = \frac{P_{O,U}}{P_t} \tag{5-13}$$

3. 软件开发

为了方便设计人员使用，作者已根据上述计算方法开发出图 5.2 所示的燃油洗涤流量需求计算软件。

图 5.2　燃油洗涤流量需求计算软件界面

5.2　冲洗流量需求的计算方法

5.2.1　爬升阶段冲洗流量需求计算方法

爬升阶段冲洗流量需求有两个显著特点：一是由大气压力的下降造成溶解氧的逸出；二是油箱气压高于外界环境气压造成对外排气。

在建立理论模型前需提出如下假设：

（1）富氮气体、气相空间中的氧气和氮气、燃油蒸气及其混合气体可视为理想气体；

（2）冲洗过程中，恢复平衡状态所需的弛豫时间远小于计算步长；

（3）计算步长内，各种气体充分混合，气体内部各处的温度、压力和密度状态参数相同；

（4）混合气体按组分的摩尔分数比排出；

（5）富氮气体温度与燃油温度相等；

（6）在任意压力下，ASM 产生的富氮气体质量流率恒定。

如图 5.3 所示，在单位时间步长内，初始状态 1 时气相和燃油中氧氮处于平衡状态，随着冲洗的富氮气体流入，气相空间中的氧气被逐渐稀释，而氮气相应增加，由于气体组分浓度的改变，气液两相的平衡状态被破坏，燃油中溶解的氧气析出，在该时间段内，燃油中逸出的气体与气相空间中原有的气体充分混合后排出油箱，直至在终了时刻 2 达到新的平衡状态。

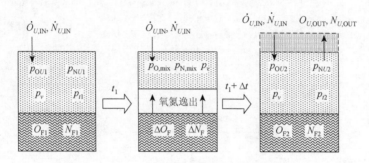

图 5.3　单位时间步长内燃油冲洗过程示意图

在时间步长 Δt 内进行数值积分，分别考虑油箱气相空间氧气和氮气质量守恒，得出

$$O_{U,1} + \dot{O}_{U,\mathrm{IN}}\Delta t + \Delta O_{\mathrm{F}} = O_{U,2} + O_{U,\mathrm{out}} \tag{5-14}$$

$$N_{U,1} + \dot{N}_{U,\mathrm{IN}}\Delta t + \Delta N_{\mathrm{F}} = N_{U,2} + N_{U,\mathrm{out}} \tag{5-15}$$

由于平衡状态的破坏，氧气和氮气从燃油中析出的质量表示如下：

$$\Delta O_{\mathrm{F}} = \frac{\beta_{\mathrm{O}}}{R_{\mathrm{O}}}\left(\frac{p_{\mathrm{O},U,1}V_{\mathrm{F},1}}{T_{\mathrm{F},1}} - \frac{p_{\mathrm{O},U,2}V_{\mathrm{F},2}}{T_{\mathrm{F},2}} \right) \tag{5-16}$$

$$\Delta N_{\mathrm{F}} = \frac{\beta_{\mathrm{N}}}{R_{\mathrm{N}}}\left(\frac{p_{\mathrm{N},U,1}V_{\mathrm{F},1}}{T_{\mathrm{F},1}} - \frac{p_{\mathrm{N},U,2}V_{\mathrm{F},2}}{T_{\mathrm{F},2}} \right) \tag{5-17}$$

分压力关系为

$$p_{t,1} = p_{\mathrm{O},U,1} + p_{\mathrm{N},U,1} + p_v \tag{5-18}$$

$$p_{t,2} = p_{\mathrm{O},U,2} + p_{\mathrm{N},U,2} + p_v \tag{5-19}$$

由理想气体状态方程得分压力与气体质量的关系：

$$p_{\mathrm{O},U,1} = \frac{O_{U,1}R_{\mathrm{O}}T_{U,1}}{V_{U,1}}, \quad p_{\mathrm{O},U,2} = \frac{O_{U,2}R_{\mathrm{O}}T_{U,2}}{V_{U,2}} \tag{5-20}$$

$$p_{\mathrm{N},U,1} = \frac{N_{U,1}R_{\mathrm{N}}T_{U,1}}{V_{U,1}}, \quad p_{\mathrm{N},U,2} = \frac{N_{U,2}R_{\mathrm{N}}T_{U,2}}{V_{U,2}} \tag{5-21}$$

氧气和氮气按摩尔分数比被排出：

$$\frac{O_{U,\text{OUT}}}{N_{U,\text{OUT}}} = \frac{p_{\text{O},U,2}M_{\text{O}}}{p_{\text{N},U,2}M_{\text{N}}} \tag{5-22}$$

由式（5-14）、式（5-16）和式（5-20）得

$$\frac{p_{\text{O},U,1}V_{U,1}}{R_{\text{O}}T_{U,1}} + \dot{O}_{U,\text{IN}}\Delta t + \frac{\beta_{\text{O}}}{R_{\text{O}}}\left(\frac{p_{\text{O},U,1}V_{\text{F},1}}{T_{\text{F},1}} - \frac{p_{\text{O},U,2}V_{\text{F},2}}{T_{\text{F},2}}\right) - \frac{p_{\text{O},U,2}V_{U,2}}{R_{\text{O}}T_{U,2}} = O_{U,\text{OUT}} \tag{5-23}$$

由式（5-15）、式（5-17）和式（5-21）得

$$\frac{p_{\text{N},U,1}V_{U,1}}{R_{\text{N}}T_{U,1}} + \dot{N}_{U,\text{IN}}\Delta t + \frac{\beta_{\text{N}}}{R_{\text{N}}}\left(\frac{p_{\text{N},U,1}V_{\text{F},1}}{T_{\text{F},1}} - \frac{p_{\text{N},U,2}V_{\text{F},2}}{T_{\text{F},2}}\right) - \frac{p_{\text{N},U,2}V_{U,2}}{R_{\text{N}}T_{U,2}} = N_{U,\text{OUT}} \tag{5-24}$$

将式（5-23）和式（5-24）代入式（5-22）得

$$\frac{\dfrac{p_{\text{O},U,1}V_{U,1}}{R_{\text{O}}T_{U,1}} + \dot{O}_{U,\text{IN}}\Delta t + \dfrac{\beta_{\text{O}}}{R_{\text{O}}}\left(\dfrac{p_{\text{O},U,1}V_{\text{F},1}}{T_{\text{F},1}} - \dfrac{p_{\text{O},U,2}V_{\text{F},2}}{T_{\text{F},2}}\right) - \dfrac{p_{\text{O},U,2}V_{U,2}}{R_{\text{O}}T_{U,2}}}{\dfrac{p_{\text{N},U,1}V_{U,1}}{R_{\text{N}}T_{U,1}} + \dot{N}_{U,\text{IN}}\Delta t + \dfrac{\beta_{\text{N}}}{R_{\text{N}}}\left(\dfrac{p_{\text{N},U,1}V_{\text{F},1}}{T_{\text{F},1}} - \dfrac{p_{\text{N},U,2}V_{\text{F},2}}{T_{\text{F},2}}\right) - \dfrac{p_{\text{N},U,2}V_{U,2}}{R_{\text{N}}T_{U,2}}} = \frac{p_{\text{O},U,2}M_{\text{O}}}{p_{\text{N},U,2}M_{\text{N}}} \tag{5-25}$$

由式（5-18）得

$$p_{\text{N},U,2} = p_{t,2} - p_v - p_{\text{O},U,2} \tag{5-26}$$

将式（5-26）代入式（5-25）并化简得

$$Ap_{\text{O},U,2}^2 + Bp_{\text{O},U,2} + C = 0 \tag{5-27}$$

式中，系数分别为

$$\begin{cases} A = \dfrac{V_{\text{F},2}}{T_{\text{F},2}}\left(\beta_{\text{N}}\dfrac{M_{\text{O}}}{R_{\text{N}}} - \beta_{\text{O}}\dfrac{M_{\text{N}}}{R_{\text{O}}}\right) \\[3mm] B = \dfrac{V_{\text{F},1}}{T_{\text{F},1}}\left(\dfrac{\beta_{\text{N}}M_{\text{O}}}{R_{\text{N}}}p_{\text{N},U,1} + \dfrac{\beta_{\text{O}}M_{\text{N}}}{R_{\text{O}}}p_{\text{O},U,1}\right) - \dfrac{V_{\text{F},2}}{T_{\text{F},2}}\left(\beta_{\text{N}}\dfrac{M_{\text{O}}}{R_{\text{N}}} - \beta_{\text{O}}\dfrac{M_{\text{N}}}{R_{\text{O}}}\right)(p_{t,2} - p_v) \\[3mm] \qquad + (M_{\text{N}}\dot{O}_{U,\text{IN}}\Delta t + M_{\text{O}}\dot{N}_{U,\text{IN}}\Delta t) + \dfrac{V_{U,1}}{T_{U,1}}\left(\dfrac{M_{\text{O}}}{R_{\text{N}}}p_{\text{N},U,1} + \dfrac{M_{\text{N}}}{R_{\text{O}}}p_{\text{O},U,1}\right) \\[3mm] C = -\left(M_{\text{N}}\dot{O}_{U,\text{IN}}\Delta t + \dfrac{p_{\text{O},U,1}V_{U,1}M_{\text{N}}}{R_{\text{O}}T_{U,1}} + \beta_{\text{O}}\dfrac{p_{\text{O},U,1}V_{\text{F},1}M_{\text{N}}}{R_{\text{O}}T_{\text{F},1}}\right)(p_{t,2} - p_v) \end{cases} \tag{5-28}$$

求解上述方程得到状态 2 的氧气和氮气分压力，就能确定气相空间氧气浓度随时间的变化关系及燃油中溶解的氧氮质量。

5.2.2　巡航阶段冲洗流量需求计算方法

巡航过程中，由于燃油的消耗将造成气相空间容积增大，因而将可能有外界空气进入；但如果巡航阶段进入的冲洗流量大于内部容积增加，则也可能造成油箱中的气体继续向外排放。

建立巡航过程中氧氮平衡方程如下：

$$O_{U,1} + \dot{O}_{\mathrm{NEA,in}}\Delta t + O_{\mathrm{F,1}} = O_{U,2} + O_{\mathrm{F,2}} + O_{U,\mathrm{out}} \tag{5-29}$$

$$N_{U,1} + \dot{N}_{\mathrm{NEA,in}}\Delta t + N_{\mathrm{F,1}} = N_{U,2} + N_{\mathrm{F,2}} + N_{U,\mathrm{out}} \tag{5-30}$$

式中，$O_{U,\,\mathrm{out}}$ 和 $N_{U,\,\mathrm{out}}$ 是该微元段时间中与外界环境交换的气体质量。

将状态方程和氧氮溶解量方程代入后可得

$$\dot{O}_{\mathrm{NEA,in}}\Delta t + \frac{p_{\mathrm{O},U,1}V_{U,1}}{R_{\mathrm{O}}T_U} + \frac{\beta_{\mathrm{O}}p_{\mathrm{O},U,1}V_{\mathrm{F,1}}}{R_{\mathrm{O}}T_{\mathrm{F}}} = \frac{p_{\mathrm{O},U,2}V_{U,2}}{R_{\mathrm{O}}T_U} + \frac{\beta_{\mathrm{O}}p_{\mathrm{O},U,2}V_{\mathrm{F,2}}}{R_{\mathrm{O}}T_{\mathrm{F}}} + O_{U,\mathrm{out}} \tag{5-31}$$

$$\dot{N}_{\mathrm{NEA,in}}\Delta t + \frac{p_{\mathrm{N},U,1}V_{U,1}}{R_{\mathrm{N}}T_U} + \frac{\beta_{\mathrm{N}}p_{\mathrm{N},U,1}V_{\mathrm{F,1}}}{R_{\mathrm{N}}T_{\mathrm{F}}} = \frac{p_{\mathrm{N},U,2}V_{U,2}}{R_{\mathrm{N}}T_U} + \frac{\beta_{\mathrm{N}}p_{\mathrm{N},U,2}V_{\mathrm{F,2}}}{R_{\mathrm{N}}T_{\mathrm{F}}} + N_{U,\mathrm{out}} \tag{5-32}$$

将式（5-31）和式（5-32）相除后化简可得

$$\frac{\dot{O}_{\mathrm{NEA,in}}\Delta t T_U R_{\mathrm{O}} R_{\mathrm{N}} + (p_{\mathrm{O},U,1}V_{U,1} + \beta_{\mathrm{O}}p_{\mathrm{O},U,1}V_{\mathrm{F,1}})R_{\mathrm{N}} - (V_{U,2} + \beta_{\mathrm{O}}V_{\mathrm{F,2}})p_{\mathrm{O},U,2}R_{\mathrm{N}}}{\dot{N}_{\mathrm{NEA,in}}\Delta t R_{\mathrm{O}} R_{\mathrm{N}} + (p_{\mathrm{N},U,1}V_{U,1} + \beta_{\mathrm{N}}p_{\mathrm{N},U,1}V_{\mathrm{F,1}})R_{\mathrm{O}} - (V_{U,2} + \beta_{\mathrm{N}}V_{\mathrm{F,2}})(p_{t,2} - p_{\mathrm{O},U,2} - p_v)R_{\mathrm{O}}}$$

$$= \frac{O_{U,\mathrm{out}}}{N_{U,\mathrm{out}}} \tag{5-33}$$

由于

$$\frac{O_{U,\mathrm{out}}}{N_{U,\mathrm{out}}} = \frac{p_{\mathrm{O},\mathrm{out}}}{p_{\mathrm{N},\mathrm{out}}}\frac{R_{\mathrm{N}}}{R_{\mathrm{O}}} \tag{5-34}$$

则式（5-33）可转换为

$$\frac{\dot{O}_{\mathrm{NEA,in}}\Delta t T_U R_{\mathrm{O}} + (p_{\mathrm{O},U,1}V_{U,1} + \beta_{\mathrm{O}}p_{\mathrm{O},U,1}V_{\mathrm{F,1}}) - (V_{U,2} + \beta_{\mathrm{O}}V_{\mathrm{F,2}})p_{\mathrm{O},U,2}}{\dot{N}_{\mathrm{NEA,in}}\Delta t T_U R_{\mathrm{N}} + (p_{\mathrm{N},U,1}V_{U,1} + \beta_{\mathrm{N}}p_{\mathrm{N},U,1}V_{\mathrm{F,1}}) - (V_{U,2} + \beta_{\mathrm{N}}V_{\mathrm{F,2}})(p_{t,2} - p_v - p_{\mathrm{O},U,2})}$$

$$= \frac{p_{\mathrm{O},\mathrm{out}}}{p_{\mathrm{N},\mathrm{out}}} = C \tag{5-35}$$

微元段时间内与外界交换的气体质量为

$$m_{U,\mathrm{out}} = m_{U,2} - m_{U,1} - \dot{m}_{\mathrm{NEA,in}}\Delta t = \frac{p_{t,2}V_{U,2}}{R_2} - \frac{p_{t,1}V_{U,1}}{R_1} - \dot{m}_{\mathrm{NEA,in}}\Delta t \tag{5-36}$$

如果

$$m_{U,\mathrm{out}} > 0 \tag{5-37}$$

那么有外界空气流入，则有

$$C = \frac{21}{79} \tag{5-38}$$

如果

$$m_{U,\text{out}} < 0 \tag{5-39}$$

有

$$C = \frac{p_{O,U,1}}{p_{N,U,1}} \tag{5-40}$$

令

$$\begin{cases} A_O = \dot{O}_{\text{NEA,in}}\Delta t T_U R_O + (p_{O,U,1}V_{U,1} + \beta_O p_{O,U,1}V_{F,1}) \\ B_O = (V_{U,2} + \beta_O V_{F,2}) \\ A_N = \dot{N}_{\text{NEA,in}}\Delta t T_U R_N + (p_{N,U,1}V_{U,1} + \beta_N p_{N,U,1}V_{F,1}) \\ B_N = (V_{U,2} + \beta_N V_{F,2}) \end{cases} \tag{5-41}$$

则式（5-35）可简化为

$$\frac{A_O - B_O p_{O,U,2}}{A_N - B_N(p_{t,2} - p_v - p_{O,U,2})} = C \tag{5-42}$$

求解式（5-42）可得到下一时刻油箱内新的氧气分压：

$$p_{O,U,2} = \frac{A_O - A_N C + B_N C(p_{t,2} - p_v)}{B_O + B_N C} \tag{5-43}$$

5.2.3　下降阶段冲洗流量需求计算方法

下降过程中所需填补气量计算较简单，在计算气量时需进行如下假设：
（1）不考虑增压富氮气体、增压空气、油箱气相空间之间的密度差异；
（2）不考虑不同高度时，外界增压空气温度与油箱内温度的差异。

假设开始下降时高度为 H_s，油箱气相空间体积为 $V_{U,s}$，外界环境压力为 $p_{t,s}$（该压力可根据高度 H_s 获得），油箱内压力为 $p_{U,s} = p_{t,s}$；结束俯冲时高度为 H_e，油箱气相空间体积为 $V_{U,e}$，外界环境压力位 $p_{t,e}$（该压力可根据高度 H_e 获得），油箱内压力为 $p_{U,e} = p_{t,e}$；下降的总时间为 Δt。

显然，下降过程中平均增压流量为

$$\dot{m}_{\text{DIVE}} = \frac{p_{U,e}V_{U,e} - p_{U,s}V_{U,s}}{RT\Delta t} \tag{5-44}$$

若燃油的消耗率为 $\dot{m}_{\text{fuel}}$，则下降过程中所需流量为

$$\dot{m}_{\text{DIVE}} = \frac{p_{U,e}\left(V_{U,s} + \dfrac{\dot{m}_{\text{fuel}}}{\rho_{\text{fuel}}}\Delta t\right) - p_{U,s}V_{U,s}}{RT\Delta t} \tag{5-45}$$

有关下降过程中增压气量的计算亦可直接采用作者所编制的计算程序，该程序的人机界面如图 5.4 所示。

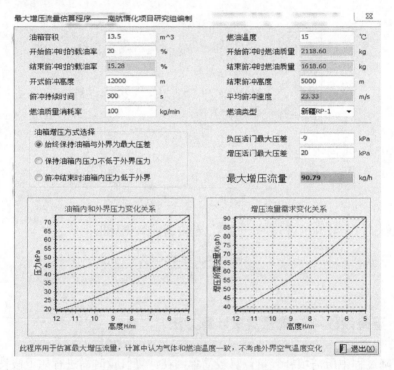

图 5.4 增压流量程序界面

下降过程中油箱内氧浓度计算可参照式（5-43）进行。

5.3 油箱隔舱间气体流动路径计算方法

实际的飞机燃油箱一般由多个隔舱组成，隔舱之间通过管道或直接在隔板上

设置通气孔相互连通，由于惰化气体流动路径的不同，各个隔舱之间惰化过程是有所区别的，因此，应考虑各隔舱间惰化气体的流动问题。虽然各隔舱燃油箱冲洗惰化过程可以直接采用 CFD 计算方法来进行仿真模拟，并获取各隔舱任意位置的浓度场和速度场等详细信息，但 CFD 计算方法的单次运算时间较长，而且在初始设计方案阶段，设计者所关心的只是燃油箱各隔舱平均氧体积浓度的变化，并希望能根据平均氧浓度变化规律对惰化系统管路设计进行调整和优化，显然采用 CFD 方法是不合适的。因此，采用微分方程建立多隔舱燃油箱的冲洗惰化模型是当前较为理想且可取的计算方法，在该方法中，首要问题就是确定隔舱间气体流动路径。

5.3.1　FAA 气体流动路径的确定方法

从国外文献资料中发现，FAA 对于多隔舱油箱冲洗惰化过程中气体流动路径采取的是预先给定方式（至于通过什么方法来预先给定，在 FAA 相关文献中并未给出详细介绍），对于多隔舱油箱，FAA 的研究主要集中在给定 B747 中央翼油箱隔舱间流动方向的基础上对各隔舱中氧浓度变化开展的计算。同时，FAA 还开发了一种直观的、适合 B747 中央翼油箱给定气体流动方向时各隔舱中平均氧浓度的工程计算方法，其基本假设与计算原理如下：

（1）不考虑气体流过管道孔口的阻力，且油箱内各舱压力均与外界压力相同；

（2）气体流动到不同隔舱的体积流量由孔口面积比例决定，并根据实验结果进行调整。

对于图 5.5 所示的任意一个隔舱 i（如果隔舱的边数大于 4，计算方法类似），气体流动如图所示，假设在 t 时刻，第 i 个隔舱内气体的质量为 m_i^t，压力为 p_i^t，则经过 Δt 时候后，压力变为 $p_i^{t+\Delta t}$，气体质量变为 $m_i^{t+\Delta t}$，根据质量平衡关系可得

$$\Delta m_i^{t+\Delta t} = m_i^{t+\Delta t} - m_i^t = \frac{p_i^{t+\Delta t} V_i}{RT} - \frac{p_i^t V_i}{RT} \tag{5-46}$$
$$= Q_{i,r}^t \rho_{i,r}^t + Q_{i,b}^t \rho_{i,b}^t - Q_{i,l}^t \rho_{i,l}^t - Q_{i,t}^t \rho_{i,t}^t$$

如果时间步长足够小，则

$$\rho_{i,l}^t = \rho_{i,l}^t \\ \rho_{i,t}^t = \rho_{i,t}^t \tag{5-47}$$

在 $t+\Delta t$ 时刻，第 i 个隔舱中氧气的质量浓度变为

$$a_{O,i}^{t+\Delta t} = \frac{m_i^t a_{O,i}^t + Q_{i,r}^t \rho_{i,r}^t a_{O,i,r}^t + Q_{i,b}^t \rho_{i,b}^t a_{O,i,b}^t - Q_{i,l}^t \rho_{i,l}^t a_{O,i}^t - Q_{i,t}^t \rho_{i,t}^t a_{O,i}^t}{m_i^{t+\Delta t}} \qquad （5\text{-}48）$$

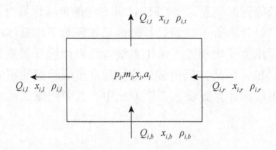

图 5.5　任意隔舱中质量平衡示意图

　　FAA 采用上述计算方法对冲洗惰化过程中 B747 中央翼油箱各隔舱氧浓度变化规律开展了分析与计算，如图 5.6 所示。

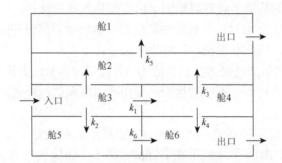

图 5.6　FAA 给定的气体流动路径

$$k_1 = k_2 = k_3 = k_4 = k_5 = k_6 = 1$$

5.3.2　气体流动可视化实验

　　为了掌握多隔舱油箱间气体流动路径，作者曾采用发烟技术对多隔舱间气体流动路径开展了实验研究，其实验方法与结果简述如下。

　　实验系统如图 5.7 所示。

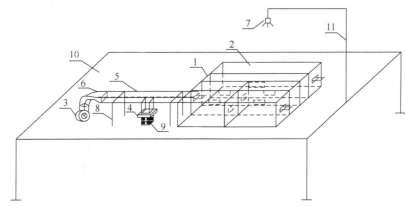

图 5.7　多隔舱间气体流动实验系统图

1-气相空间实验装置；2-透明玻璃板；3-风机；4-发烟盒；5-导流风管；6-软接；7-摄像机；8-风管支架；
9-发烟盒托架；10-实验台；11-相机支架

上述实验系统中，1 为气相空间模型，大小为实际油箱尺寸的 1/6，四周材料为胶合板，上面为有机透明玻璃板。3 为风机，6 为风机和导流风管之间的软接，软接的使用使得更换不同功率的风机变得方便，从而能较为容易获取不同的进风风速。4 为发烟盒，将发烟物放置于发烟盒内，待发烟稳定之后置于导流风管的下方入口，依靠气流的流动，烟雾进入流动空间，从而获得隔舱间的流动信息。7 为摄像机，用于监控和记录整个实验过程中的流场信息。

实验中，选用浓度适中、持续性、显示性较好的发烟材料是关键。在试用了稀盐酸、香烛、干冰等材料后，作者采用了一种用于制造白色烟雾的烟花作为发烟材料。该材料的优点是发烟稳定、持续性好。由于发烟为白色烟雾，为此可将实验空间的底部设置为黑色，使得图像采集的效果更好。

图 5.8 给出了气体流动速度较低的层流状态和较高的紊流状态下，多隔舱间气体流动的路径照片。从图中可以看出，隔舱间气体流动方向清晰可见，这说明采用该方法研究实际多隔舱油箱间的流动是可行的。

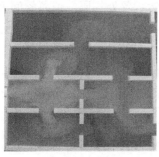

(a) 层流状态　　　　　　　　　　　　　(b) 紊流状态

图 5.8　气体流动路径实验效果图

5.3.3　压差决定气体流动路径的计算方法

从流体力学的基本知识可知，气体流动总是在压差推动下完成的，对于一个稳态的多隔舱燃油箱冲洗惰化过程，若忽略氧氮的密度差，则各隔舱内流入的气体质量等于流出的质量。而对于整个燃油箱，流入的富氮气体总质量也等于通过排气孔流出气体的总质量，即不存在质量堆积，这样各隔舱的压力是确定的，且流向也可根据各相邻隔舱之间的压差确定。基于此原理，作者采用压差自动平衡和分配方法，建立了确定多隔舱燃油箱流动方向的数学模型，给出了各隔舱氧浓度计算方法，并以 B747 中央翼油箱为例对所建立的模型进行了验证和分析。

1. 压差自动分配确定流动方向数学模型

所谓压差自动分配确定流动方向是指，根据燃油箱无质量堆积的原则，首先假定各隔舱中的压力，然后根据隔舱间的压差、相互之间的通气孔拓扑结构、富氮气体流入量以及排气孔位置等信息，计算出本隔舱中堆积的气体质量和新的压力，然后循环迭代，直至本隔舱和整个燃油箱中净流入量和流出量相同，且各舱之间的压力不再发生变化，从而得到隔舱中的压力分布关系，进而得到气体的流动方向和流量等信息。在整个过程中，流动方向非预先指定，且隔舱之间的压差是由模型自动迭代而得，故称为压差自动分配确定流动方向数学模型。

为了简化研究问题的复杂性，模型建立在下述假设的基础上：

（1）不考虑燃油中氧气逸出；

（2）忽略氧氮的密度差；

（3）燃油箱中无质量堆积，即气体净流入量与净流出量完全相同；

（4）富氮气体和燃油箱气相温度相同；

（5）每个隔舱上部的热力参数和浓度参数各处相同，但各舱间有所差别。

假设有一隔舱如图 5.9 所示，与其相邻共计有 n 个隔舱，流入该隔舱的富氮气体流量为 $\dot{m}_{\mathrm{NEA},i}$，与相邻隔舱间通气孔的面积为 A_j，其与外界排气孔的面积为 $A_{b,i}$，该隔舱的压力为 p_i，若规定流入隔舱流量为正，流出为负，则显然该隔舱与相邻第 j 个隔舱之间的气体流量可根据两者之间的压差表示为

$$\begin{cases} \dot{m}_{i,j} = \alpha A_j \sqrt{2\rho_j(p_j - p_i)}, & p_i \leqslant p_j \\ \dot{m}_{i,j} = -\alpha A_j \sqrt{2\rho_i(p_i - p_j)}, & p_i > p_j \end{cases} \tag{5-49}$$

式中，α 为孔口的流量系数。

考虑到燃油箱各部分温度相同，因此式（5-49）也可表示为

$$
\begin{cases}
\dot{m}_{i,j} = \alpha A_j \sqrt{\dfrac{2p_j}{RT}(p_j - p_i)}, & p_i \leqslant p_j \\[4mm]
\dot{m}_{i,j} = -\alpha A_j \sqrt{\dfrac{2p_i}{RT}(p_i - p_j)}, & p_i > p_j
\end{cases}
\tag{5-50}
$$

类似地，通过排气孔流向外界环境的气体流量为

$$
\begin{cases}
\dot{m}_{b,i} = \alpha A_{b,i} \sqrt{\dfrac{2p_b}{RT_b}(p_b - p_i)}, & p_i \leqslant p_b \\[4mm]
\dot{m}_{b,i} = -\alpha A_{b,i} \sqrt{\dfrac{2p_i}{RT}(p_i - p_b)}, & p_i > p_b
\end{cases}
\tag{5-51}
$$

式中，T_b 为外界环境空气的温度。

第 i 个隔舱中质量增率为

$$
\Delta \dot{m}_i = \sum_{j=1}^{n} \dot{m}_{i,j} + \dot{m}_{b,i} + \dot{m}_{\text{NEA},i}
\tag{5-52}
$$

若共有 k 个隔舱，则整个燃油箱中质量增率为

$$
\Delta \dot{m}_{\text{TANK}} = \sum_{i=1}^{k} \Delta \dot{m}_i
\tag{5-53}
$$

当冲洗惰化过程中气体流动为稳态时，有

$$
\Delta \dot{m}_i = 0, \quad i = 1, 2, \cdots, k
\tag{5-54}
$$

这样，显然也有 $\Delta \dot{m}_{\text{TANK}} = 0$。将式（5-54）代入式（5-52），并与描述流量的方程，即式（5-50）和式（5-51）联立求解方程组，则可获得每个隔舱中压力 p_i，并根据 $\dot{m}_{i,j}$ 的正负，判断出任意隔舱中气体流动方向和相应的流量。

考虑到上述方程组为隐式非线性，解析方法很难对其求解，因此可采用迭代求解方法，其求解过程如图 5.10 所示。首先给所有隔舱的压力赋初值，该初值可定为外界环境压力 p_b，将该时刻隔舱内压力记为 p_i^{old}，其中 $i = 1, 2, \cdots, k$。对于第 i 个隔舱，调整舱内压力，计算其质量增率 $\Delta \dot{m}_i$，直至 $\Delta \dot{m}_i$ 小

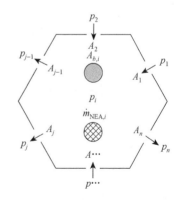

图 5.9　隔舱间流动关系示意图

于给定的计算误差 ε_c，从而获得该舱新的压力 p_i^{new}。在此过程中，相邻隔舱中压力仍为初始压力 p_j^{old}。对所有隔舱均进行相同计算，获得所有隔舱新压力 p_j^{new}，然后用新压力将旧压力替代，即 $p_i^{\text{old}} = p_j^{\text{new}}$，其中，$i = 1, 2, \cdots, k$，重复以上步骤，

直至整个燃油箱中的质量增量 $\Delta \dot{m}_{\text{TANK}}$ 小于设定的计算误差 ε_t，完成迭代过程。迭代过程采用稳定的二分法或黄金分割法可避免发散。

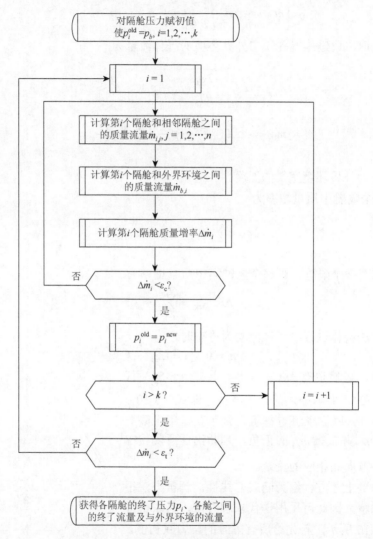

图 5.10　迭代流程图

2. 隔舱内气相空间平均氧浓度计算方法

当第 i 个隔舱与相邻隔舱及外界环境的流量确定后，则可得到该隔舱氧浓度随时间的变化关系。假设氧氮混合过程瞬间完成，则在 t 时刻，第 i 个隔仓中气相空间的氧气质量为 $m_{\text{O},i}^t$，质量氧浓度为 $a_{\text{O},i}^t$，相邻隔舱质量氧浓度为 $a_{\text{O},j}^t$，经过 Δt 时刻后，该舱内的氧气质量变为

$$m_{O,i}^{t+\Delta t} = m_{O,i}^t + \dot{m}_{O,in}\Delta t + \dot{m}_{O,out}\Delta t + \dot{m}_{O,b} + \dot{m}_{NEA,i}a_{NEA} \tag{5-55}$$

式中，$\dot{m}_{O,in}$ 和 $\dot{m}_{O,out}$ 是流入或流出第 i 隔舱的氧气流量，与前述定义相同，即流入隔舱为正，流出为负，故可表示为

$$\begin{cases} \dot{m}_{O,in} = \sum_{j=1}^{n}(m_{i,j}^t a_{O,j}^t), & m_{i,j}^t \geqslant 0 \\ \dot{m}_{O,out} = a_{O,i}^t \sum_{j=1}^{n} m_{i,j}^t, & m_{i,j}^t < 0 \end{cases} \tag{5-56}$$

$\dot{m}_{O,b}$ 是本隔舱与外界环境间的氧气流量，同样需要考虑其方向性，因此可表示为

$$\begin{cases} \dot{m}_{O,b} = \dot{m}_{b,i}a_{O,b}, & \dot{m}_{b,i} \geqslant 0 \\ \dot{m}_{O,b} = \dot{m}_{b,i}a_{O,i}^t, & \dot{m}_{b,i} < 0 \end{cases} \tag{5-57}$$

其中，$a_{O,b}$ 是外界环境氧气质量浓度。

$t+\Delta t$ 时刻第 i 个隔舱中氧气分压为

$$p_{O,i}^{t+\Delta t} = \frac{m_{O,i}^{t+\Delta t} R_O T}{V_i} \tag{5-58}$$

式中，R_O 是氧气气体常数；V_i 是第 i 个隔舱气相空间体积。这样可得到 $t+\Delta t$ 时刻第 i 个隔舱中氧气体积浓度为

$$x_{O,i}^{t+\Delta t} = \frac{p_{O,i}^{t+\Delta t}}{p_i} \tag{5-59}$$

按照以上过程，逐舱计算可得到在 $t+\Delta t$ 时刻所有隔舱内的氧浓度分布，当所有舱计算完成后，将 $t+\Delta t$ 时刻参数替换 t 时刻参数，计算新时刻的氧浓度，直至计算到给定的终了时刻。

3. 压差自动分配数学模型验证

以图 5.6 所示的 B747 中央翼燃油箱为验证对象，其拓扑结构关系和体积取自文献[73]，进气方式按照文献[74]选取。采用上述计算模型对其进行计算，选择富氮气体流量为100kg/s，富氮气体中氧气摩尔分数为5%，迭代误差 ε_c 为 1×10^{-7}kg/s，ε_l 为 1×10^{-2}kg/s，计算结果如表 5.1 所示。从表中可以看出，根据流量的计算值

正负性，可判断出流动的方向，在整个计算过程中没有进行方向的人为规定，结果显然与图 5.6 所示的方向完全一致。

表 5.1　燃油箱结构参数及流动关系计算结果

舱号	容积/m³	拓扑关系	流量/(kg/s)	面积/m²	流动状态
1 舱	16.8	NEA 气体	0	—	—
		与外界环境	−48.90	0.04	流出
		与 2 舱间	48.90	0.08	流入
2 舱	11.9	NEA 气体	0	—	—
		与外界环境	0	0	—
		与 1 舱间	−48.93	0.08	流出
		与 3 舱间	34.50	0.048	流入
		与 4 舱间	14.42	0.048	流入
3 舱	5.3	NEA 气体	100	—	流入
		与外界环境	0	0	—
		与 2 舱间	−34.52	0.048	流出
		与 4 舱间	−35.86	0.064	流出
		与 5 舱间	−29.62	0.048	流出
4 舱	5.3	NEA 气体	0	—	—
		与外界环境	0	0	—
		与 2 舱间	−14.44	0.032	流出
		与 3 舱间	35.84	0.064	流入
		与 6 舱间	−21.40	0.032	流出
5 舱	6.4	NEA 气体	0	—	—
		与外界环境	0	0	—
		与 3 舱间	29.61	0.048	流入
		与 6 舱间	−29.61	0.048	流出
6 舱	6.4	NEA 气体	0	—	—
		与外界环境	−50.99	0.04	流出
		与 4 舱间	21.39	0.032	流入
		与 5 舱间	29.60	0.048	流入

图 5.11 将计算结果与文献[74]进行比较后显示,计算结果与文献[74]中公布的实验数据吻合较好，且与文献[74]中的计算结果也基本一致，证明上述计算模型是可信的。

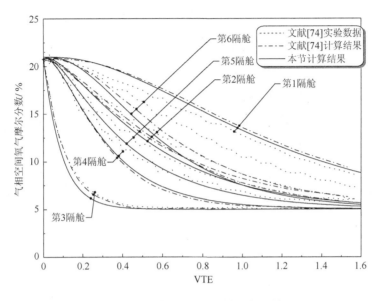

图 5.11　计算结果与实验结果的比较

需要指出的是，由于文献中缺乏隔舱间通气面积及排气孔面积数据，因此上述计算中的面积为作者自行选取的值，这与实际的油箱有一定差别，故第 2、5 和 6 隔舱与实验数据差别较大，但是其趋势与实验基本一致。

5.4　气体分配方式优化方法

对于多隔舱油箱，当喷嘴（进、排气口）位置和数量确定后，可根据 5.3 节所述方法自动获取流动方向和流量的信息，并计算各舱氧气平均浓度。

不同的喷嘴位置、数量将造成气体分配方式之间的差异，如果以达到惰化效果要求，在限定的冲洗时间内富氮气体流量需求最少为优化目标，则可以通过惰化过程计算来研究进、排气口位置、数量的优化布置方案。在实际设计中，由于喷嘴位置、数量有多种变化方式，而要穷尽这些变化方式是不可能的，因此，这里所述的优化布置方案，仅仅是针对几种可能的喷嘴布置方式进行的分析比较，并从中选择出布置相对较好的方案而已。

5.4.1 气体分配方式对惰化效果的影响分析

为说明不同进气方式对惰化效果的影响，这里以 B737 和国产某民机中央翼油箱为例，选取不同的进气方式对其惰化过程进行研究。

1. 气体分配方式对 B737 油箱惰化效果影响分析

图 5.12（a）为非均匀进气方式，所有的富氮气体均流入位于 B737 油箱中部的 1、2 和 3 舱；而图 5.12（b）为均匀进气方式，即富氮气体通过管道流入所有的隔舱。在两种进气方式下，油箱与外界环境连通的排气孔设置位置相同，均位于两侧的 7 舱和 11 舱。

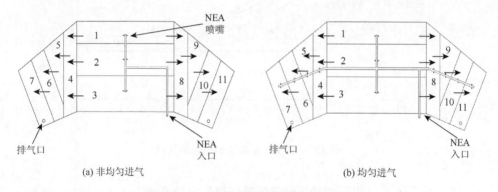

(a) 非均匀进气　　　　　　　　　　(b) 均匀进气

图 5.12　B737 多隔舱燃油箱进气示意图

此外，每个隔舱所流入的富氮气体流量也有两种分配方式，第一种为按数量平均，即

$$\dot{m}_{\text{NEA},i} = \frac{\dot{m}_{\text{NEA}}}{N_{\text{NEA}}} \tag{5-60}$$

另外一种为按体积平均，即

$$\dot{m}_{\text{NEA},j} = \dot{m}_{\text{NEA}} \frac{V_{\text{U},j}}{\sum_{j=1}^{N_{\text{NEA}}} V_{\text{U},j}} \tag{5-61}$$

式中，N_{NEA} 为有富氮气体流入的隔舱总数量。

计算中总的富氮气体质量流量为 $4.98 \times 10^{-2} \text{kg/s}$，其所含氧气体积浓度为 5%，惰化时间为 30min，油箱温度为 20℃，各隔舱初始氧气体积浓度均为 21%，各隔舱的体积及富氮气体的充入质量流量见表 5.2。

表 5.2　各舱容积及富氮气体质量流量

隔舱	各舱容积/m³	富氮气体流量/（10⁻²kg/s）			
		非均匀分配		均匀分配	
		数量平均	容积平均	数量平均	容积平均
1	2.093	1.660	1.215	0.453	0.640
2	3.052	1.660	1.775	0.453	0.933
3	3.440	1.660	1.990	0.453	1.052
4、8	1.145	0	0	0.453	0.350
5、9	0.732	0	0	0.453	0.224
6、10	0.990	0	0	0.453	0.303
7、11	0.984	0	0	0.453	0.301

　　图 5.13 显示了非均匀进气方式下按体积和按数量平均时，各舱中氧气摩尔浓度与 VTE 之间的关系。从图中可以看出，两种方式下，4～11 隔舱的氧浓度变化规律基本相同，但是 1～3 隔舱中氧浓度变化规律差别较大。以惰化至氧气摩尔浓度低于 12%为例，1 舱按数量平均方式较按体积平均方式更快，但是 2 舱和 3 舱则是按体积平均方式更优，其原因在于，由于 1 舱容积较小，故按体积平均方式流入的富氮气体流量也较按数量平均少，因此惰化过程也没有按数量平均快。

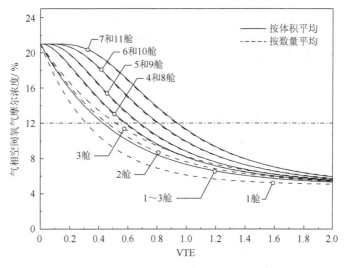

图 5.13　非均匀进气方式下氧气摩尔浓度与 VTE 关系

　　图 5.14 给出了均匀进气下，各舱中氧气摩尔浓度与 VTE 之间的关系。从图中可以看出，此时按数量平均和按体积平均存在很大差异，按体积平均时，各舱的惰化过程完全重合，达到 12% 的氧摩尔浓度所需 VTE 约为 0.82；而按数量平均时，7 舱和 11 舱在 VTE 约为 0.54 时已经达到 12% 的氧摩尔浓度，而 3 舱所需 VTE 则约为 1.91，其原因在于 3 舱容积较大，但是按数量平均时分配获得的富氮气体流量却较少，因此惰化十分缓慢。

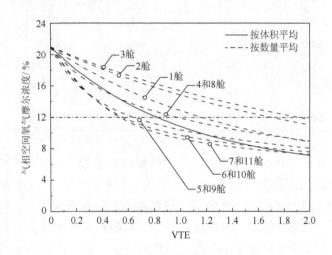

图 5.14　均匀进气方式下氧气摩尔浓度与 VTE 关系

　　如果以所有隔舱均达到氧气摩尔浓度为 12% 为考核指标，表 5.3 中列出了上述几种富氮气体分配方式下惰化过程所需的 VTE 和实际的惰化时间。从表中可以看出，按体积平均的均匀进气方式所需的 VTE 最少，而按数量平均的均匀进气方式所需的最多，而非均匀进气方式下的两种平均方式所需 VTE 基本相同。

表 5.3　不同气体分配方式下的惰化效果

进气方式		VTE	惰化时间/s	VTE	惰化时间/s
富氮气流量/(kg·s)		5×10^{-2}		10×10^{-2}	
均匀进气	体积平均	0.813	320	0.813	162
	数量平均	1.908	738	1.908	372
非均匀进气	体积平均	0.938	366	0.938	186
	数量平均	0.938	366	0.938	186

　　但是，在实际的工程设计中，要严格地控制进入每个隔舱的富氮气体流量十分困难，而且油箱总载燃油量在不断消耗，各个隔舱实际的气相空间容积也随着飞行时间的推移而逐渐变化，因此各舱之间的容积比例也会发生相应变化，按体积平均几乎无法实现。所以，只有按数量平均才有可能得到应用。此外，在油箱惰化设计过程中，设计者更多地关心油箱的整体平均氧浓度随时间的变化关系。考虑到实际油箱结构特点和用油顺序，因此将 1～3 舱定义为中舷隔舱组、4～7 舱定义为左舷隔舱组，而 8～11 舱定义为右舷隔舱组，对任意时刻每个隔舱组中所有隔舱中的氧浓度进行平均，从而获得三组隔舱组中整体平均氧浓度的变化规律，如图 5.15 所示。

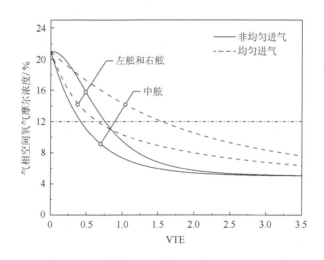

图 5.15　各隔舱组整体平均氧浓度随 VTE 变化关系

　　从图中可以看出，同样以氧气摩尔浓度达到 12% 为考察标准，非均匀进气方式时，左舷和右舷 VTE 略大于均匀进气方式，但是中舷要远优于均匀进气方式。如果将氧气摩尔浓度达到的指标控制在 9%，则无论左舷、右舷还是中舷，非均匀进气方式都优于均匀进气方式。

2. 气体分配方式对国产某型飞机多隔舱燃油箱惰化效果的影响

　　图 5.16 给出了国产某型民用客机中央翼燃油箱示意图。其隔舱容积如表 5.4 所示。作者分析比较了四种不同气体流入方式，其中图 5.16（a）是从中部三个隔舱进气，图 5.16（b）将富氮气体引入每个隔舱，而图 5.16（c）和图 5.16（d）均将富氮气体通入某一个隔舱，在这四种方式中，与外界连通的排气孔均布置在中央翼燃油箱两侧的隔舱上，即 1 隔舱和 11 隔舱。

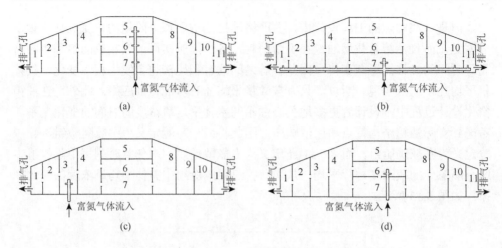

图 5.16　国产某型飞机中央翼油箱不同进气方式示意图

表 5.4　中央翼燃油箱各隔舱容积

隔舱号	容积/m³	隔舱号	容积/m³
1、11	1.51	5	3.55
2、10	2.03	6	2.26
3、9	2.95	7	3.12
4、8	3.82	—	—

　　图 5.17 是有多个隔舱流入富氮气体时，各隔舱中气相空间氧气摩尔分数随 VTE 的变化关系。从图中可以看出，当所有隔舱均按体积平均方式通入富氮气体时，所有隔舱中氧浓度变化均相同，即与单舱惰化过程完全一致，而按数量平均时，则各隔舱惰化过程有一定的差异，其原因在于容积较大的隔舱所分配得到的富氮气体流量不足，导致惰化过程较慢，当然，这也与隔舱之间的流动特性有一定关系。

　　当中部 5～7 三个隔舱通入富氮气体时，无论按数量平均还是按体积平均进行惰化，各隔舱的惰化过程基本一致，其原因在于气体从中部向两侧的流动弥补了富氮气体分配差异所导致的不均匀性。

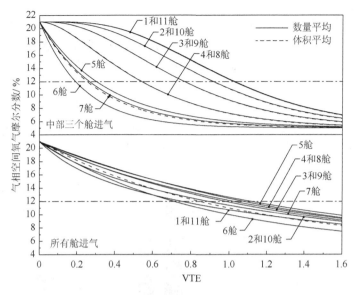

图 5.17　多隔舱进气时氧浓度随 VTE 变化关系

图 5.18 是将所有富氮气体通入某一个隔舱时的惰化过程。从图中可以看出，富氮气体流入的隔舱其惰化过程最快，而远离进气位置的隔舱惰化过程逐渐减慢，当进气设置在燃油箱中部的 6 舱时，由于燃油箱的对称性，故 1 舱和 11 舱惰化最慢，而进气设置在左侧的 4 舱时，则右侧 11 舱离 4 舱最远，故其所需的 VTE 也最多。

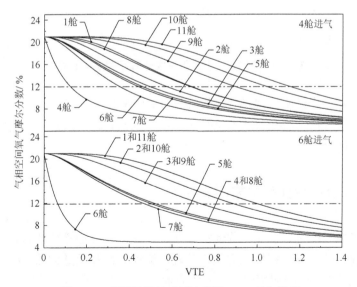

图 5.18　单隔舱进气时氧浓度随 VTE 变化关系

　　从图 5.17 和图 5.18 可以看出，以惰化至氧气体积浓度 12%为标志，四种不同的进气位置及两种不同的气体分配方式将导致达到同样惰化效果时所需的 VTE 有很大差异。为了更加清晰地显示该特性，图 5.19 比较了多种方式下所有隔舱中氧气浓度均达到 12%所需的 VTE。从图中可以看出，全部隔舱均按体积平均方式通入富氮气体所需的 VTE 最少，而从 3 隔舱单独进气所需的 VTE 最多。从图中还可以看出，进气位置位于燃油箱中部效果较好，如从 6 隔舱单独进气与从中部三个隔舱进气效果基本一致。

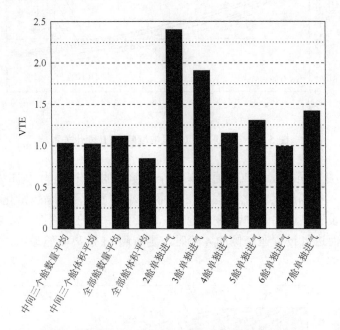

图 5.19　不同进气方式下完成惰化所需的换气次数

　　上述研究充分说明，富氮气体的进气方式对多隔舱燃油箱惰化效果有着极大的影响，应在设计阶段充分考虑该影响，以达到惰化时间最短、富氮气体用量最少的优化设计目的。

5.4.2　气体分配方式的工程计算方法

　　所谓气体分配方式优化工程计算方法就是在假设燃油箱整体和各隔舱无质量堆积的前提下，建立可根据压力差自动确定流动方向和流量的数学模型；通过迭代计算、采用微元法获取惰化过程中各隔舱体积氧浓度随 VTE 的变化关系；通过对不同气体分配方式下各隔舱体积氧浓度随 VTE 的变化关系的分析与比较确定优化的气体分配方案。

1. 根据压力差确定气体流动方向

为了简化研究问题的复杂性，模型中做以下基本假设：

（1）不考虑惰化过程时燃油中氧气的逸出；

（2）忽略氧氮的分子量差异，认为燃油箱中气体的密度仅与压力和温度有关；

（3）燃油箱整体及各隔舱中均无质量堆积，即气体净流入量与净流出量完全相同；

（4）富氮气体和燃油箱各处气体温度相同；

（5）每个隔舱上部的热力参数和浓度参数各处相同，但各隔舱间有所差别。

根据以上假设，首先假定各隔舱中的压力，然后根据隔舱间的压差、隔舱相互之间的拓扑关系、富氮气体流入量以及排气孔位置等信息计算本隔舱中堆积的气体质量和新的压力，然后循环迭代，直至本隔舱和整个燃油箱中净流入量和流出量相同，从而得到各隔舱中的压力分布关系，然后根据相互之间的压差得到气体的流动方向和流量等信息。在整个过程中，流动方向非人为指定，且隔舱之间的压差由模型自动迭代而得（详见 5.2 节）。

假设 i 隔舱如图 5.20 所示，与其相邻共计有 n 个隔舱，流入该隔舱的富氮气体流量为 $\dot{m}_{\mathrm{NEA},i}$，与相邻 j 隔舱之间通气孔的面积为 A_j，其与外界环境连通的排气孔面积为 $A_{b,j}$，该隔舱的压力为 p_i，若规定流入隔舱流量为正，流出为负，则显然该隔舱与 j 隔舱的气体流量主要与孔口面积及相互之间的压差有关，考虑到燃油箱各部分温度相同，故可表示为

$$\begin{cases} \dot{m}_{i,j} = \alpha A_j \left[\dfrac{2p_j}{RT}(p_j - p_i) \right]^{\frac{1}{2}}, & p_i \leqslant p_j \\[3mm] \dot{m}_{i,j} = -\alpha A_j \left[\dfrac{2p_i}{RT}(p_i - p_j) \right]^{\frac{1}{2}}, & p_i > p_j \end{cases} \tag{5-62}$$

式中，α 为孔口的流量系数。

类似地，通过排气孔流向外界环境的气体流量为

$$\begin{cases} \dot{m}_{b,j} = \alpha A_{b,j} \left[\dfrac{2p_b}{RT_b}(p_b - p_i) \right]^{\frac{1}{2}}, & p_i \leqslant p_b \\[3mm] \dot{m}_{b,j} = -\alpha A_{b,j} \left[\dfrac{2p_i}{RT}(p_i - p_b) \right]^{\frac{1}{2}}, & p_i > p_b \end{cases} \tag{5-63}$$

式中，T_b 为外界环境空气的温度；p_b 为外界环境压力。

显然，i 隔舱中单位时间内质量增加量为

$$\Delta \dot{m}_i = \sum_{j=1}^{n} \dot{m}_{i,j} + \dot{m}_{b,i} + \dot{m}_{\text{NEA},i} \qquad (5\text{-}64)$$

若整个燃油箱共有 k 个隔舱，则燃油箱单位时间总质量增率为

$$\Delta \dot{m}_{\text{TANK}} = \sum_{i=1}^{k} \Delta \dot{m}_i \qquad (5\text{-}65)$$

当惰化过程中气体流动为稳态时，有

$$\Delta \dot{m}_i = 0, \quad i = 1, 2, \cdots, k \qquad (5\text{-}66)$$

这样，显然也有 $\Delta \dot{m}_{\text{TANK}} = 0$。将式（5-66）代入式（5-64），并与描述流量，即式（5-62）和式（5-63）联立求解方程组，则可获得每个隔舱中压力 p_i，并根据 $\dot{m}_{i,j}$ 的正负判断出任意隔舱中气体流动方向和相应的流量。

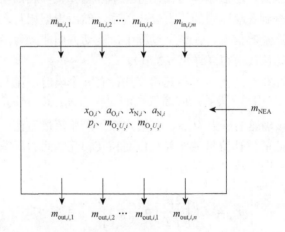

图 5.20　i 隔舱与相邻隔舱流动关系示意图

考虑到所述方程组为隐式非线性方程组，解析方法很难对其求解，因此可采用迭代求解方法，其求解步骤如下：

（1）首先给所有隔舱的压力赋初值，该初值可定为外界环境压力 p_b，将该时刻隔舱内压力记为 p_i^{old}，其中，$i = 1, 2, \cdots, k$；

（2）对于 i 隔舱，从燃油箱拓扑结构获取相邻隔舱的数量和编号，然后调整 i 隔舱内的压力，按式（5-62）～式（5-64）计算 $\Delta \dot{m}_i$，直至 $\Delta \dot{m}_i$ 小于给定的计算误差 ε_c，从而获得 i 隔舱新的压力 p_i^{new}，在此过程中，其他隔舱中压力仍为初始压力 p_j^{old}；

（3）对所有隔舱均进行相同计算，获得所有隔舱新压力 p_j^{new}，然后根据

式（5-66）计算 $\Delta\dot{m}_{\mathrm{TANK}}$，若 $\Delta\dot{m}_{\mathrm{TANK}}$ 大于设定的计算误差 ε_1，则用新压力将旧压力替代，即 $p_i^{\mathrm{old}} = p_j^{\mathrm{new}}$，其中，$i = 1, 2, \cdots, k$；

（4）重复步骤（1）～（3），直至整个燃油箱中质量增量 $\Delta\dot{m}_{\mathrm{TANK}}$ 小于设定的计算误差 ε_1，完成迭代过程。

其中，步骤（2）可采用稳定的二分法避免发散。迭代完成后，各隔舱及外界之间的流量就确定了。

2. 各隔舱气相氧浓度计算数学模型

当隔舱之间及与外界环境的流量关系确定后，则可得到燃油箱氧浓度随时间的变化关系。以 i 隔舱为例，假设在 t 时刻，其气相空间的氧气质量为 $m_{\mathrm{O},i}^t$，氧气质量分数为 $a_{\mathrm{O},i}^t$，相邻隔舱氧气质量分数为 $a_{\mathrm{O},j}^t$，经过 Δt 时刻后，该隔舱内的氧气质量变为

$$
\begin{aligned}
m_{\mathrm{O},i}^{t+\Delta t} = {} & m_{\mathrm{O},i}^t + \dot{m}_{\mathrm{O,in}}\Delta t \\
& + \dot{m}_{\mathrm{O,out}}\Delta t + \dot{m}_{\mathrm{O},b} + \dot{m}_{\mathrm{NEA},i}a_{\mathrm{NEA}}
\end{aligned}
\tag{5-67}
$$

式中，$\dot{m}_{\mathrm{O,in}}$ 和 $\dot{m}_{\mathrm{O,out}}$ 是相邻隔舱流入或流出 i 隔舱氧气流量，与前述定义相同，即流入隔舱为正，流出隔舱为负，故可表示为

$$
\begin{cases}
\dot{m}_{\mathrm{O,in}} = \displaystyle\sum_{j=1}^{n}(\dot{m}_{i,j}a_{\mathrm{O},j}^t), & \dot{m}_{i,j} \geqslant 0 \\
\dot{m}_{\mathrm{O,out}} = a_{\mathrm{O},i}^t \displaystyle\sum_{j=1}^{n}\dot{m}_{i,j}, & \dot{m}_{i,j} < 0
\end{cases}
\tag{5-68}
$$

$\dot{m}_{\mathrm{O},b}$ 是本隔舱与外界环境间的氧气流量，同样需要考虑其方向性，因此可表示为

$$
\begin{cases}
\dot{m}_{\mathrm{O},b} = \dot{m}_{b,i}a_{\mathrm{O},b}, & \dot{m}_{b,j} \geqslant 0 \\
\dot{m}_{\mathrm{O},b} = \dot{m}_{b,i}a_{\mathrm{O},i}^t, & \dot{m}_{b,j} \geqslant 0
\end{cases}
\tag{5-69}
$$

式中，$a_{\mathrm{O},b}$ 是外界环境氧气质量分数。

$t+\Delta t$ 时刻 i 隔舱中氧气分压为

$$
p_{\mathrm{O},i}^{t+\Delta t} = m_{\mathrm{O},i}^{t+\Delta t}R_{\mathrm{O}}T / V_i
\tag{5-70}
$$

式中，R_{O} 是氧气气体常数；V_i 是 i 隔舱气相空间体积。这样可得到 $t+\Delta t$ 时刻 i 隔舱中氧气浓度为

$$
x_{\mathrm{O},i}^{t+\Delta t} = p_{\mathrm{O},i}^{t+\Delta t} / p_i
\tag{5-71}
$$

按照以上过程，逐舱计算可得到在 $t+\Delta t$ 时刻所有隔舱的氧浓度分布，当所有舱计算完成后，将 $t+\Delta t$ 时刻参数替换 t 时刻参数，计算新时刻的氧浓度，直至计算到给定的终了时刻。

3. 工程计算软件

为了方便设计人员，作者依据上述计算模型自行开发了气体分配方式工程计算软件，该软件由油箱拓扑结构输入界面和气流通入方式输入界面两部分组成，如图 5.21 和图 5.22 所示。其输出为各油箱隔舱氧浓度变化（数据和曲线），如图 5.23 所示。

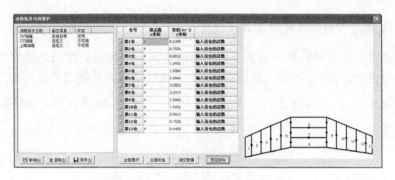

图 5.21　油箱拓扑结构输入界面

飞机燃油箱惰化过程工程仿真平台Ver1.0 - [	
油箱温度	15.0000	摄氏度
体积载油率	0.1	%(体积)
惰化气体含氮量	95.0000	%(体积)
初始空间含氧量	21.0000	%(体积)
惰化时间	30.0000	分钟
燃油类型选择	大庆RP3	
飞行包线选择	150 NM Flight Profile	
各舱NEA气量	千克/小时	
第1仓	0	
第2仓	0	
第3仓	0	
第4仓	0	
第5仓	0	
第6仓	10.656	
第7仓	14.24	
第8仓	15.104	
第9仓	0	
第10仓	0	
第11仓	0	
第12仓	0	
第13仓	0	
B气层	40.0000	

图 5.22　气流通入方式输入界面

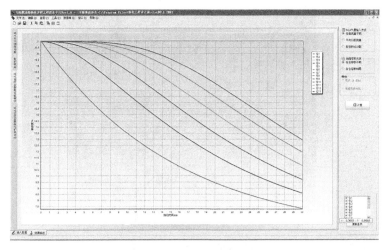

图 5.23　气体分配惰化效果曲线

5.5　液面变化计算方法

燃油消耗会导致气相空间的增加，进而影响流场的分布，特别是氧浓度场的分布，为此可根据油箱的结构和外形应用与之相适应的液面变化计算方法，即适用于矩形油箱的动网格技术，以及适用于复杂曲面多舱油箱的 VOF 运动界面追踪技术。

5.5.1　动网格技术

外形为矩形的油箱（单舱或多舱）如图 5.24 和图 5.25 所示。此时油面的变化导致各舱气相空间增加率的比值为定值，即矩形油箱各舱气相空间的增加率的比值恰好为各舱油面的面积比，此种情况下的仿真可利用动网格技术。

图 5.24　单舱矩形油箱

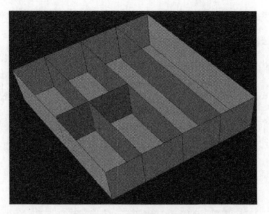

图 5.25　多舱矩形油箱

动网格方法模拟液面变化的主要计算思想如下。

（1）假设油面是水平面，并且油面仅在垂直方向上变化。

飞机飞行时可能由于飞行攻角和加速度的变化，液面的实际情况可能为倾斜面，而不是水平面，但即使简化为水平面气相空间容积也不发生变化。

（2）液面变化由 UDF 程序进行控制并采用层推进动网格技术。

此时将油面作为动网格的控制面，在垂直方向上运动，并且各舱内气相空间的增加率恰好为各舱控制面（油面）的面积比。动网格的变化由油面的变化进行控制，网格重构采用层推进动网格方法，生成高质量的六面体网格。根据燃油消耗率，编写专用 UDF 程序控制油面随时间的运动，并与主计算程序进行编译和链接。

5.5.2　VOF 运动界面追踪技术

对于复杂曲面的多舱油箱，当油面的变化导致各舱气相空间的增加率的比值随时间的变化而变化时，如图 5.26 所示某复杂曲面多舱油箱内液面的变化，图中白色区域即为液面，此时液面变化的计算方法可采用 VOF 运动界面追踪技术。

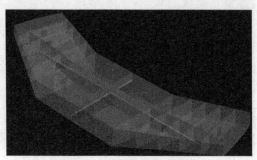

图 5.26　复杂曲面多舱油箱

利用 VOF 运动界面追踪技术模拟燃油箱液面变化的主要思想和需满足的条件如下。

1) 主要思想

假设在整个计算域内有两种及以上互不相溶的流体，如油箱内的流体物质有液相空间内的燃油和气相空间内的混合气体，对气液混合流体求解同一动量方程组并追踪每一流体物质的体积分数，以此达到追踪运动界面的目的。

对于计算空间内的任意网格单元，混合气体和燃油各自的体积分数之和为 1，对于某一网格单元 i，其体积分数 $\mathrm{vof}(i)$ 满足

$$0 < \mathrm{vof}(i) < 1 \tag{5-72}$$

则该单位为气相混合单元，即液面所在单元；若体积分数满足

$$\mathrm{vof}(i) = 1 \tag{5-73}$$

则表示该单元为气相空间单元，仅被混合气体充满，该单元中没有燃油；若体积分数满足

$$\mathrm{vof}(i) = 0 \tag{5-74}$$

则该单原为液相空间单元，充满了燃油，该网格单元中没有混合气体。

2) VOF 运动界面追踪技术的限制条件

（1）所有网格单元内必须充满流体，可以是一种流体相或多项的组合，VOF 运动界面追踪技术不允许存在没有流体的空网格单元。

（2）流体区域只能有一项为可压缩理想气体，如油箱气相空间内的气体。

（3）解算器的选择需使用基于压力的求解器，VOF 运动界面追踪技术不能使用基于密度的求解器。

（4）使用 VOF 运动界面追踪技术不能使用二阶隐式时间推进格式。

5.5.3　油面随时间变化的 UDF 函数

油面随时间变化的 UDF 函数包括两个模块：一是燃油消耗率读入模块，该模块内共有一个函数 DEFINE_ON_DEMAND（read_fuel_rate）；二是控制油面随时间变化的模块。

1. 燃油消耗率读入模块函数说明

读入任意飞行包线模块主要通过 DEFINE_ON_DEMAND（read_fuel_rate）函数实现，其中 read_fuel_rate 为读入函数的名字，当 DEFINE_ON_DEMAND（read_fuel_rate）UDF 编译和链接时，read_fuel_rate 会在 FLUENT 图形用户界面中变得可见，且可被选择。

2. 控制油面随时间变化模块函数说明

控制油面随时间变化模块包括四个子函数：TwoDivideSearch_fuel_burn_rate（real data_to_search, real array[], int lowin, int highin）、real interpolat_fuel_burn_rate（int id, real va）、DEFINE_ADJUST（fuel_burn_rate_adjust, domain）和 DEFINE_PROFILE（outlet_fuel, thread, index）。

TwoDivideSearch_fuel_burn_rate（real data_to_search, real array[], int lowin, int highin）程序的功能为搜索实数 data_to_search 在已排序的燃油消耗率时间区间内的位置，返回值是 data_to_search 所在特定的区间内区间的编号，real array[]为已经按从小至大顺序排好的燃油消耗率的时间序列，lowin 和 highin 为搜索的数组 array 上下界维数的界限。TwoDivideSearch_fuel_burn_rate 的主要功能和使用方法与反压随随时间变化 UDF 中的 TwoDivideSearch 一致，不同的是两者所对应的时间序列不同，TwoDivideSearch_fuel_burn_rate 对应的是燃油消耗率，而 TwoDivideSearch 对应的是飞行包线。

real interpolat_fuel_burn_rate（int id, real va）函数主要实现任意时间的燃油消耗率的插值计算。该函数的输入参数为 id 和 va，其中输入参数 id 为任意飞行时间 va 在燃油消耗率文件中时间序列序号，由 TwoDivideSearch_fuel_burn_rate 函数的返回值提供；va 是当前累计的飞行时间。

DEFINE_ADJUST（fuel_burn_rate_adjust, domain）函数主要功能是在主程序迭代之前利用 RP_Get_Real（"flow-time"）得到流场的物理计算时间（飞行时间），然后对当前时刻的燃油消耗率进行调整，以便在当前时刻控制油面的下降高度。该函数是利用 FLUENT 的预定义宏 DEFINE_ADJUST 实现的，其中两个输入参数 fuel_burn_rate_adjust 和 domain，fuel_burn_rate_adjust 是以燃油消耗率函数所起的函数名，当 DEFINE_ADJUST（fuel_burn_rate_adjust, domain）函数被编译和链接时，read_fuel_rate 会在 FLUENT 图形用户界面中变得可见，且可被选择；domain 为指向计算域的指针，不需要人工调整。

DEFINE_PROFILE（outlet_fuel, thread, index）函数主要功能是根据当前流场的燃油消耗率控制燃油出口燃油的流出速度，函数的输入参数有三个：outlet_fuel、thread 和 index。其中 outlet_fuel 为函数名，当 DEFINE_PROFILE（outlet_fuel, thread, index）函数被编译和链接时，read_fuel_rate 会在 FLUENT 图形用户界面中变得可见，且可被选择；thread 为指向燃油出口边界的指针，不需要人工调整；index 确定了被存储的变量，不需要人工调整。

第6章 飞机燃油箱惰化系统设计技术

由于军用飞机惰化系统设计可能涉及保密相关事项，在此仅以民用运输类飞机惰化系统设计为例介绍飞机燃油箱惰化系统设计技术。事实上，对于军用飞机惰化系统，其设计要求、流程与计算分析方法也是类似的。

6.1 惰化系统设计输入

1. 总体要求

根据《××型飞机设计目标与要求》的规定，对拟采用的机载制氮惰化系统提出总体设计要求。

2. 适航要求

民用运输类飞机惰化系统设计应首先满足 CCAR25、FAR25、CS25 及其相关技术文件的要求，以保证系统可顺利取得 CAAC、FAA 及 EASA 型号合格证，现行的主要适航条例如下：

（1）中国民用航空规章 CCAR-25-R4 运输类飞机适航标准；

（2）美国联邦航空管理条例 FAR25 运输类飞机适航标准；

（3）欧洲联合航空局条例 EASA-CS25 运输类飞机适航标准。

3. 系统要求（注：部分指标要求不具有通用性，设计者可根据所设计型号独立提出）

（1）惰化系统在正常的地面阶段和飞行阶段都应该能够使被惰化油箱的氧气浓度从非惰化的状态（21%的氧气浓度）降到惰化的状态；

（2）惰化系统应该能把产生的富氮气体分配到需惰化油箱的每个隔舱，并且确保正常运行时，油箱每个隔舱的平均氧气浓度在海平面到3048m时不超过12%，在3048m到12192m时，不超过12%～14.5%的线性递推值；

（3）惰化系统应该确保在任何部件或管路发生单一故障的情况下，富氮气体不会泄漏到增压舱内（如果通过增压舱）；

（4）惰化系统必须能够阻止燃油和燃油蒸气倒流到机载制氮系统，如果经过增压舱，必须阻止燃油和燃油蒸气倒流到增压舱内；

（5）惰化系统在正常工作时和任何失效情况下都不能使结构的温度超过 82.2℃，不能使油箱气相空间的温度超过 176.7℃；

（6）惰化系统应该具有 10 天的 MMEL 派遣限制；

（7）惰化系统的设计应该满足静电防护、EMI/闪电防护/HIRF 要求；

（8）系统设计应该确保高温气体进入燃油箱的概率小于 10×10^{-9}；

（9）系统设计应该确保高压气体进入燃油箱的概率小于 10×10^{-7}；

（10）系统设计应该确保燃油或燃油蒸气倒流入机载制氮系统的概率小于 10×10^{-7}；

（11）惰化系统的 MTBF 应该不小于 5000h；

（12）惰化系统的派遣可靠率不小于 99.99%；

（13）惰化系统的平均故障修复时间不大于 25min。

4. 设计参数输入

（1）在不同飞行包线下，提供惰化系统的引气温度和压力；

（2）提供具体油箱结构。

6.2 惰化系统设计原则与功能流程分析

根据民用飞机适航规章要求，结合国内外文献资料及在研飞机型号设计任务与前期工作经验积累，本书提出了如下燃油惰化系统总体设计中所需遵循的原则，供飞机惰化系统设计人员参考。

（1）重量与尺寸是惰化系统设计中关键控制指标，必须尽可能地降低。

依据该原则，本书提出的技术建议如下。

①惰化系统最好从环控系统引入气体进行氮氧分离，这样不仅可大幅度地降低整个惰化系统尺寸与重量，而且可使得引气冷却系统与环控引气系统得以综合考虑，可降低整个飞机机电系统的重量。

②如果系统设计中必须直接从飞机发动机压缩机引气，则可以考虑将惰化系统热交换器中所需的冷边气流直接引用环控系统冲压气流（即在环控系统的冲压冷却气流中开一支路用于惰化系统的引气冷却），这样不仅可避免因惰化系统冷却需要而单独开设冲压通风口的麻烦，而且可以将惰化系统中的热交换器直接安装在环控系统中，节省安装空间。

③惰化系统引气设计与环控系统引气设计最好合二为一，共同考虑。

（2）惰化系统故障不能造成影响飞机安全性事故的发生。

由于惰化系统直接联系着油箱与发动机引气导管，其安全性必须保证，为此，在惰化系统设计中不仅应具有防止高温气体直接进入燃油箱的措施，而且应具有防止燃油倒灌的措施。

为此，本书建议的设计方案如下。

①设置引气切断阀、闸门阀等双重保护措施，使得高温气体进入燃油箱的概率小于 10×10^{-9}。

②设置止回阀（单相阀）和低位检测口，使得燃油进入机载制氮系统概率小于 10×10^{-7}。

③设置过压保护装置，防止过压气体直接进入油箱，造成油箱结构损坏。

④设置火焰抑制器，防止火焰传播至油箱，产生油箱的燃爆事故。

（3）惰化系统设计应使燃油箱气相空间氧浓度在整个飞行包线内始终满足适航要求。

为此，本书建议的设计方案如下。

①分别计算地面阶段、爬升阶段、巡航阶段、下降阶段的惰化流量需求，并以其最大值为设计指标。

②惰化流量计算时考虑在飞机下降、发动机慢车状态下、油箱为空油箱时的惰化流量需求。

③油箱内氮气浓度分布设计应考虑飞机压力、高度的变化导致外界空气进出燃油箱的影响，应考虑燃油消耗造成的液面气相空间变化以及氧气从燃油中析出的共同影响。

（4）按所选用的空分装置效率与安全使用要求来确定相关部件性能要求。

为此，本书建议的设计方案如下。

①系统中应设置臭氧转换装置，以延长分离膜的使用寿命。

②系统中应设置调温装置，以控制分离膜入口温度，使之处于最佳温度工作区间。

③系统中应设置过滤装置，以满足分离膜入口的清洁度要求。

④最大引气流量应根据分离膜效率来确定。

⑤应考虑到膜在冷态和热态时分离效率之间的差异，并设计相应的预热方式以提高膜的分离效率。

⑥应考虑膜在新/旧状态下性能的差异；在实际设计中，采用新状态确定最大引气流量，而采用旧状态确定分离装置尺寸（按国外公司研究成果，膜在最初使用状态（新状态）与寿命终了状态（旧状态）阶段，其分离效率相差20%左右）。

（5）油箱内氮气浓度分布设计应考虑油箱内富氮气体喷嘴/限流孔的结构形式、位置、数量，充入的富氮气体流量、浓度和压力，以及油箱本身的结构形式（如是否存在隔舱）、油箱的通气形式等影响。

（6）系统设计应缩短地面发动机慢车状态下对空油箱进行初始化惰化时间（如采用"三流模式"，在初始惰化阶段，采用中流量模式，以缩短惰化时间）。

依据上述设计原则开展惰化系统功能流程分析，可绘制图 6.1 和图 6.2 所示惰化系统功能流程图。

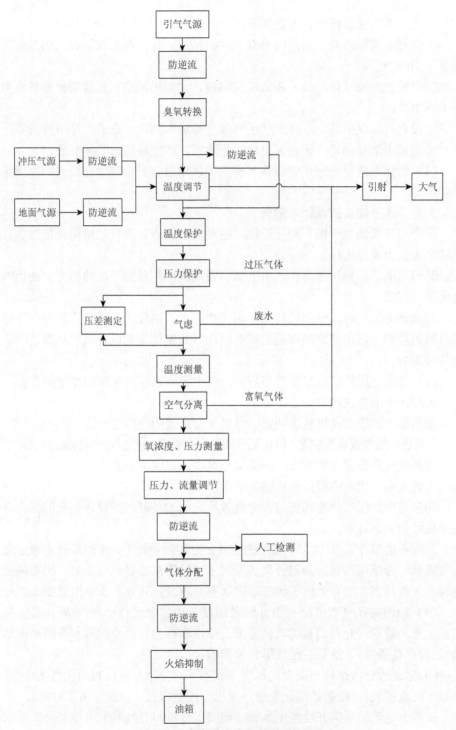

图 6.1　惰化系统功能流程分析图

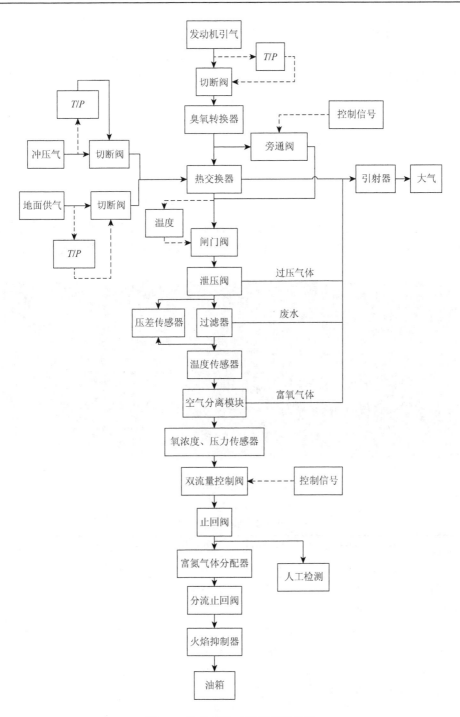

图 6.2　惰化系统功能流程部件图

图 6.1 的主要作用是明确系统所需实现的功能，以及各功能环节之间的逻辑关系。图 6.2 是在参考国内外文献的基础上，根据作者前期经验和设计、生产部件厂商继承性的要求，对图 6.1 所示的功能流程进行的分解或综合，它用以明确各功能部件间及系统与外部接口的关系。

6.3　惰化系统结构设计

6.3.1　燃油箱结构

某型飞机油箱结构如图 6.3 所示，该油箱由肋分隔成 28 个小舱，根据分隔肋的特点，其每侧可分为四个整体油箱和一个通气箱，其容积参数如表 6.1 所示。

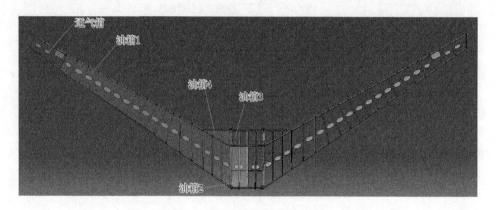

图 6.3　某型油箱结构示意图

表 6.1　油箱空间参数

结构名称	容积（含膨胀空间）/L V_0	膨胀空间/L $V_0 \times 2\%$	有效容积/L $V_0 \times 98\%$	正常载油量/kg $\rho = 0.78\text{kg/L}$	—
油箱 1	5060	101	4959	3868	—
油箱 2	1070	21	1049	818	—
油箱 3	320	6	314	245	供油箱
油箱 4	265	—	—	—	干舱
通气箱	220	—	—	—	—
单侧	6935（含通气箱） 6715（不含通气箱）	128	6322	4931	—
全机	13430（不含通气箱） 13870（含通气箱）	256	12644	9862	—

　　油箱 3 为供油箱，始终保持满油，油箱 4 为干舱，始终空油，由油箱 2 向油箱 3 输油，然后由油箱 1 向油箱 3 输油，最后消耗油箱 3 中燃油。加油过程中，按照油箱容积比加油。

6.3.2　惰化系统原理方案设计与选型

　　图 6.4 所示为依据上述油箱结构特点提出的惰化系统原理设计方案，惰化系统部件选型工作将基于该方案展开。

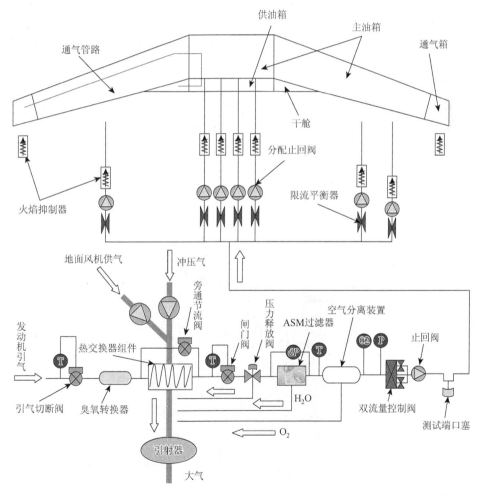

图 6.4　惰化系统原理示意图

发动机引气通过臭氧转换器去除空气中的臭氧后，经过换热器热侧通道由冲压空气或地面供气冷却，冷却至合适温度的引气通过过滤器脱除水分和其他杂质后，在空气分离装置中产生富氮气体，富氮气体流经双流量控制阀后，根据惰性气体分配的要求进入油箱。

在图 6.4 所示的惰化系统原理设计方案中，主要的零部件构型、作用及工作原理简述如下。

1. 引气切断阀

（1）作用：引气管路系统开启/关闭控制。

引气切断阀为惰化系统管路中隔离油箱与引气系统，防止引气中高温/高压气体直接进入油箱的第一层防护装置，该阀门的开启和关闭需要依靠引气压力，阀门在入口处引气压力过低状态下具有自动关闭功能。该阀门具有承受高温、高压气体的能力，其具体需耐受的高温、高压值可根据飞机引气条件来决定。

（2）结构形式：蝶形阀。

图 6.5 为引气切断阀结构示意图。它根据接收到的电信号控制阀门的开启与关闭，在下面两种情况下，EMP 将控制引气切断阀关闭引气，防止损坏设备或危及飞机安全：

①引气压力超限，且持续 10～15s；

②引气温度超限，且持续 10～15s。

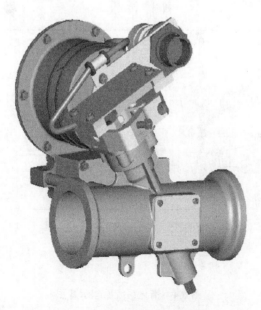

图 6.5　引气切断阀结构示意图

2. 臭氧转换器

（1）作用：将引气中臭氧还原为氧气，以延长膜的使用寿命。

虽然臭氧对于中空纤维膜的损毁机理还缺乏深入的研究，但现有飞机的运营历史已经证明，臭氧对膜的使用寿命是有较大影响的。为此，在民机惰化系统中臭氧转换器基本上均得到了使用，但对于军机，则缺乏相关文献报道。

（2）结构形式：臭氧转换器（21）由两个柱状圆锥形组件（22、24）和一个柱状圆筒（23）构成，它们通过一个对接凸缘进行连接，其中（22）作为进气端，（24）作为出口端。然后将催化筒（30）布置到结构内作为其反应核心。其每一个催化筒之间保持一定距离，通过铆钉（32）固定其位置，使相互之间的微振摩擦减少，如图 6.6 所示。

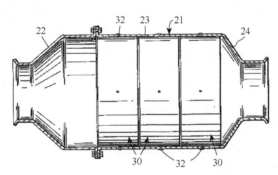

图 6.6　臭氧转换器外形结构示意图

考虑到臭氧转换的最佳温度，一般将臭氧转换器直接安装在引气切断阀之后，热交换器组件之前。其工作原理是利用某些催化剂（通常是 Pd（钯）、Pt（铂）等贵金属或 Mn（锰）、Co（钴）、Ni（镍）、Ag（银）等过渡金属的氧化物），加快臭氧的分解速度。

国外生产臭氧转换器的厂商有 Honeywell、Meggitt、BASF 和 Parker 等公司。

具体臭氧浓度的控制指标应在参考所使用膜的性能要求后再提出，但本书建议臭氧转换器的控制指标应不低于 0.01PPM（PPM 表示百万分之一）。

3. 热交换器组件

（1）作用：调节与控制温度，以确保空气分离装置入口气体温度满足要求。

（2）结构形式：热交换器组件由热气流混合控制阀、热交换器、热交换器出口温度传感器等部件组成，采用冲压空气作为冷边，通过热气流混合控制阀调节引气流量。

在热交换器组件中，还需要考虑地面停机状态冷边气流的问题，这时，一般采用电动风扇鼓风来提供换热器的冷边气流。

图 6.7 为热交换器组件结构示意图。图 6.8 为热气流混合控制阀结构示意图，其作用是控制热气体量，以使混合气流温度满足膜入口要求。

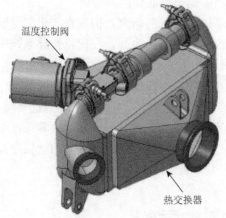

图 6.7　热交换器组件结构示意图　　　　图 6.8　热气流混合控制阀结构示意图

对于热交换器组件具体技术指标可根据所采用的分离膜性能要求来确定。某型国产飞机热交换器组件技术指标要求如下：

（1）热交换出口温度控制在 90℃±5℃；

（2）热气流混合控制阀采用步进电机控制；

（3）组件最高温度限制为 260℃；

（4）组件最大压力限制为 0.9MPa。

4. ASM 过滤器

（1）作用：控制进入空气分离器的气体颗粒度，其精度要求需与 ASM 配套。

（2）结构形式：图 6.9 为 ASM 过滤器内部结构示意图。

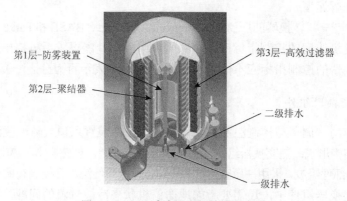

图 6.9　ASM 过滤器内部结构示意图

安装 ASM 过滤器时，应在两侧管路布置压差测量装置，其作用是当过滤器阻塞时发出报警信号。设计中，可以将该压差报警设置为装置流阻大于 0.03MPa ±0.01MPa。

对于 ASM 过滤器，其主要指标就是过滤精度与阻力损失，某型国产 ASM 过滤器技术性能指标要求如下：

（1）空气颗粒度：不大于 0.5μm；

（2）相对空气湿度：不大于 80%；

（3）含油量：不大于 0.01mg/m³；

（4）流阻：不大于 0.03MPa。

5. ASM 温度控制阀（亦称闸门阀）

（1）作用：为惰化系统管路提供第二层保护，若引气温度过高，热交换器组件不能有效地降低引气温度，则该阀自动关闭，以防止高温气体直接进入分离膜和油箱，造成设备损坏。

（2）结构形式：图 6.10 为闸门阀结构示意图，它接收惰化控制系统信号和来自 ASM 入口温度监测信息，其正常状态为开启状态，由 28V 直流电能驱动，当出现过温或无驱动电能时，阀门主动关闭。

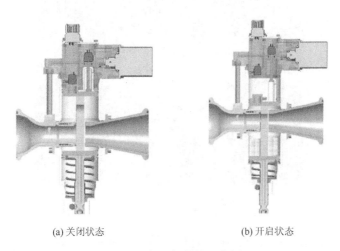

(a) 关闭状态　　　　　　　　　　(b) 开启状态

图 6.10　闸门阀结构示意图

6. ASM 装置

（1）作用：空气分离，富氮气体产生。

（2）结构形式：如图 6.11 所示，ASM 装置为一圆柱件，它有三个气体通路，分别为空气入口、富氮气体出口、富氧气体出口。

图 6.11　ASM 装置

国内生产 ASM 装置的专业厂家有合肥江淮飞机装备有限公司,国外厂商很多,如 Parker 公司、Ametek 公司等。

7. 双流量控制阀

(1)作用:按飞行的不同阶段调节富氮气体的浓度和流量。

(2)结构形式:如图 6.12 所示,双流量控制阀是一个具有双重目的的电控电磁驱动阀,也是民机惰化系统的关键零部件之一。

图 6.12　双流量控制阀

在国外民机惰化系统设计中,普遍采用双流量模式(起飞、爬升、巡航阶段采用小流量、高浓度模式;俯冲、下降阶段采用大流量、低浓度模式),但亦有采用三流量模式(高、中、低三流量模式)的。

8. 氧浓度传感器

(1)作用:监测 ASM 出口处富氮气体中氧浓度,通过在 ASM 出口处取样实现对氧浓度的测量。

（2）结构形式：如图 6.13 所示，氧浓度传感器由氧分压传感器、压力传感器和控制（电子）模块组成。

图 6.13　氧浓度传感器

根据 Ametek 公司的产品介绍，其提供的氧浓度传感器精度为当氧浓度为 0%～11%时，氧浓度测量误差不大于 0.5%；当氧浓度为 12%～21%时，误差不大于 1%。其最大温度限制为 93℃；最大压力限制为 0.62MPa。

9. 限流平衡器（限流孔）

（1）作用：用于各油箱富氮气体流量的调节。
（2）结构形式：通过限流孔尺寸变化来平衡各油箱隔舱的富氮气体流量分配，如图 6.14 所示。

图 6.14　限流平衡器

10. 火焰抑制器

（1）作用：安装在富氮气体分配管路的末端，用以防止火焰进入油箱。
（2）结构形式：如图 6.15 所示。

图 6.15　火焰抑制器

11. 测试端口塞

（1）作用：测试端口塞安装在气体分配止回阀至油箱管路系统的最低处，其作用不仅是提供地面测试，而且可在燃油倒灌故障发生时有效地排出燃油，以避免其流入空气分离装置。
（2）结构形式：如图 6.16 所示，它在正常状态下为关闭状态。

图 6.16　测试端口塞

6.3.3　惰化系统管网数模设计

某型飞机基于 CATIA 软件的惰化系统管网数模设计如图 6.17～图 6.21 所示。

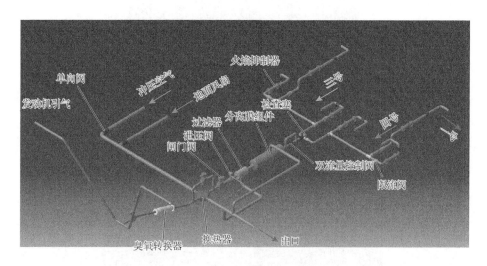

图 6.17　惰化系统中各部件标识

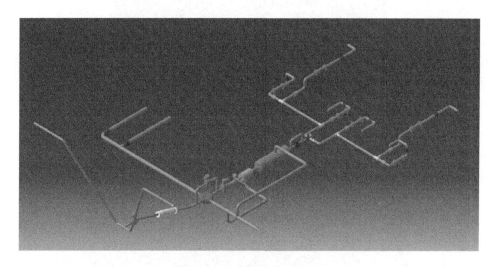

图 6.18　引气系统示意图

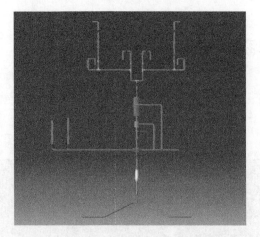

图 6.19　油箱外部管路示意图

图 6.20　油箱内部管路示意图

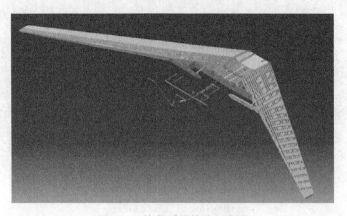

图 6.21　惰化系统管路示意图

6.4　惰化系统性能计算

图 6.22 给出了惰化设计计算与性能分析中需要完成的工作及每步工作的目的。当油箱结构初步确定后（包括油箱容积、相互之间关系），可将油箱作为一个整体，采用单舱计算模型进行富氮气体流量需求估算；然后，在估算的基础上，对所需采购的膜组件基本性能提出要求，如在一定压力范围的惰性气体流量和浓度等；由于惰性气体的流量并非单纯由膜组件决定，更多是由管网，特别是管网中的限流孔尺寸决定，因此需要在 Flowmaster 中建立管网模型，确定限流孔尺寸，并将结果与理论计算结果进行对比校正，确定计算程序中流量系数等参数；最后，选定不同的惰性气体布置方式，采用多舱集中参数计算方法对惰化效果进行评估。

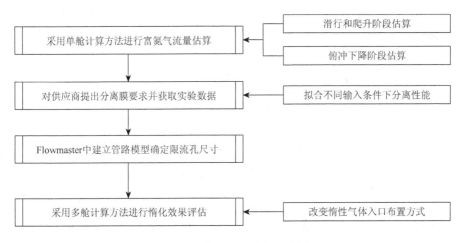

图 6.22　惰化设计过程示意图

这里以图 6.3 和表 6.1 所示的油箱结构与尺寸为例简述整个惰化系统的设计计算。

6.4.1　惰化流量需求计算

1. 设计计算初始参数

1）飞行剖面与燃油消耗率
设计所选择的飞行剖面与燃油消耗率如图 6.23 所示。具体参数见表 6.2。

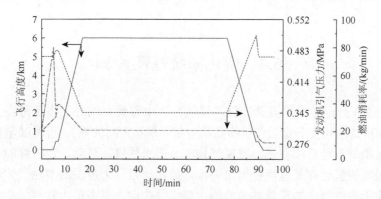

图 6.23 系统设计所选择的飞行剖面

表 6.2 额定飞行剖面和燃油消耗率

阶段	时间间隔 /min	起始时间 /min	终了时间 /min	起始高度 /m	终了高度 /m	燃油消耗率 /(kg/min)	阶段油耗 /kg
滑出	5	0	5	0	0	20.0	100
爬升到 450m	1	5	6	0	450	80.0	80
水平加速	1	6	7	450	450	30.0	30
爬升到 6000m	10	7	17	450	6000	40.0	400
6000m 巡航	60	17	77	6000	6000	20.8	1250
下降到 450m	12	77	89	6000	450	20.8	250
水平减速	1	89	90	450	450	20.0	20
着陆	2	90	92	450	0	15.0	30
滑入	5	92	97	0	0	12.0	60
轮挡时间	97						
轮挡油耗							2220
备份油							2480

2）油箱载油量

油箱气相空间越大，则无论在滑行爬升阶段还是俯冲下降阶段，所需的富氮气体流量均将增加，但是如果按照空油箱设计，则严重偏离实际工况，因此设计中可假设：在任何飞行剖面下，当飞行结束后，总剩余一定的备份油（可设定为总油量的10%）。这样航程较短的飞行剖面与长飞行剖面相比，由于初始时刻油箱上部空间较大，因此其滑行爬升阶段所需的惰性气体流量也较大，但在俯冲下降阶段，如果下降的时间和速率相同，则所需惰性气体流量基本相同。根据以上关系可反推计算得到初始载油量和载油率如表 6.3 所示。图 6.24 给出了各油箱中油量随时间的变化关系。

表 6.3　加油和停机后隔舱中的燃油情况

	开始载油量/kg	开始载油率/%	结束载油量/kg	结束载油率/%
油箱 1	1940	57.1	995	25.2
油箱 2	410	57.1	0	0
油箱 3	245	98.0	245	98.0
油箱 4	0	0	0	0
油量（单侧）	2350	—	1240	—
总油量（全机）	4700	56.8（不含通气箱） 55.0（含通气箱）	2480	23.7（不含通气箱） 22.9（含通气箱）

注：载油率按最大容积计算，总油量（全机）载油率按包含通气箱和不包含通气箱两种方式计算。

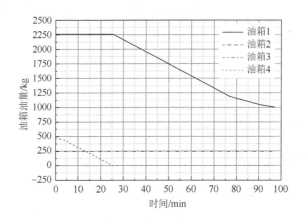

图 6.24　各油箱中油量随时间的变化关系

2. 惰性气体流量需求

1）计算模型

如图 6.25 所示，在单位时间步长内，初始状态 1 时气相和燃油中氧氮处于平衡状态，随着冲洗的富氮气体流入，气相空间中的氧气被逐渐稀释，而氮气相应增加，由于气体组分浓度的改变，气液两相的平衡状态被破坏，燃油中溶解的氧气析出，在该时间段内，燃油中逸出的气体与气相空间中原有的气体充分混合后，排出油箱，直至在终了时刻 2 达到新的平衡状态。

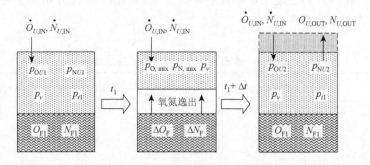

图 6.25 燃油冲洗过程示意图

在时间步长 Δt 内进行数值积分，分别考虑油箱气相空间氧气和氮气质量守恒得出

$$O_{U,1} + \dot{O}_{U,\text{IN}}\Delta t + \Delta O_{\text{F}} = O_{U,2} + O_{U,\text{OUT}} \qquad (6\text{-}1)$$

$$N_{U,1} + \dot{N}_{U,\text{IN}}\Delta t + \Delta N_{\text{F}} = N_{U,2} + N_{U,\text{OUT}} \qquad (6\text{-}2)$$

由于平衡状态的破坏，氧气和氮气从燃油中析出的质量表示为

$$\Delta O_{\text{F}} = \frac{\beta_{\text{O}}}{R_{\text{O}}}\left(\frac{p_{\text{O},U,1}V_{\text{F1}}}{T_{\text{F},1}} - \frac{p_{\text{O},U,2}V_{\text{F2}}}{T_{\text{F},2}} \right) \qquad (6\text{-}3)$$

$$\Delta N_{\text{F}} = \frac{\beta_{\text{N}}}{R_{\text{N}}}\left(\frac{p_{\text{O},U,1}V_{\text{F1}}}{T_{\text{F},1}} - \frac{p_{\text{O},U,2}V_{\text{F2}}}{T_{\text{F},2}} \right) \qquad (6\text{-}4)$$

分压力关系为

$$p_{t,1} = p_{\text{O},U,1} + p_{\text{N},U,1} + p_v \qquad (6\text{-}5)$$

$$p_{t,2} = p_{\text{O},U,2} + p_{\text{N},U,2} + p_v \qquad (6\text{-}6)$$

由理想气体状态方程得分压力与气体质量的关系：

$$p_{\text{O},U,1} = \frac{O_{U,1}R_{\text{O}}T_{U,1}}{V_{U,1}}, \quad p_{\text{O},U,2} = \frac{O_{U,2}R_{\text{O}}T_{U,2}}{V_{U,2}} \qquad (6\text{-}7)$$

$$p_{\text{N},U,1} = \frac{N_{U,1}R_{\text{O}}T_{U,1}}{V_{U,1}}, \quad p_{\text{N},U,2} = \frac{N_{U,2}R_{\text{N}}T_{U,2}}{V_{U,2}} \qquad (6\text{-}8)$$

氧气和氮气按它们的摩尔分数比被排出：

$$\frac{O_{U,\text{OUT}}}{N_{U,\text{OUT}}} = \frac{p_{\text{O},U,2} M_{\text{O}}}{p_{\text{N},U,2} M_{\text{N}}} \tag{6-9}$$

由式（6-1）、式（6-3）和式（6-7）得

$$\frac{p_{\text{O},U,1} V_{U,1}}{R_{\text{O}} T_{U,1}} + \dot{O}_{U,\text{IN}} \Delta t + \frac{\beta_{\text{O}}}{R_{\text{O}}} \left(\frac{p_{\text{O},U,1} V_{\text{F},1}}{T_{\text{F},1}} - \frac{p_{\text{O},U,2} V_{\text{F},2}}{T_{\text{F},2}} \right) - \frac{p_{\text{O},U,2} V_{U,2}}{R_{\text{O}} T_{U,2}} = O_{U,\text{OUT}} \tag{6-10}$$

由式（6-2）、式（6-4）和式（6-8）得

$$\frac{p_{\text{N},U,1} V_{U,1}}{R_{\text{N}} T_{U,1}} + \dot{N}_{U,\text{IN}} \Delta t + \frac{\beta_{\text{N}}}{R_{\text{N}}} \left(\frac{p_{\text{N},U,1} V_{\text{F},1}}{T_{\text{F},1}} - \frac{p_{\text{N},U,2} V_{\text{F},2}}{T_{\text{F},2}} \right) - \frac{p_{\text{N},U,2} V_{U,2}}{R_{\text{N}} T_{U,2}} = N_{U,\text{OUT}} \tag{6-11}$$

将式（6-10）和式（6-11）代入式（6-9）得

$$\frac{\dfrac{p_{\text{O},U,1} V_{U,1}}{R_{\text{O}} T_{U,1}} + \dot{O}_{U,\text{IN}} \Delta t + \dfrac{\beta_{\text{O}}}{R_{\text{O}}} \left(\dfrac{p_{\text{O},U,1} V_{\text{F},1}}{T_{\text{F},1}} - \dfrac{p_{\text{O},U,2} V_{\text{F},2}}{T_{\text{F},2}} \right) - \dfrac{p_{\text{O},U,2} V_{\text{F},2}}{R_{\text{O}} T_{U,2}}}{\dfrac{p_{\text{N},U,1} V_{U,1}}{R_{\text{N}} T_{U,1}} + \dot{N}_{U,\text{IN}} \Delta t + \dfrac{\beta_{\text{N}}}{R_{\text{N}}} \left(\dfrac{p_{\text{N},U,1} V_{\text{F},1}}{T_{\text{F},1}} - \dfrac{p_{\text{N},U,2} V_{\text{F},2}}{T_{\text{F},2}} \right) - \dfrac{p_{\text{N},U,2} V_{\text{F},2}}{R_{\text{N}} T_{U,2}}} = \frac{p_{\text{O},U,2} M_{\text{O}}}{p_{\text{N},U,2} M_{\text{N}}} \tag{6-12}$$

由式（6-6）得

$$p_{\text{N},U,2} = p_{t,2} - p_v - p_{\text{O},U,2} \tag{6-13}$$

将式（6-10）代入式（6-9）并化简得

$$A p_{\text{O},U,2}^2 + B p_{\text{O},U,2} + C = 0 \tag{6-14}$$

式中，系数分别为

$$\begin{cases} A = \dfrac{V_{\text{F},2}}{T_{\text{F},2}} \left(\beta_{\text{N}} \dfrac{M_{\text{O}}}{R_{\text{N}}} - \beta_{\text{O}} \dfrac{M_{\text{N}}}{R_{\text{O}}} \right) \\[3mm] B = \dfrac{V_{\text{F},1}}{T_{\text{F},1}} \left(\dfrac{\beta_{\text{N}} M_O}{R_{\text{N}}} p_{\text{N},U,1} + \dfrac{\beta_{\text{O}} M_{\text{N}}}{R_{\text{O}}} p_{\text{O},U,1} \right) - \dfrac{V_{\text{F},2}}{T_{\text{F},2}} \left(\beta_{\text{N}} \dfrac{M_{\text{O}}}{R_{\text{N}}} - \beta_{\text{O}} \dfrac{M_{\text{N}}}{R_{\text{O}}} \right) (p_{t,2} - p_v) \\[3mm] \qquad + (M_{\text{N}} \dot{O}_{U,\text{IN}} \Delta t + M_{\text{O}} \dot{N}_{U,\text{IN}} \Delta t) + \dfrac{V_{U,1}}{T_{U,1}} \left(\dfrac{M_{\text{O}}}{R_{\text{N}}} p_{\text{N},U,1} + \dfrac{M_{\text{N}}}{R_{\text{O}}} p_{\text{O},U,1} \right) \\[3mm] C = -\left(M_{\text{N}} \dot{O}_{U,\text{IN}} \Delta t + \dfrac{p_{\text{O},U,1} V_{U,1} M_{\text{N}}}{R_{\text{O}} T_{U,1}} + \beta_{\text{O}} \dfrac{p_{\text{O},U,1} V_{\text{F},1} M_{\text{N}}}{R_{\text{O}} T_{\text{F},1}} \right) (p_{t,2} - p_v) \end{cases} \tag{6-15}$$

求解上述方程得到状态 2 的氧气和氮气分压力，就能确定气相空间氧气浓度随时间的变化关系及燃油中溶解的氧氮质量。

2）计算结果分析

（1）暖机—滑行—起飞爬升阶段

在计算中，需要设定惰化时间（所谓惰化时间指的是从 0 时刻开始至油箱上部空间氧浓度达到 12%所需的时间）。图 6.26 给出了考虑或不考虑通气箱、考虑或不考虑溶解氧逸出、飞行开始时油箱中气相氧浓度为 14.5%和 21%，这三种因素相互组合时，用 NEA5 富氮气体惰化所需的流量。从图中可以看出，是否考虑通气箱对结果影响很小，其原因是通气箱在总的油箱体积中所占的比重十分小。

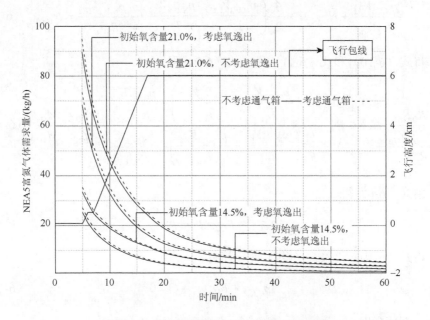

图 6.26 设定地面惰化时间内 NEA5 需求量

考虑氧逸出时会需要更多的富氮气体，这可以根据实际情况决定。

初始油箱中氧浓度越高，所需的富氮气体流量也越大。通常对于初始氧浓度有两种不同的设计的思路，一是认为初始氧浓度为 21%，这是由于加油过程中剧烈的扰动会使燃油中的氧气大量逸出，同时在该过程中外界空气和油箱之间存在质交换，该计算结果趋于保守；二是认为当前一个航班飞行结束时，油箱已经被惰化至较低的浓度，虽然有加油过程的影响，但下一个航班开始时初始氧浓度还应该是远低于 21%的，在本设计示例中选择初始浓度为 14.5%。

计算显示，惰化时间对所需流量影响是非线性的，当惰化时间很短时，富氮气体流量需求急剧上升，因此选择一个合理的惰化时间在设计阶段十分重要。因此，图 6.27 中给出了三种不同惰化时间下，富氮气体浓度对富氮气体需求量的影响。从图中可以看出，当富氮气体含氧量低于 10%时，流量需求趋于平缓，特别是低于 5%时（即 NEA5），对富氮气体流量需求更加平缓。同样，惰化时间越短，所需的富氮气体流量越大。

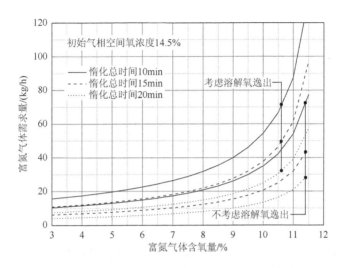

图 6.27　不同惰化时间下富氮气体含氧量对气体流量的影响

（2）下降阶段富氮气体需求

巡航结束后，飞机开始下降，这时由于环境压力增加，外界空气（21%含氧量）会通过通气口进入燃油箱，如果没有惰化富氮气体充入，则油箱气相空间平均氧浓度会上升，因此需要计算下降阶段富氮气体的需求。从飞行剖面来看，下降过程分为两段，第一段持续 12min，高度从 6000m 降至 450m，第二段持续 2min，高度从 450m 降至 0m，显然第一段的下降率大于第二段下降率，因此第一段会对富氮气体充注量要求更高。

图 6.28 所示为不进行油箱惰化时，即没有增压气体进入油箱时，油箱在整个飞行剖面下与外界环境交换的空气质量流量。其中，负值代表油箱中气体流出至外界环境，而正值代表外界环境空气流入油箱的流量。从图中可以看出，除飞机爬升阶段外，其他时刻均是外界气体流入油箱以填补油箱中燃油的消耗及下降阶段内部压力的急剧变化。从图中还可以看出，最大流入流量发生在第一个下降阶段结束时，其流量约为 40kg/h，因此只要填充的富氮气体含氧量低于 12%，流量大于 40kg/h，则能绝对保证俯冲下降阶段外界空气不流入油箱，从而达到氧浓度不超标的目的。

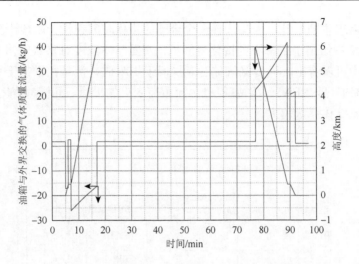

图 6.28　不填充惰化气体时油箱与外界气体质量交换

　　但是，由于在巡航结束阶段油箱大多被惰化成较低氧浓度状态，因此俯冲下降时，从平均氧浓度角度出发可以允许有一些空气流入油箱中，从而减少惰化气体流量。

　　图 6.29 和图 6.30 分别所示为考虑和不考虑燃油中氧氮逸出和溶解时，当俯冲下降开始时初始氧浓度不同条件下所需富氮气体流量。对比两个图可以发现，当不考虑氧氮溶解逸出时，计算得到的富氮气体流量略大，其原因在于俯冲下降阶

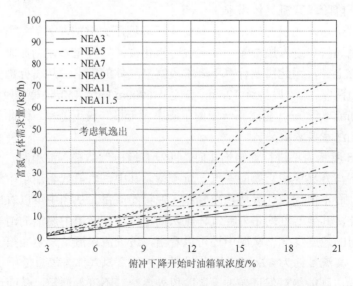

图 6.29　考虑氧氮溶解逸出时俯冲下降过程中富氮气体需求

段，油箱上部气相空间压力升高，因此气体会向燃油中溶解，因此惰化效果有所增强。从图中还可以看出，当俯冲开始时油箱气相空间氧浓度越低，则所需富氮气体流量越小，即油箱有更大的"缓冲"能力。

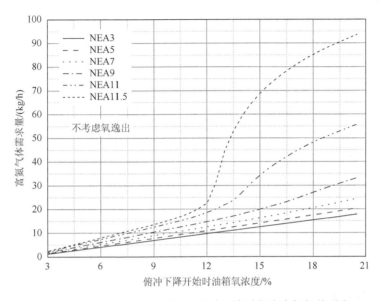

图 6.30　不考虑氧氮溶解逸出时俯冲下降过程中富氮气体需求

3）惰性气体流量需求分析

对比图 6.26～图 6.30 可见，滑行起飞爬升阶段所需的富氮气体流量大于俯冲下降阶段，因此在单流模式下，选择分离膜时可根据滑行起飞爬升阶段的富氮气体流量来选择。

但是富氮气体浓度不同时，膜的分离效率也有很大差异，富氮气体纯度高时，虽然所需 NEA 气量小，但是此时分离效率很低，则总的引气量也不一定会相应减少。因此，在双流模式下，可考虑用更多含氧量较大气体（如 NEA12）来填充油箱。此外，引气压力越低，则同样流量富氮气体中含氧量越高，因此可按照滑行起飞爬升阶段和俯冲阶段最低的引气压力来要求分离膜性能，从而使设计更加安全。

综合上述要求，对分离膜的要求如下：

（1）引气压力为 0.345MPa 时，产生 NEA5 的流量不小于 20kg/h；

（2）引气压力为 0.345MPa 时，产生的 NEA12 流量不小于 45kg/h。

6.4.2　系统主要零部件尺寸估算

在确定惰性气体流量需求后，可以依据该关键数据来确定整个惰化系统中主要零部件性能和尺寸，其具体方法简述如下。

（1）机载分离装置。

直接依据上述所确定的惰化流量要求，对机载分离装置成品供应商提出装置的性能要求和尺寸要求，其中尺寸要求主要是依据机载分离装置安装位置的空间提出的。

（2）管路尺寸估算。

管路尺寸设计分为两个部分，从发动机（或环控系统）引气至机载分离装置前的管路系统尺寸可依据最大惰性气体流量的 3～4 倍来进行估算（这里初步假设机载空气分离装置的分离效率为 25%～33%）；机载分离装置后的管路系统尺寸可直接按最大惰性气体流量需求来进行估算。

（3）换热器尺寸估算。

冷却发动机引气的换热器尺寸在整个系统中占有一定的比例，可以依据最大引气流量与机载空气分离装置入口温度限制来进行估算。

（4）其他设备尺寸的估算。

其他设备，如臭氧转换器、过滤器、阀门等，其尺寸均可依据该设备的最大流量来进行估算。

6.4.3　系统性能仿真计算

1. 系统仿真模型

依据上述设计的管路系统和选择的设备参数，对其进行一定简化可建立系统性能仿真计算模型。

考虑到无论引气还是惰性气体的流速均不大，因此可忽略管路中的沿程阻力，阻力主要集中在换热器、过滤器和阀门，特别是限流孔上。

如图 6.31 所示，发动机的引气通过管道进入换热器，然后进入膜组件，再通过膜组件后设置的限流孔，最终通过管道进入油箱。而 OEA 管路和换热器旁通管路不会对计算产生影响。

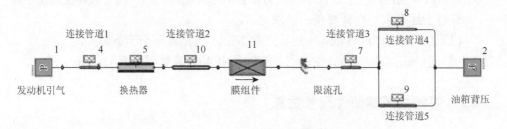

图 6.31　单流模式下 Flowmaster 惰化管路计算网络图

2. 限流孔尺寸的确定

在上述系统计算中，首先需要确定的是限流孔尺寸，因为其直接决定了惰性气体的流量。但在设计初始阶段，尚无相关试验数据可供参考，因此可采用 Flowmaster 商用软件对系统阻力进行计算，以确定限流孔尺寸。

在 Flowmaster 计算中，换热器用管路等效，所有管道采用新的不锈钢管道摩擦系数，而膜组件仅考虑其局部阻力，故用等效压阻元件代替。

根据分离膜的设计要求，在 Flowmaster 中进行模拟计算时，引气压力设置为 0.345MPa，并在地面条件下，圆整限流孔尺寸如下。

（1）单流模式：限流孔 3.2mm，地面状态下，分离膜产品富氮气流量单侧机翼为 10.5kg/h，全机为 21kg/h。

（2）双流模式：限流孔为 3.2mm，针阀当量直径为 3.5mm，地面状态下，小流量下（针阀关闭），全机为 21kg/h，大流量模式下（针阀开启），全机为 46kg/h。

3. 单流模式计算示例

当限流孔确定后，富氮气体的流量主要由油箱内压力和引气压力之间的压差来决定，图 6.32 中给出了两者随时间的变化关系。图 6.33 给出了引气和富氮气体的全程变化关系。从图中可以看出，由于制氮率基本保持在 30%左右，因此引气流量约为富氮气体流量的 3 倍，其中在俯冲下降结束时，引气流量最大，接近 120kg/h，约为 2kg/min，巡航阶段为 70kg/h，约为 1.17kg/min。

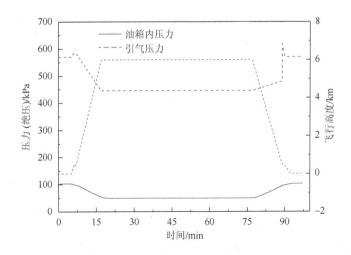

图 6.32　油箱内压力及引气压力随时间变化关系

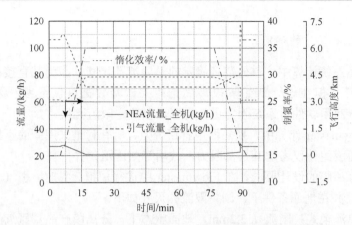

图 6.33　单流模式下富氮气体和引气流量及制氮率随时间变化关系

当富氮气体流量和浓度确定后，随后需要开展的工作是如何将富氮气体通入油箱中，并如何将混合后的气体排出油箱，即惰化进气优化布置方案的研究。由于此类方案众多，且与油箱的拓扑关系等有很强的关联，故不宜对所有的方案展开分析计算，在此仅选择两种典型的布置方案作为示例。

1）各油箱同时进气方案

图 6.34 为同时进气方案示意图，富氮气体通过管道按照算术平均关系通入油箱 1、2 和 4 中，连通管将油箱 1、2、3 及 4 与通气箱连接。

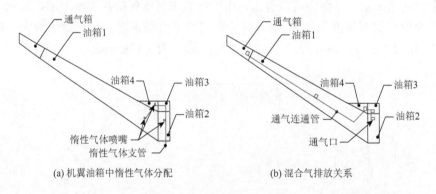

(a) 机翼油箱中惰性气体分配　　　　(b) 混合气排放关系

图 6.34　同时进气方案示意图

在考虑溶解氧逸出时，各油箱中氧浓度随时间的变化关系如图 6.35 所示。从图中可以看出，油箱 4 中氧浓度会迅速下降，该现象是由该油箱容积很小，而富氮气体是按照算术平均分配关系通入所造成的。

由图 6.34（b）可见，各油箱通过连通管连接，因此虽然油箱 3 中并未布置富氮气体入口，但通过油箱 2 与油箱 3 之间的结构通孔，富氮气体也将进入油箱 3

中，加之油箱 3 为供油箱，气相容积十分小，因此其氧浓度也会降低。而油箱 1 氧浓度变化最为缓慢，其原因在于气相空间容积大，而富氮气体通入量相对不足。

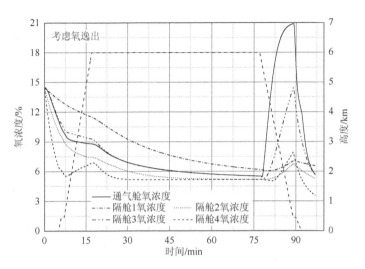

图 6.35　同时进气方案中各油箱氧浓度随时间的变化关系

当俯冲下降开始时，由于是单流量模式，因此不能阻止外界气体进入油箱，由于外界空气首先进入通气箱，因此通气箱的氧浓度迅速升高，而油箱 3 气相空间容积小，抵御外界空气的能力较弱，因此也会迅速升高，而其他油箱在巡航结束时已经被惰化至较低的浓度，因此具有一定的"缓冲"能力，从图中可以发现，氧浓度虽然升高，但是幅度不大。

2）串联进气方案

图 6.36 为串联进气方案示意图。从图中可以看出，惰化气体全部通入油箱 2，然后通过惰性气体管道（或油箱相互之间的连通空隙）顺次流过油箱 4 和油箱 1，与同时进气方案相比，串联进气方案中不需要考虑惰性气体的分配比例，管路的布置相对简单。

图 6.37 给出了串联进气的计算结果。从图中可以看出，由于所有富氮气体均首先通入油箱 2，因此油箱 2 的氧浓度迅速下降，而油箱 1 的氧浓度下降则比同时进气方案中慢。

4. 双流模式计算示例

采用相同的进气方式，但将单流模式改为双流模式，在考虑氧氮逸出的情况下富氮气体流量和浓度及引气流量如图 6.38 所示。从图中可以看出，在俯冲下降阶段，由于针阀开启，富氮气体流量明显增加，但是富氮气体含氧量也显著上升。

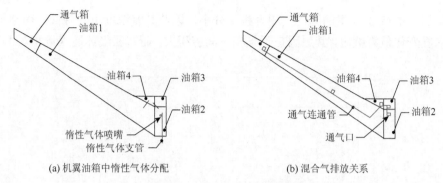

(a) 机翼油箱中惰性气体分配　　　　　　　　　(b) 混合气排放关系

图 6.36　串联进气方案示意图

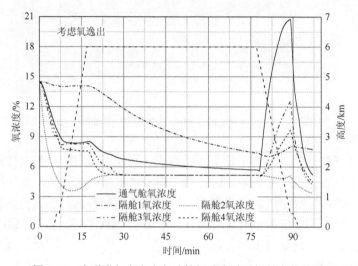

图 6.37　串联进气方案中各油箱氧浓度随时间的变化关系

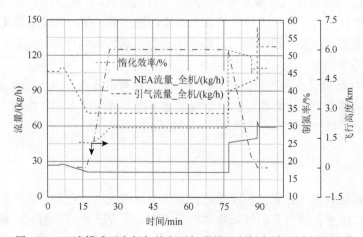

图 6.38　双流模式下富氮气体和引气流量及制氮率随时间变化关系

1）各油箱同时进气方案

采用与图 6.34 相同的进气方案，在双流模式下进行惰化，各油箱氧浓度变化关系如图 6.39 所示。从图中可以看出，双流模式下，富氮气体流量增加，可阻止外界空气进入油箱；但由于富氮气体含氧量上升，因此各油箱的氧浓度也有所上升，不过均在 12%以下。

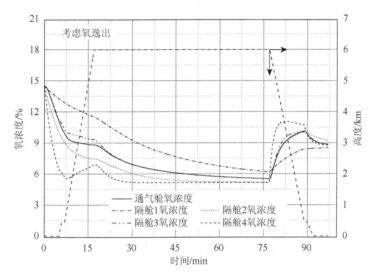

图 6.39　双流模式下同时进气方案中各油箱氧浓度随时间的变化关系

2）串联进气方案

采用与图 6.36 相同的进气方案，在双流模式下进行惰化，各油箱氧浓度变化关系如图 6.40 所示。

双流模式下的两种进气方式的差异与单流模式中基本相同，同时进气时，各油箱氧浓度变化相互差异小，而串联进气时，油箱 2 氧浓度降低快，而油箱 4 则较慢，但是也都能满足平均氧浓度低于 12%的要求。

从上述单流模式和双流模式的计算示例中可以发现：

（1）对于以所有油箱作为整体得到的平均氧浓度，单流模式和双流模式都能满足 12%的设计要求；

（2）单流模式中不可避免外界空气进入油箱，因此某些油箱在俯冲下降阶段氧浓度会大于 12%，但是双流模式可以通过在俯冲下降阶段增加低纯度（<12%）大流量的富氮气体填充油箱，阻止外界空气进入，可在全程严格保持低于 12%的设计要求；

（3）双流需要增加控制阀门，系统流程和控制相对复杂，而单流模式则比较简单。

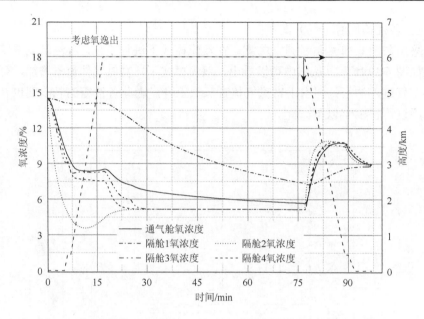

图 6.40　双流模式下串联进气方案中各油箱氧浓度随时间的变化关系

6.5　燃油惰化系统设计中需注意的几点事项

1. 惰化系统控制指标

FAA 在其最新颁布的适航条款（25.981 条款）中，明确定义了使用 Jet A 燃油油箱的惰化概念，即从海平面到 3048m 高度，油箱内气相空间最大氧浓度不超过 12%；3048～12192m 高度，不超过从 12% 线性增加至 14.5%，则该油箱是惰化的。并且规定，在油箱可燃性评估中，凡油箱气相空间处于惰化状态即为不可燃状态，民机惰化系统设计可依照该技术指标实施。

国内民机大量使用的是 RP-3 号燃油，它的基本物理性质与 Jet A 燃油相当，因此原则上也可以考虑采用上述 FAA 惰化指标作为氧浓度控制指标，但考虑到设计余量等问题，为更好地满足适航认证要求，建议初步设计时采用全程控制 12% 氧浓度作为设计依据为宜。

对于军用飞机，控制指标则需根据研制任务予以确定。

2. 设计工况选择

设计工况的选择对于惰化系统设计具有很大的影响，对于民用运输类飞机，建议参照 FAR25 适航条款要求来制定系统设计工况，即分别计算最短飞行包线、延长型飞行包线和典型飞行包线下惰化流量需求，并根据最大惰化流量需求来制定对分离膜的性能指标要求。

对于军用飞机则需寻找对惰化系统要求最严酷的飞行包线，即选择出对惰化系统流量要求最高的飞行包线，并以该流量来设计惰化系统（即惰化系统尺寸取决于该包线的选择）。如文献[82]在论述其先进战术战机油箱惰性化系统研制中，飞行包线的确定就首先选用了 12 种典型飞行包线作为研究对象。这 12 种飞行包线包括：3 种战斗情况、8 种训练情况和 1 种护航战斗情况。通过对这 12 种典型飞行包线的分析，确定出设计时所选择的飞行包线。

3. 流量控制策略选择

考虑到飞机不同飞行阶段惰化流量需求是不同的，采用不同的流量控制策略是必要的。表 6.4 给出了目前大多数民机采用的流量控制策略。

表 6.4　惰化流量控制策略

状态	流量设置
Gate	中流量
Taxi	中流量
Takeoff	中流量
Climb	中流量
Cruise	小流量
Descent	大/中流量
Approach	中流量

4. 膜分离效率降低

任何产品在其使用寿命期间性能均会发生变化，分离膜也不例外。按国外研究资料，对于机载分离膜，其刚开始使用时分离效率（beginning of life maximum，BOL Max）与其寿命终了时的分离效率（end of life minimum，EOL Min）相差 20% 左右，为此，在实际设计中应该考虑这个差异，以确保当膜分离效率下降时，惰化系统还能满足惰化控制指标的要求。

建议采用 EOL Min 状态作为确定分离膜尺寸及开展惰化分析计算的依据，而BOL Max 状态作为确定最大引气流量需求、惰化管路尺寸需求的依据。

5. 惰化系统设计安全性分析

惰化系统设计安全性分析包括如下内容：

（1）制定燃油箱点燃防护准则；

（2）油箱内结构紧固件连接处、设备、系统安装的潜在点火源及其发生概率分析；

（3）惰化系统功能危害影响分析；

（4）切断阀、单向阀、控制器设计构型确定；

（5）可燃蒸气暴露时间分析和评估。

功能失效概率的安全性分析工作可参照 AC25.981-1C 以及 AC25.1309-2 进行。

6. 惰化系统设计性能分析

燃油箱惰化技术关键在于确保整个飞行包线内油箱上部空间的氧浓度始终控制在 12% 以内。机载制氮系统性能与飞机剖面、引气温度和压力、空气分离器性能密切相关。

机载制氮系统设计性能分析包括：

（1）在飞行包线内分析氮气量需求和分析；

（2）空气分离装置性能分析（不同压差、温度下）；

（3）飞行包线内流量控制技术分析；

（4）空气分离器数量和尺寸分析。

由于民用飞机巡航时间较长，油箱内空气处于平衡状态，可充分利用巡航时段保证空气分离效率，将大量高纯度氮气充入油箱，显著提高油箱上方空间氮气浓度，为下降时氮气浓度下降留出足够裕度。巡航工作时间决定了惰化系统构型的大小。

工程计算氮气量可为系统设计提供初步数据。系统的整体性能可采用系统控制模拟仿真技术、实验室实验和机上实验进行最终验证。

7. 氮气分配系统设计性能分析

确保氮气合理分布，保证满足浓度要求是氮气分配系统性能设计目标。它主要包括地面和巡航状态下的氧气浓度分布分析，以及整个飞行包线内油箱上部空间氧浓度变化规律，具体有：

（1）燃油箱内各气体流场分析；

（2）飞行包线内油箱内氧气浓度影响因素分析，如液面变化、油箱通气形式等；

（3）油箱内结构、管路尺寸、喷嘴/限流孔构型和位置等对油箱内氧气分布的影响分析；

（4）巡航状态富氮气体充入燃油箱时的流场分布分析。

可通过工程计算模型进行初步分析和计算，合理分配充气口，使得氮气浓度均匀分布，最终通过实验来确认燃油箱惰化技术设计方案和技术参数。

6.6　燃油惰化系统工程设计软件简介

"多隔舱油箱惰化需求及气体流场仿真软件"是一款作者研究团队开发的、专为航空研究所设计、主要用于民（军）用飞机进行燃油箱惰化系统计算与设计的工程软件。该软件可工作于 Windows XP、Windows7 和 Windows10 平台，提供友好的图形化人机交互界面，软件功能简单实用，便于用户利用该软件完成相关机型飞机燃油箱惰化系统的设计计算任务。

1. 模块构成

软件由以下模块构成。

（1）单舱冲洗计算模块：将燃油箱简化为一个整体，分析其在地面惰化情况下所需的富氮气体流量。

①计算中不考虑阀门的作用；

②计算中不考虑膜组件对富氮气体浓度的影响，认为惰性气体浓度恒定；

③计算的主要目的是在设计前初步获取一定容积燃油箱所需的富氮气体流量，为膜组件的选取提供基本数据及要求。

（2）多舱冲洗计算模块：该模块可以根据所设定的飞行包线、阀门和管道参数以及膜特性等对每个隔舱的平均氧浓度进行计算。

①计算中认为每个隔舱中的氧浓度是相同的，即为该隔舱的平均氧浓度；

②计算中考虑了气体通过阀门和孔口的阻力；

③计算可输出油箱中每个隔舱的氧浓度分布；

④计算可获得平均氧浓度和平均压力随时间的变化关系。

（3）飞线设计模块。

①可定义飞行时间和高度的关系；

②可定义飞行时间和燃油消耗率的关系；

③可定义飞行时间和引气压力的关系；

④可定义飞行时间和阀门开启的逻辑关系。

（4）阀门管道设置模块。

①可定义隔舱之间连通关系；

②可定义管道与隔舱之间连通关系；

③可定义压差控制阀门的开启与关闭要求；

④可定义阀门孔口管道的尺寸。

（5）分离膜设置模块。

通过实验数据拟合得到惰性气体浓度与进气压力和产品气流量的关系，然后软件中可输入相应的系数。

（6）常用工具模块。

可方便地查询燃油物性、惰性气体物性和高度气压特性等参数。

2. 部分模块简介

1）单舱冲洗计算模块

图 6.41 为单舱冲洗计算模块界面。从该界面中可以看出，该模块分为设计计算、校核计算两种计算模式。所谓设计计算是通过设定惰化结束时油箱所希望达到的氧浓度来求解所需的惰性气体流量；而校核计算则是设定惰化时所采用的恒定富氮气体流量，计算惰化结束时油箱气相空间可达到的氧气浓度。

该模块共有 10 个参数窗口需要输入或者选择，具体如下。

（1）燃油类型：选择相应的燃油。软件已经定义十余种常用的燃油可供选择。

（2）油箱体积：输入计算的油箱容积。

（3）油箱温度：输入满足燃油物性库中对应的温度范围。

（4）初始载油率：初始载油率必须小于 100%，否则将导致计算出错。

（5）初始气相氧含量：可任意设置，但是不能低于惰化终了浓度，且输入为体积浓度。

（6）惰性气体氧浓度：可任意设置，但是不能高于惰化终了浓度。

（7）惰化时间：可任意设置。

（8）计算间隔：对于单舱计算，计算间隔不会对计算结果产生极大影响，建议小于 5s，一般可设置为 1s。

（9）惰性气体流量（校核计算时可输入）：可任意设置，但是建议大于 0，当实际冲洗流量为 0 时，也建议输入一个极小值。

（10）惰化结束氧浓度（设计计算时可输入）：可设置在"初始气相氧含量"和"惰性气体氧浓度"之间的任意值。

该模块还有两个特性选择框可供选择，用于比较氧氮逸出和不逸出对惰化过程的影响。

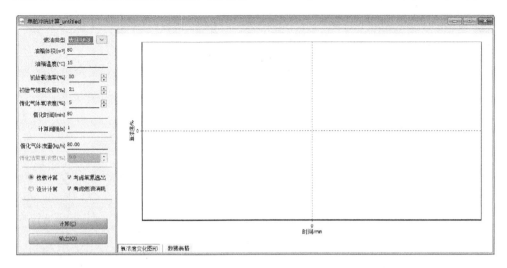

图 6.41　单舱冲洗计算模块界面

模块输出结果为详细数据表和图片，如图 6.42 和图 6.43 所示，可方便用户提取与保存。

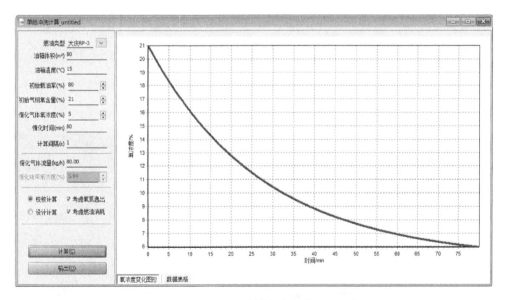

图 6.42　单舱冲洗计算模块输出结果（图片）

2）多舱冲洗计算模块

该模块输入界面仅需输入或选择七个参数，其输入或选择要求与单舱相同，具体如图 6.44 所示。

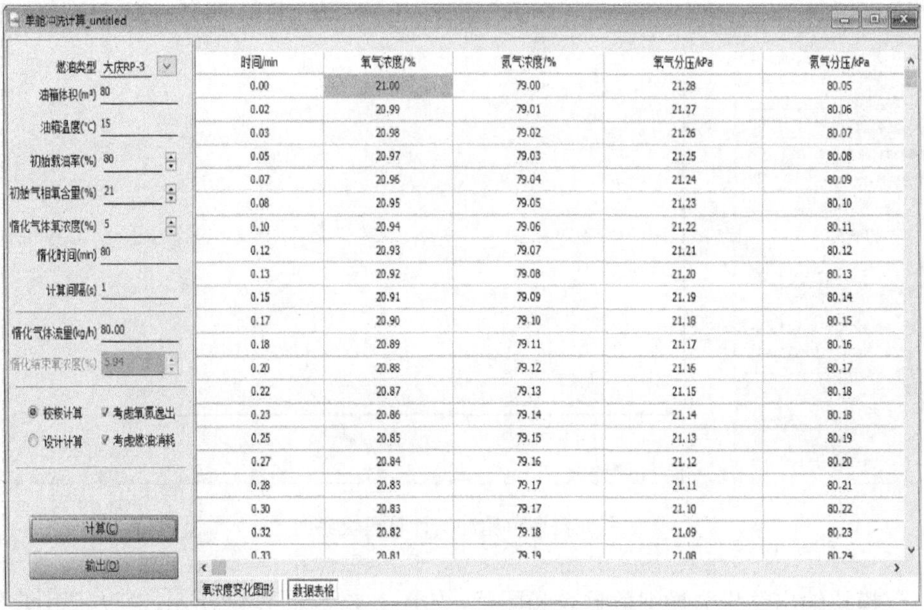

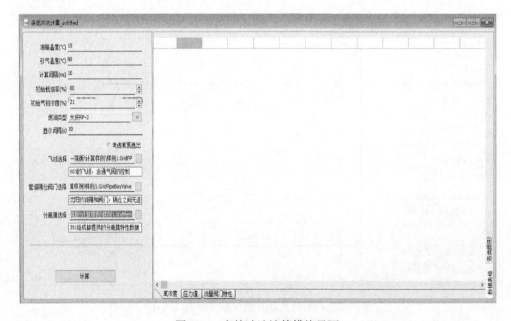

图 6.43　单舱冲洗计算模块输出结果（数据表）

图 6.44　多舱冲洗计算模块界面

　　模块中的飞线选择可用于选择已预设的、用于多舱冲洗计算的飞线；管道隔舱阀门选择可用于设置管道上限流孔尺寸、隔舱的数量和容积、各个阀门的压差和通径等参数；分离膜选择则用于设置不同分离膜性能公式的系数。

该模块输出结果为详细数据表和图片，如图 6.45～图 6.51 所示。

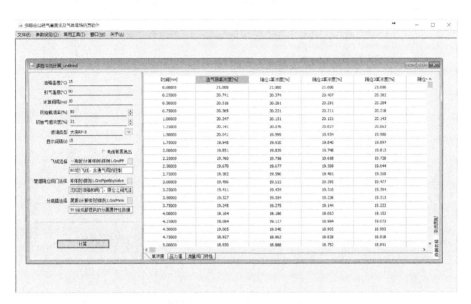

图 6.45　多舱冲洗计算模块输出结果（各隔舱氧浓度，数据表型）

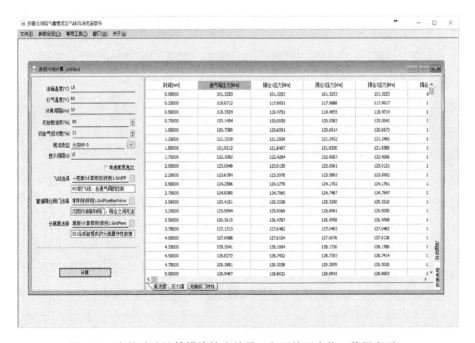

图 6.46　多舱冲洗计算模块输出结果（各隔舱压力值，数据表型）

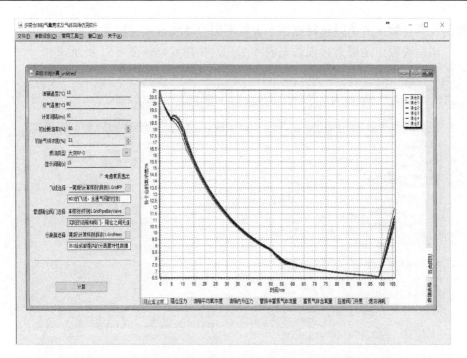

图 6.47　多舱冲洗计算模块输出结果（各隔舱氧浓度，图片型）

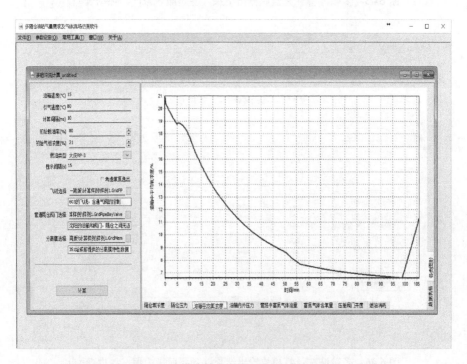

图 6.48　多舱冲洗计算模块输出结果（隔舱平均氧浓度，图片型）

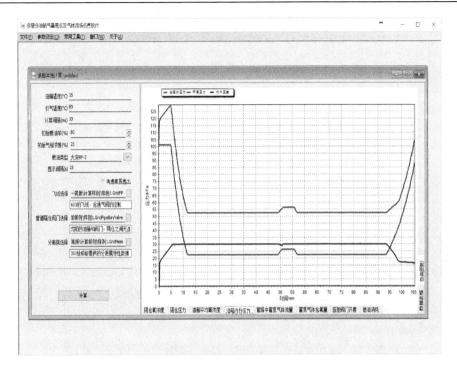

图 6.49　多舱冲洗计算模块输出结果（油箱内外压力值，图片型）

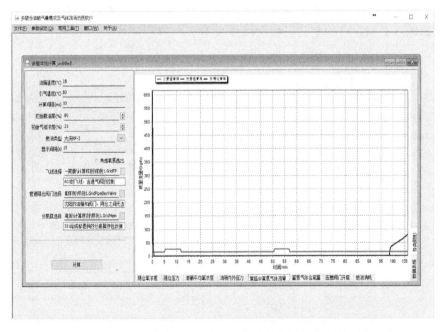

图 6.50　多舱冲洗计算模块输出结果（管路中富氮气体流量，图片型）

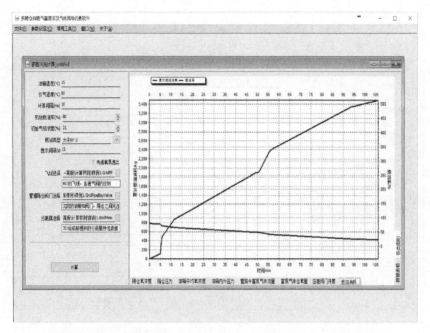

图 6.51　多舱冲洗计算模块输出结果（燃油消耗量，图片型）

3）参数设置模块

如图 6.52 所示，飞线设置主要分为两部分：界面上部是输入表格；界面下部是根据输入数据实时绘制的三幅飞线参数图形。

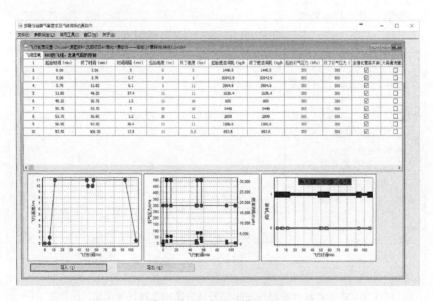

图 6.52　飞线设置模块界面

图 6.53 为管道阀门设置模块界面。这部分参数设置是多隔舱计算中最重要的部分，它将直接影响计算结果。界面由左侧的输入表格和右侧的油箱示意图组成，其中表格包含阀门参数设置、惰化管路参数设置和连通管路及隔舱设置等内容。

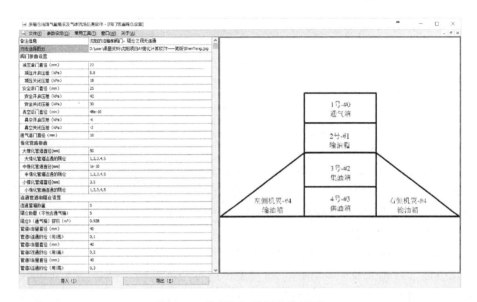

图 6.53　管道阀门设置模块界面

第7章　惰化流场数值模拟技术

惰化系统设计成功与否，可以通过实验或数值仿真模拟来进行验证，为此，本章就惰化流场的数值仿真模拟技术进行介绍。

7.1　惰化流场数值模拟基本过程

燃油箱惰化流场的数值模拟就是利用计算流体力学（CFD）的方法，以高性能计算机为计算的物理载体，数值求解富氮气体在气相空间中扩散、运动所要满足的各种守恒型的控制方程和扩散方程，其中涉及流体力学、计算方法以及计算机图形处理技术等内容。

燃油箱惰化流场数值模拟的基本过程如图 7.1 所示，该过程通常包含如下几个环节：建立反映问题的几何模型、进行空间离散（网格生成）、建立数学模型、进行方程的离散、数值算法求解以及结果的后处理（计算结果的可视化）等。

1. 前处理过程

在前处理过程中，应首先根据燃油箱的实物或工程模型特点进行必要的简化，然后利用曲面造型技术进行物理建模，最后对几何模型进行空间离散，得到数值模拟所用的计算网格。其中，模型的简化是前处理过程中必要的一个环节，这是因为工程模型或者实物具有较多的结构特征，给网格生成和计算带来较大的困难；网格生成是前处理过程中最重要的一个环节，具有一定的技术难度，网格生成质量的好坏不仅直接决定了计算的精度，甚至决定了数值计算的成败。

2. 惰化流场数学模型建立

该过程主要是建立反映惰化流场中各物理量的微分方程及确定相应的定解条件，对所研究的惰化问题进行数学描述，这是数值仿真的出发点。对于富氮气体在燃油箱气相空间中的扩散流动问题，通常是按照不可压缩多组分黏性流体流动的控制方程和扩散方程求解。由于扩散过程基本为湍流流动，所以要结合湍流模型才能构成问题的完整描述。

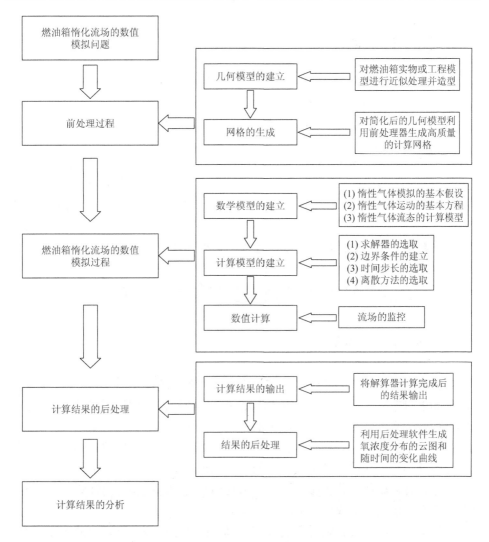

图 7.1　燃油箱惰化流场数值模拟的基本过程

　　数学模型建立以后需要解决的问题是寻求高效率、高准确度的计算方法。计算方法主要包括数学方程的离散化、求解方法以及边界条件的处理。具体来讲，由于惰化流场的数学模型中各微分方程相互耦合，具有高度非线性的特点，目前只能利用数值方法进行求解，即对惰化流场的数学模型利用高精度格式进行方程离散，常用的离散形式有：有限体积法、有限差分法和有限元法。通过方程的离散，使难以求解的非线性微分方程变成容易求解的代数方程，然后采用合适的时间推进技术求解这些代数方程，即可获得流场的离散分布，从而达到惰化流场数值模拟的目的。

3. 计算结果后处理过程

计算结果后处理过程即计算结果的可视化过程。CFD 的后处理技术就是应用计算机图形学等技术，将所求的结果形象地表达出来，这也是 CFD 技术应用的必要组成部分。因为通过计算程序得到的计算结果是微分方程守恒变量在各个网格节点（格点格式）或网格形心（格心格式）的数值，这样的结果不直观，所以需要将求解结果如速度场、浓度场或温度场等通过可视化过程表示出来。通过可视化的后处理，不仅能显示静态的图片，而且能显示动画效果，将单调繁杂的数值求解结果形象直观地表示出来，便于问题的分析和惰化系统的优化设计。

燃油箱惰化流场数值模拟可以作为完善与校核惰化系统设计的重要手段。

7.2　惰化流场数值模拟方法研究

7.2.1　惰化流场数学模型

富氮气体在燃油箱的冲洗惰化过程中，气体流动遵循质量守恒方程、动量守恒方程和能量守恒方程，即运动规律满足 Navier-Stokes 方程组所描述的流体力学基本方程组。富氮气体在气相空间中的冲洗扩散包括两方面：一是以分子布朗运动形成的分子扩散，即富氮气体与气相空间中的气体通过无规则热运动进行混合，此时存在流体组分传输；二是气相空间流体湍流运动形成的紊动扩散。因此，在对燃油箱惰化问题的数值模拟中，需要为这两种过程选择相应的计算模型，即组分传输模型和湍流计算模型。

对富氮气体的冲洗扩散过程进行完全真实的数学模拟具有较大的难度，为了便于数值模拟工作的开展，可忽略影响氮气、氧气浓度分布的次要因素，为此，整个模拟过程将遵循如下基本假设：

（1）富氮气体与燃油箱气相空间中的气体均视为理想气体，气体满足理想气体状态方程；

（2）整个过程中油箱温度保持不变，并与外界无热量交换，且气体和燃油温度相同；

（3）燃油箱上部空间气体只包含氧、氮两种成分，满足气体分压定律，忽略燃油蒸气的影响。

富氮气体在燃油箱气相空间内的冲洗扩散过程是无化学反应的单相多组分扩散过程，同时满足流体运动的 Navier-Stokes 方程组（在此称 Navier-Stokes 方程组为基本控制方程）。因此在燃油箱惰化过程中需要数值求解的数学模型应是由质量守恒方程、动量守恒方程、能量守恒方程、组分扩散输运方程以及针对气相空间富氮气体湍流运动而选择的湍流模型方程所组成的封闭方程组。

1. 基本控制方程组

基本控制方程组包括质量守恒方程（又称连续方程）、动量守恒方程和能量守恒方程。

一般意义下，微分形式的质量守恒方程为

$$\frac{\partial \rho}{\partial t} + \frac{\partial (\rho u_j)}{\partial x_j} = 0 \qquad (7\text{-}1\text{a})$$

式中，ρ 为密度；u_j 是速度分量。

由于富氮气体惰化过程气体的流动可视为流体不可压缩，因此式（7-1a）中的密度为常数，式（7-1a）可简化为

$$\frac{\partial u}{\partial x} + \frac{\partial v}{\partial y} + \frac{\partial w}{\partial z} = 0 \qquad (7\text{-}1\text{b})$$

或

$$\frac{\partial u_i}{\partial x_i} = 0$$

微分形式的动量守恒方程为

$$\frac{\partial (u_i)}{\partial t} + \frac{\partial (u_i u_j)}{\partial x_j} = -\frac{1}{\rho} \frac{\partial p}{\partial x_i} + \frac{\partial}{\partial x_j}\left(v \frac{\partial u_i}{\partial x_j} \right) + \frac{\partial}{\partial x_j}\left(v \frac{\partial u_j}{\partial x_i} \right) + f_i \qquad (7\text{-}2\text{a})$$

式中，u_i 是速度分量；p 为压力；v 为气体的运动学黏度；f_i 为单位质量的体积力。

由于富氮气体的体积力较小，并且富氮气体在油箱气相空间扩散过程中受体积力的影响较小，因此可取 $f_i = 0$，从而式（7-2a）简化为

$$\frac{\partial (u_i)}{\partial t} + \frac{\partial (u_i u_j)}{\partial x_j} = -\frac{1}{\rho} \frac{\partial p}{\partial x_i} + \frac{\partial}{\partial x_j}\left(v \frac{\partial u_i}{\partial x_j} \right) + \frac{\partial}{\partial x_j}\left(v \frac{\partial u_j}{\partial x_i} \right) \qquad (7\text{-}2\text{b})$$

微分形式的能量方程为

$$\frac{\partial (\rho T)}{\partial t} + \frac{\partial}{\partial x_j}\left(\rho u_j T \right) = \frac{\partial}{\partial x_j}\left(\frac{k}{c_p} \frac{\partial T}{\partial x_j} \right) + S_T \qquad (7\text{-}3)$$

式中，T 是温度；k 是气体的热传导系数；c_p 为比定压热容；S_T 为热项。

能量方程是流体运动所遵守的基本控制方程，但对于所研究的燃油箱惰化流场模拟问题，温度梯度变化很小，可不考虑温度对扩散的影响，因此研究中将不考虑能量守恒方程的求解。

2. 组分扩散方程

富氮气体充入燃油箱的气相空间中，与气相空间中的气体组分混合、扩散，因此惰化过程还要遵守组分守恒定律，满足组分输运方程。组分输运方程通过第 i 种物质的对流扩散方程来预估每种物质的质量分数 Y_i。组分输运方程采用以下的通用形式：

$$\frac{\partial}{\partial t}(\rho Y_i) + \nabla \cdot (\rho V Y_i) = -\nabla \cdot J_i + R_i + S_i \tag{7-4}$$

式中，Y_i 是第 i 种组分的质量分数；R_i 是第 i 种组分由于化学反应的净生成率；J_i 是第 i 种组分的扩散通量；S_i 是第 i 种组分离散相及由用户自定义的源项导致的额外产生速率。

将 $N-1$（N 为混合组分的物质总数，此处除去混合气体中的氮气）种组分分别代入该方程可以得到 $N-1$ 个方程。$N-1$ 个未知数，$N-1$ 个方程，因此方程是可以求解计算的。由于质量分数的和必须为 1，计算第 N 种物质的分数可以通过 1 减去 $N-1$ 个已解得的质量分数得到。为了使数值误差最小，第 N 种物质必须选择质量分数最大的物质，如空气中的氮气。

在式（7-4）中，气体流动的流态不同，则扩散通量 J_i 不同。若流态为层流，则 J_i 有物质浓度梯度产生，可以表示为

$$J_i = -\rho D_{i,m} \nabla Y_i \tag{7-5}$$

式中，$D_{i,m}$ 为混合物中第 i 种组分的扩散系数。若流态为湍流，则 J_i 有物质浓度梯度产生，并考虑湍流的影响，可以表示为

$$J_i = -\left(\rho D_{i,m} + \frac{\mu_t}{Sc_t}\right) \nabla Y_i \tag{7-6}$$

式中，Sc_t 为湍流的施密特数，可取为常数 0.7；μ_t 为湍流黏度，其值通过求解湍流模型方程得到；$D_{i,m}$ 仍然为混合物中第 i 种组分的扩散系数。

对于惰化流场的数值模拟问题，仅考虑由氮气和氧气组成的混合气体，即 $N=2$，且不存在燃烧、爆炸等化学反应，即 $R_i=0$；同时，在初步的研究中可暂不考虑燃油中溶解氧的析出，则 $S_i=0$。因此，式（7-4）可以简化为

$$\frac{\partial}{\partial t}(\rho Y_{O_2}) + \nabla \cdot (\rho V Y_{O_2}) = -\nabla \cdot J_{O_2}$$

3. 湍流模型方程

湍流是一种与时空相关的运动，湍流脉动会引起掺混运输，掺混运输对于流动过程和力的平衡都有着很大的影响。为了考察脉动的影响，一般采用时间平均法，即把湍流运动看做由两个流动叠加而成，一是时间平均流动，二是瞬态脉动流动。

研究中可采用较为通用的标准 k-ε 湍流模型，它是基于湍动能 k 和湍流耗散率 ε 的半经验公式。k 方程是个精确方程，ε 方程是由经验公式导出的方程。湍动能 k 方程和湍动耗散率 ε 方程的输运方程为

$$\frac{\partial(\rho k)}{\partial t} + \frac{\partial(\rho k u_i)}{\partial x_i} = \frac{\partial}{\partial x_j}\left[\left(\mu + \frac{\mu_t}{\sigma_k}\right)\frac{\partial k}{\partial x_j}\right] + G_k + G_b - \rho\varepsilon - Y_M + S_k \qquad (7\text{-}7)$$

$$\frac{\partial(\rho\varepsilon)}{\partial t} + \frac{\partial(\rho\varepsilon u_i)}{\partial x_i} = \frac{\partial}{\partial x_j}\left[\left(\mu + \frac{\mu_t}{\sigma_\phi}\right)\frac{\partial \varepsilon}{\partial x_j}\right] + C_{1\varepsilon}\frac{\varepsilon}{k}(G_k + G_{3\varepsilon}G_b) - G_{2\varepsilon}\rho\frac{\varepsilon^2}{k} + S_\varepsilon \qquad (7\text{-}8)$$

式中，μ 为动力黏性系数；μ_t 为湍流黏性系数；G_k 为由平均速度梯度引起的湍动能 k 的产生项，且有 $G_k = \mu_t S^2$，其中 $S = \sqrt{2S_{ij}S_{ij}}$，$S_{ij} = \frac{1}{2}\left(\frac{\partial u_i}{\partial x_j} + \frac{\partial u_j}{\partial x_i}\right)$。

通过求解以上方程得到 k 和 ε，利用式（7-9）得到湍流黏性系数为

$$\mu_t = \rho C_\mu \frac{k^2}{\varepsilon} \qquad (7\text{-}9)$$

由于惰化流场数值模拟问题为不可压缩流动仿真问题，因此式（7-7）、式（7-8）中由浮力引起的湍动能 k 的产生项 G_b、与浮力相关的系数 $G_{3\varepsilon}$、在可压缩湍流中过度耗散产生的波动 Y_M 以及用户自定义的源项 S_k 和 S_ε 均为 0。

7.2.2　惰化流场数值模拟方法

数值计算软件可选用 FLUENT。FLUENT 软件是目前国际上较为流行通用的、以工程应用和设计为主要应用背景的商业计算流体软件。该软件在计算速度、稳定性和精度等方面均能达到满足工程需要的模拟效果。该软件内含有很多求解模块和数学模型，既可以计算包括单相流、多相流、单一组分、多组分的流体流动

问题，又可以计算包含不同物质间的传热和化学反应的流动问题。在实际应用时，研究者需要针对所研究流动的物理特点，通过研究具体流场的特性并设置相应的边界条件，选择适用的某一求解模块和数值解法来进行求解。另外，FLUENT 软件是用 C 语言编写的，它充分利用了 C 语言的动态内存分配和高效率等特点，并且可以插入用 C 语言编写的用户自定义函数来加入新的边界条件、源项和物性等，拓宽了其应用领域。

FLUENT 软件包括两种数值解算器：一种是压力与速度分离求解的解算器，主要应用在不可压缩体和低马赫数流动的情况；另外一种是压力与速度耦合解算器，主要应用在高马赫数可压缩流体流动问题和含浮力和旋转的流动问题。这两种解算器都能求解积分控制方程，包括质量守恒方程、动量守恒方程、能量守恒方程和湍流方程，所用方法为有限体积法。分离式求解器和耦合式求解器的区别在于，连续性方程、动量方程、能量方程及组分方程求解步骤不同，分离式求解器是按顺序求解，耦合式求解器是方程组的联立耦合求解。根据时间推进格式的不同，FLUENT 数值算法可以组合三种不同的求解格式：分离求解格式、隐式耦合求解格式和显式耦合求解格式。两种解法都是最后解附加的标量方程（如湍流或辐射）。隐式解法和显式解法的区别在于线化耦合方程中时间推进方式不同。

1. 数值格式的确定

FLUENT 软件主要使用有限体积法（finite volume method，FVM）进行离散，在利用有限体积方法建立离散方程时，关键是将控制体积界面上的物理量及其导数通过节点物理量插值求出。不同的插值方式，离散的结果也不一样，通常称插值方式为离散格式，常见的离散格式有中心差分格式、一阶迎风格式、指数（power-law）格式、二阶迎风格式、QUICK 格式和三阶 MUSCL 格式等。表 7.1 给出了常见离散格式的性能对比。

表 7.1 常用离散格式及性能对比

离散格式	稳定性	计算精度与适用范围
中心差分	条件稳定	一阶精度，对网格质量特别是正交性要求较高
一阶迎风	绝对稳定	一阶精度，需要较密的计算网格
二阶迎风	绝对稳定	二阶精度，但存在假扩散现象，收敛较慢
指数	绝对稳定	一阶精度，主要适用于无源项的对流扩散问题
QUICK	条件稳定	二阶精度，要求网格为四边形或六面体
三阶 MUSCL	条件稳定	三阶精度，主要用于高速特别是超声速流动

从表 7.1 可以看出，一阶迎风格式具有较高的稳定性，同时只要保证一定的计算网格的规模也可以取得较高的计算精度，因此本书推荐选用一阶迎风格式。

表 7.2 给出了本书研究中各项离散格式的设置情况。

表 7.2　通量计算时离散格式设置

压力	动量	湍流动量	湍流扩散率	能量
标准	一阶迎风	一阶迎风	一阶迎风	一阶迎风

2. 速度压力耦合数值算法的确定

常用的速度压力耦合数值解法有 SIMPLE 算法和 PISO 算法。

SIMPLE 算法的核心是在交错网格上利用连续方程和动量方程构造一个近似的压力修正方程来计算压力场并校正速度。SIMPLE 算法在解决许多实际问题中发挥了很大的作用。但 SIMPLE 算法的收敛速度较慢，这是因为在 SIMPLE 算法中，压力修正方程引入了过多的近似，并且必须引入亚松弛作为迭代过程的基本做法。为了克服 SIMPLE 算法的弱点，SIMPLE 算法的一些改进型相继出现，如 SIMPLER、SIMPLEC、SIMPLEST 等。在 SIMPLER 算法中，没有引入近似的压力方程来求解压力场，而是保留了压力修正方程来修正速度。SIMPLER 算法的收敛性较 SIMPLE 有很大的改进，但增加了更多的计算量。而 SIMPLEC 算法使速度场的改进进程与压力场的改进进程同步进行。

SIMPLE 系列算法通用性强，能保证速度调节趋势的正确性，但经常造成速度和压力修正的不同步，其收敛速度较慢。

PISO（pressure implicit split operator）算法是 SIMPLE 算法的改进型，主要用于非稳态可压缩或不可压缩流体流场中求解压力速度耦合关系。该算法主要是针对 SIMPLE 系列算法中动量方程和质量连续性方程修正不同步问题而提出的，其主要思路是在 SIMPLE 算法中压力修正步过程后，再增加一速度修正步，以求迭代方程在显式满足质量守恒的同时，也隐式满足动量守恒方程。

基于 PISO 算法在计算不可压缩流场模拟中的优势，作者在燃油箱惰化流场的数值模拟技术过程中，压力和速度的耦合数值模拟算法采用了 PISO 算法。

3. 边界条件的确定

在燃油箱惰化流场中存在三类边界条件：固体壁面边界条件、速度入口边界条件和压力出口边界条件。

1）固体壁面边界条件

在燃油箱的固体壁面，采用无速度滑移和无质量渗透条件，也就是假定相对于固体壁面的气流切向分速度和法向分速度为 0。湍流模型中 k 方程的固体边界条件为

$$\frac{\partial k}{\partial y} = 0 \qquad\qquad (7\text{-}10)$$

ε 方程的边界条件为给定第一个内节点上的值，计算式为

$$\varepsilon_w = C_\mu^{3/4} k_p^{3/2} / (ky_p) \qquad\qquad (7\text{-}11)$$

式中，C_μ、k 为常数；k_p 为湍流动能；y_p 为 p 点壁面的距离。

2）速度入口边界条件

速度入口主要用在富氮气体喷口处的入口边界上，在该边界上给定富氮气体的入流速度，入流速度通过富氮气体的体积流量和喷口的面积确定。速度入口边界条件的设定方法可以设置速度的大小和方向，也可以按速度分量输入。在速度入口边界条件中需要设定富氮气体中氧气的质量分数。若富氮气体中氧气的体积分数为 F_{vO_2}，则按式（7-12）确定富氮气体中氧气的质量分数：

$$F_{mO_2} = \frac{32F_{vO_2}}{32F_{vO_2} + 28(1 - F_{vO_2})} \qquad\qquad (7\text{-}12)$$

如果速度入口氧气的质量分数是随时间变化的，则需要根据实际情况利用 C 语言编程规则编写氧气质量分数随时间变化的 UDF 程序，并在程序的初始化之前进行编译。

3）压力出口边界条件

在燃油箱惰化流场的数值模拟中，气相空间中气体通气管路的通风口采用压力出口边界条件，压力出口边界条件的压力值设定为通气油箱的压力。若通气油箱的压力是随时间变化的，如飞机爬升和降落阶段，则需要根据实际情况，利用飞行包线，根据大气压力随海拔的变化规律，通过 C 语言编写压力随时间变化的 UDF 程序，并在程序的初始化之前进行编译。

若计算过程中，燃油箱的压力小于环境大气压力，此时通气油箱中的气体会回流到中央翼油箱，因此此时需要设定回流中氧气的质量分数。

4. 时间步长的设定

因为在富氮气体惰化过程中的每一时刻，氧气的浓度场和速度场随时间

的推进而变化，因此该过程为非定常过程。在非定常计算中，物理时间步长参数的选取是非常重要的。对于隐式非定常格式，原则上，每个时间步长内必须保证结果收敛。为此，可设 $\mathrm{Vol_{min}}$ 流场计算网格中体积的最小值，$l_{\min}$ 为网格的最小边的长度，V_{inlet} 为富氮气体的进口速度，则惰化流场计算的时间步长为

$$t_{\mathrm{step}} = \min\left(\frac{\sqrt[3]{\mathrm{Vol_{min}}}}{V_{\mathrm{inlet}}}, \frac{l_{\min}}{V_{\mathrm{inlet}}}\right) \tag{7-13}$$

7.2.3　模型简化与网格生成方法

1. 模型简化

由于燃油箱的工程模型或实物三维外形包含了大量的结构特征，结构十分复杂，因此在不改变燃油箱基本结构的前提下，必须对工程模型进行必要的简化，然后利用曲面造型技术进行物理建模。模型简化的基本原则为：

（1）删除油箱中的钻孔、螺纹孔、螺帽等特征；

（2）对部分小凸起或小凹陷特征进行删除或填充；

（3）通气管路通气口和富氮气体的喷口简化为壁面的进气口和出气口；

（4）删除圆角和倒角特征；

（5）对小薄壁特征进行删除或加厚，对小缝隙进行填充；

（6）将较小面积的表面与相邻较大面积的表面进行合并处理。

2. 计算网格的生成

对流场进行数值计算，首先对计算流场进行离散，即网格生成。网格根据自身拓扑关系可以分为结构网格和非结构网格两大类型。

结构网格节点、单元的存储和编号总是可以用一个有序 $i \times j \times k$ 阵列表示，网格形状为完全的六面体。在结构网格中，每个内部节点都被相同数目的单元所包含，按照一定规则对结构网格的节点进行编号，节点之间的相邻关系可隐式表示于节点编号之中，这一特性使得采用结构网格的数值求解程序在存储利用和时间效率上都有优势。结构网格的另一优势是容易控制网格的总体规模。

非结构网格包括四面体、金字塔、棱柱等非结构形状。非结构网格舍去了网格节点的结构性限制，易于控制网格单元的大小、形状及网格点的位置，并且它对复杂外形的高度适体性是其他任何计算网格所无法比拟的。对于非结构网格计算方法，大量计算资源的耗费已成为限制其广泛应用的最大瓶颈。由于非结构网

格自身拓扑结构的无序性，往往比结构网格需要更多的计算机内存与 CPU 时间。非结构网格的缺陷是在网格生成之前很难确定网格的整体规模。

与非结构网格相比，结构网格的一大优势是计算精度高、计算结果可靠。为了降低网格质量对计算结果的影响，在作者的研究中采用了计算结果更为可靠的结构网格，选用的网格生成软件为 ICEM CFD 10.0。

7.3　惰化流场数值模拟方法的验证

为了验证惰化流场数值模拟方法的可靠性，本书对 B747 中央翼多舱燃油箱惰化流场进行了仿真验证，以此检验上述计算方法在多舱燃油箱仿真中的适用性。

1. B747 中央翼油箱模型及其简化

全尺寸 B747 中央翼油箱长约 6.15m，宽 6.48m，高 1.22～1.98m，如图 7.2 和图 7.3 所示。图 7.3 所示为 FAA 实验用油箱通气管路在隔舱内的平面布局形式。油箱内部隔为六个隔舱，其中两个为机身的宽度，其余四个由两个机身宽度的隔舱采用隔板居中分割形成，此外在两个机身宽度的隔舱和油箱壁面之间存在一个干燥的空隔舱。各隔舱之间通过隔板的底部和顶部的空洞相通。中央翼油箱采用两条通气管路与翼尖通气油箱相连接形成了两个与外界相通的通道，一个通道从隔舱 3 和隔舱 4 的顶部通过，另外一个通道从隔舱 5 和隔舱 6 的顶部通过，在垂直通道方向，连接铝制的管道，分别位于油箱内侧壁面附近，这种管路相互垂直布置方式有利于飞机处于爬升和俯冲等各种飞行姿态时油箱内外压差的平衡。

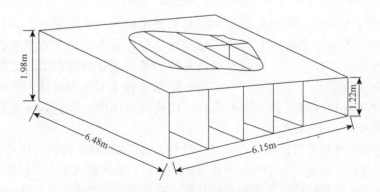

图 7.2　全尺寸 B747 中央翼油箱等轴测视图

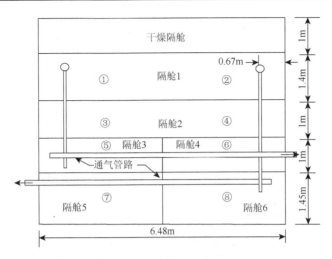

图 7.3　B747 中央翼油箱顶视图

根据图 7.2 和图 7.3，利用 SolidWorks 对 B747 进行了几何建模，采用图 7.3 相同的气流分配模式，并将管路的通气形式简化为油箱壁面和内部隔舱壁面的进、出气口条件，简化后的模型如图 7.4 所示.

图 7.4　B747 中央翼燃油箱多舱计算模型

2. B747 中央翼油箱的网格生成

由于 B747 中央翼多舱燃油箱的结构非常复杂，用单一的结构网格很难生成整个流场的计算网格。为此，在设计网格生成的方案时，可采用了对接分块结构，这样既保证了网格质量又控制了网格的整体规模。分块网格（block structured mesh）通常的做法是：将流场划分为多个块，即将流场分解为子计算域（子块，block）；随后在每个子计算域上生成结构网格；最终合并子块网格为整体网格。

前处理软件选用 ICEM CFD 10.0 网格生成软件，ICEM CFD 在网格设计中采用了先进的拓扑结构网格到几何模型映射的方法，其思路科学，即首先根据外形轮廓的基本特点进行拓扑分块（blog），然后在拓扑分块和几何模型建立一一对应的映射关系，生成整个流场的计算网格。

根据 B747 油箱整体结构轮廓的特点，如图 7.5 所示，首先利用 ICEM CFD 10.0 在 I、J、K 方向分别设计了 12×5×8 个拓扑结构的子计算域，如图 7.6 所示。生成拓扑结构分块后需要将拓扑分块的点、线、面与几何模型（B747 燃油箱）对应的点、线、面之间建立一一对应的关系。一般而言，ICEM CFD 会根据相邻最近的原则和点、线、面的属性（主要是内部或外部）自动在两者之间建立对应关系。但是如果要在子计算域的内部面与几何模型的内部面建立映射对应关系，则必须手动在拓扑面与几何面之间建立对应关系。B747 中央翼油箱内部隔舱所在的面需要以人工干预的方法建立面与面之间的对应关系，如图 7.7 所示。接下来需要对拓扑结构的线进行划分，ICEM CFD 会根据映射关系，生成几何模型的计算网格，最终生成的计算网格如图 7.8～图 7.10 所示。

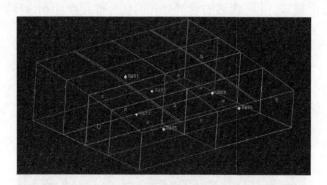

图 7.5　B747 中央翼油箱整体结构轮廓

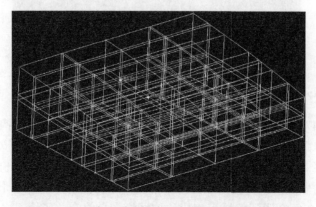

图 7.6　B747 中央翼油箱网格生成时的拓扑结构分块

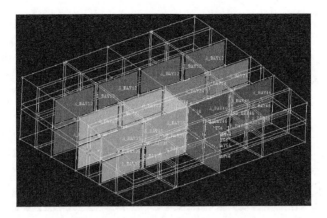

图 7.7　B747 中央翼油箱结构拓扑面与内部隔舱之间的对应

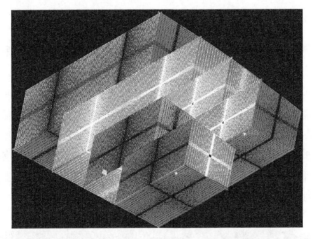

图 7.8　B747 中央翼油箱整体内部隔舱计算网格

图 7.9　B747 中央翼油箱整体计算网格

图 7.10　B747 中央翼油箱进气口局部计算网格

3. 惰化流场的仿真结果

95%的富氮气体通过图 7.10 所示的进气口充入油箱的气相空间，流量为 100m³/h。图 7.11～图 7.13 给出了不同时刻油箱内氧浓度的分布。从图 7.11 中可以看出，在富氮气体开始充入油箱时氧气和氮气在气相空间空气中的扩散过程。在初始阶段，隔舱 3 首先被惰化，其次为隔舱 4。图 7.12 给出了惰化 500s 时氧气浓度的分布。图 7.13 给出了惰化 2400s 时整个流场中氧浓度的分布，此时隔舱 3、隔舱 4、隔舱 5 和隔舱 6 已经惰化完成。由图 7.13 可以看出，在惰化 2400s 时隔舱 5 和隔舱 6 平均氧浓度降为 8%的限定值，而隔舱 3 和隔舱 4 平均氧浓度已降为 6%，隔舱 2 平均氧浓度降为 9%，隔舱 1 平均氧浓度降为 13%。

图 7.11　B747 中央翼多舱油箱惰化过程中氧气浓度的分布（$t = 100s$）

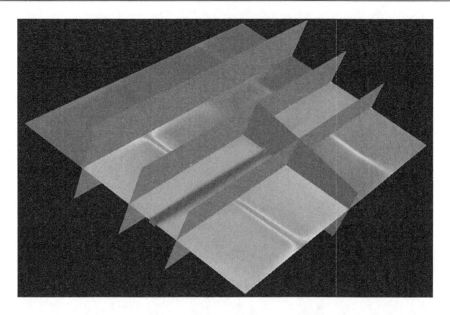

图 7.12　B747 中央翼多舱油箱惰化过程中氧气浓度的分布（$t = 500s$）

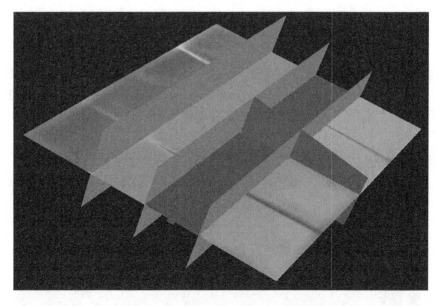

图 7.13　B747 中央翼多舱油箱惰化过程中氧气浓度的分布（$t = 2400s$）

图 7.14 给出了各舱氧浓度随体积置换次数（VTE）的变化规律。图中实线部分为本书的计算结果，虚线部分为文献[78]的实验结果。通过对比可以看出，本书计算结果与文献[78]给出的实验结果吻合较好。

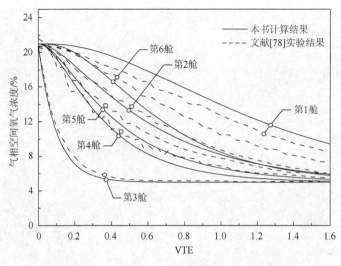

图 7.14　B747 各舱平均氧浓度随 VTE 的变化关系

7.4　数值模拟方法的应用

7.4.1　油箱模型及进气方式

某型飞机油箱数模如图 7.15 所示，它由主体油箱、左侧油箱和右侧油箱三部分组成，每部分又分为若干个隔舱，油箱总容积为 15.3m³，对该油箱数模进行简化可获得图 7.16 所示的油箱结构简图，各隔舱编号亦如图中所示。

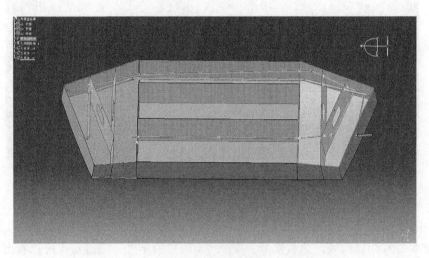

图 7.15　油箱数模

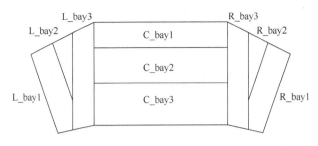

图 7.16　油箱结构及隔舱编号

计算中采用了两组进气方式：均匀进气方式（equal manner）和非均匀进气方式（non-equal manner），分别如图 7.17 和图 7.18 所示。

所谓均匀进气是指根据总流量按各个舱室体积分配富氮气体，若隔舱 i 的体积为 Vol_i，油箱的总体积为 Vol，体积流量为 Q_{NEA}，则其分配公式为

$$Q_{\mathrm{NEA},i} = \frac{\mathrm{Vol}_i}{\mathrm{Vol}} Q_{\mathrm{NEA}} \tag{7-14}$$

图 7.18 所示的非均匀进气是指仅在主体油箱的三个隔舱（C_bay1、C_bay2 和 C_bay3）按式（7-14）分配富氮气体。

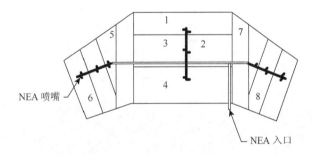

图 7.17　均匀进气方式

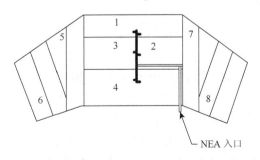

图 7.18　非均匀进气方式

7.4.2　计算网格生成

由于通气管路所占油箱体积比较小,同时油箱的惰化性能主要由富氮气体流量决定,因此在网格设计过程中,将图 7.17 和图 7.18 所示的进气方式简化为壁面的进气口条件和出气口条件,如图 7.19 和图 7.20 所示,并在出气口和进气口设计中充分考虑二者之间的距离对惰化性能的影响。

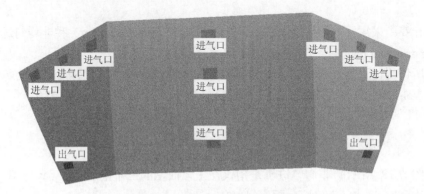

图 7.19　均匀进气方式计算模型

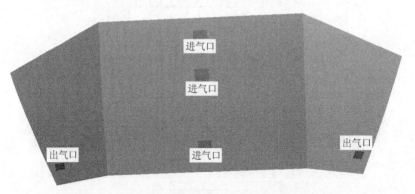

图 7.20　非均匀进气方式计算模型

由于该模型的结构较为复杂,在利用 ICEM CFD 进行网格设计时,对于均匀进气方式,根据外形轮廓共划分了 10×4×21 个拓扑结构的子区域(图 7.21),建立了类似拓扑结构(点、线、面)和几何结构(点、线、面)之间的映射关系。需要说明的是,内部隔舱分割面与相对应的拓扑结构面之间的映射关系需要通过人工干预的方法进行建立。最终生成的计算网格如图 7.22 所示。

在非均匀进气方式的网格设计时,由于与均匀进气方式相比其结构有所简化,共设计了 10×4×13 个拓扑子区域,最终生成的网格如图 7.23 所示。

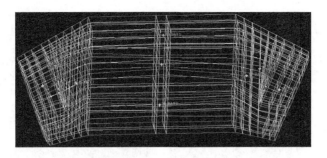

图 7.21　均匀进气方式的拓扑结构分块

图 7.22　均匀进气方式油箱整体计算网格

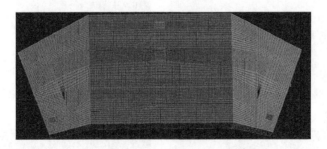

图 7.23　非均匀进气方式油箱整体计算网格

7.4.3　油箱惰化仿真结果与分析

1. 地面惰化的仿真结果与分析

1）油箱内氧浓度分布的仿真结果比较

分别对上述两种不同的进气方式在相同富氮气体条件下进行仿真计算，富氮气体含氮浓度为 95%，流量为 150m³/h，飞机处于地面状态。图 7.24 和图 7.25 分别给出了两种进气方式下惰化过程中氧浓度在不同时刻的分布。从图中可以看出在相近时刻，均匀进气方式所计算的氧浓度值整体高于非均匀进气方式所计算的氧浓度值。

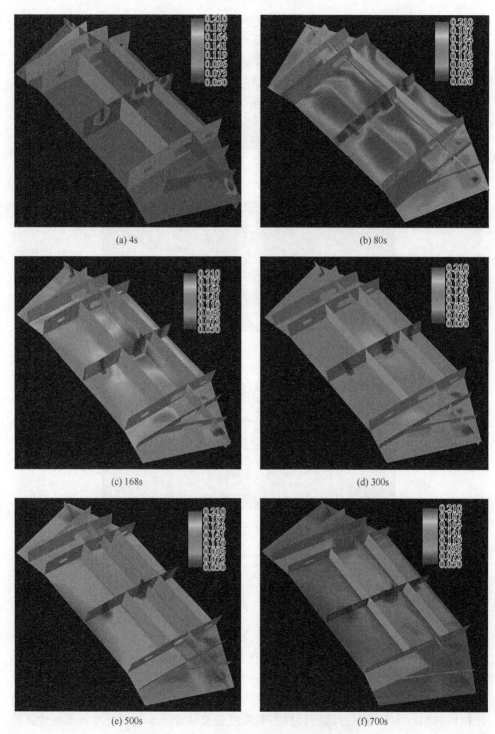

图 7.24　均匀进气惰化过程不同时刻氧浓度分布

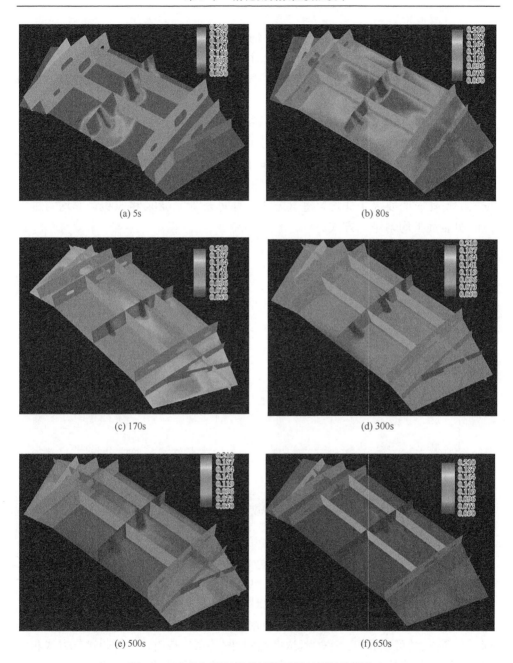

(a) 5s

(b) 80s

(c) 170s

(d) 300s

(e) 500s

(f) 650s

图 7.25　非均匀进气惰化过程不同时刻氧浓度分布

　　图 7.24（f）和图 7.25（f）分别给出了惰化过程完成时氧浓度的分布。从图中可以看出，在惰化完成后（限定值为 8%），各个舱室氧浓度分布基本趋于一致，最高氧浓度值不超过 9%。因此通过对氧浓度分布的定性分析可以得到如下结论：

（1）在惰化过程中任意相同时刻，均匀进气方式所计算氧浓度值整体高于非均匀进气方式，且均匀进气方式的惰化时间高于非均匀进气方式。

（2）无论何种进气方式，在惰化完成后（限定值为8%），各个舱室氧浓度分布基本趋于一致。

2）油箱内平均氧浓度随时间变化规律的比较

根据流场氧浓度的分布，利用加权积分的方法得到各个舱室平均氧浓度。图 7.26 给出了各个舱室平均氧浓度随时间变化规律的计算比较。从图中可以看出，各个舱室均完成惰化，即各个舱室平均氧浓度均低于8%限定值，均匀进气方式的惰化时间要高于非均匀进气方式，时间分别为680s和509s，非均匀进气方式明显优于均匀进气方式。

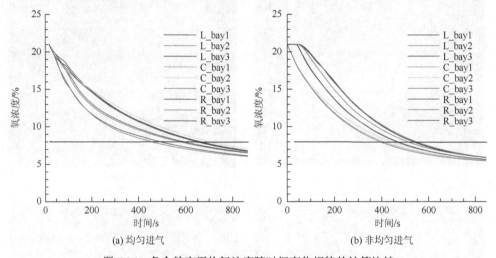

(a) 均匀进气　　　　　　　　　　　　(b) 非均匀进气

图 7.26　各个舱室平均氧浓度随时间变化规律的计算比较

图 7.27 给出了主体（包括 C_bay1、C_bay2 和 C_bay3）、左侧（包括 L_bay1、L_bay2 和 L_bay3）和右侧（包括 R_bay1、R_bay2 和 R_bay3）油箱平均氧浓度随时间变化规律的比较。从图 7.27（b）可以看出，由于左、右两侧网格设计的对称关系，导致左、右两侧油箱氧浓度随时间的变化关系几乎一致。在图 7.27（a）中，由于两侧通气口面积略有不同，导致主体和左、右两侧油箱的惰化时间均不同。从图 7.27 可以看出，平均氧浓度达到 8%的限定值时，非均匀进气方式和均匀进气方式的惰化时间分别为508s和648s。此外，还可以发现非均匀进气方式下主体和左、右两侧油箱惰化完成的时间与各个舱室惰化完成的时间几乎一致，分别是508s和509s；均匀进气方式下主体和左、右两侧油箱惰化完成的时间与各个舱室惰化完成的时间相差较大，分别是648s和680s。这种现象表明，在惰化完成时非均匀进气方式较均匀进气方式浓度场中氧浓度的分布更均匀，此结论对于进

气和通气管路的设计较为重要，且与 FAA 研究所获得的结论一致。

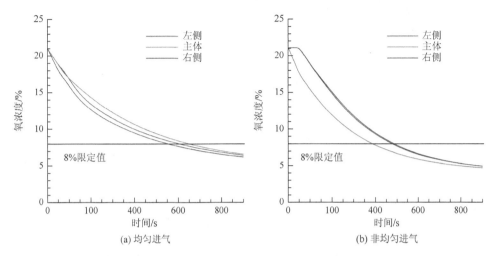

图 7.27　主体和左、右两侧油箱氧浓度随时间变化规律的计算比较

3）油箱惰化富氮气体需求量比较

图 7.28 给出了各个舱室平均氧浓度随体积置换次数变化规律的比较。从图中可以看出，均匀进气方式惰化完成需要油箱总体积 1.9 倍的富氮气体流量，而非均匀进气方式仅需要油箱总体积 1.5 倍的气体流量，节约 21%的气体。

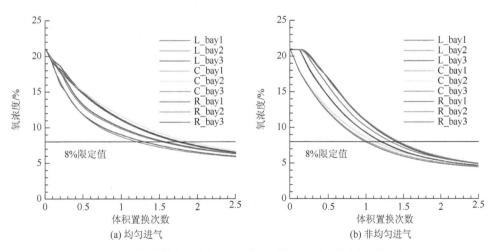

图 7.28　各个舱室平均氧浓度随体积置换次数变化规律的比较

图 7.29 给出了主体和左、右两侧油箱内平均氧浓度随体积置换次数变化规律的比较。从图中可以看出，当平均氧浓度达到限定值 8%时，均匀进气方式需要油

箱总体积 1.8 倍的气体流量，而非均匀进气方式需要 1.4 倍。由此表明非均匀进气方式所需富氮气体较均匀进气方式要少，惰化性能更好。

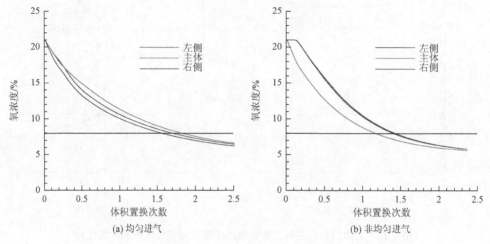

(a) 均匀进气   (b) 非均匀进气

图 7.29　主体和左、右两侧油箱平均氧浓度随体积置换次数变化规律的比较

2. 飞行任务剖面下的仿真结果与分析

从上述仿真计算结果可知，非均匀进气方式明显优于均匀进气方式，因此，在实际系统中将采用非均匀进气方式。这里以图 7.30 所示的飞行任务剖面为例，对整个飞行包线下油箱实际惰化效果进行仿真分析。

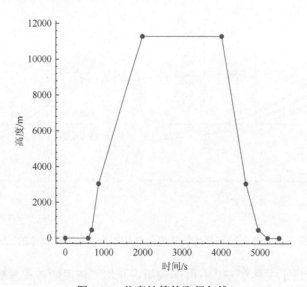

图 7.30　仿真计算的飞行包线

图 7.31 给出了该任务剖面内不同飞行阶段主体油箱流场氧浓度的分布情况。图 7.31（a）、图 7.31（b）分别给出了在滑行段油箱各舱氧浓度的分布。由地面冲洗的仿真结果可知，在 150m³/h 流量下在 509s 时惰化已完成（限定值为 8%），由于任务剖面地面滑行的时间为 600s，因此起飞时刻油箱的氧浓度已在安全指标以内。该结论从图 7.31（c）得到了验证，从图中可以看出在爬升段的 620s，流场氧浓度分布均匀，氧浓度值较低。在巡航阶段，如图 7.31（d）、图 7.31（e）所示，油箱内各舱氧浓度分布更加均匀、氧浓度处于较低的水平。图 7.31（f）给出了下降段油箱氧浓度的分布图。从图中可以看出，由于反压增加的影响，在通气口有空气倒流，导致局部氧浓度增高，但由于此时富氮气体的继续冲洗，氧浓度扩散范围较小，整个流场的氧浓度基本处于低水平分布的状态。

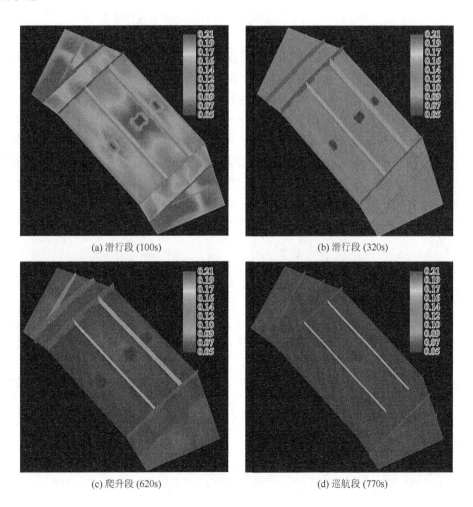

(a) 滑行段 (100s)　　　　　　　　　　(b) 滑行段 (320s)

(c) 爬升段 (620s)　　　　　　　　　　(d) 巡航段 (770s)

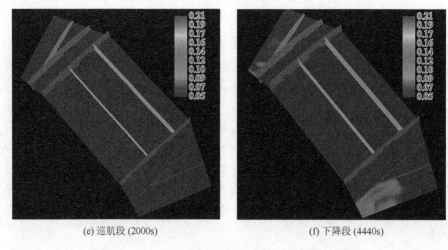

(e) 巡航段 (2000s) (f) 下降段 (4440s)

图 7.31　飞行任务剖面内不同阶段流场氧浓度的分布

　　图 7.32、图 7.33 分别给出了飞行任务剖面内不同阶段各舱室、主体和左右两侧油箱平均氧浓度随时间的变化曲线。从图中可以看出，在滑行阶段结束时刻，油箱的各舱室的惰化已经完成，均已达到安全指标以下（限定值为 8%）；在爬升、巡航段油箱各舱的平均氧浓度趋于一致，均在安全指标以下。从图 7.33 结合图 7.31（f）可以看出，在下降段，由于反压增加的影响，导致空气倒流，使得通气口所在油箱平均氧浓度增高，此时可以通过增加富氮气体流量的方法提高舱内的压力，以此达到平衡内外压力的目的，避免空气进入，并在富氮气体的冲洗作用下，各舱的氧浓度又开始趋于一致。

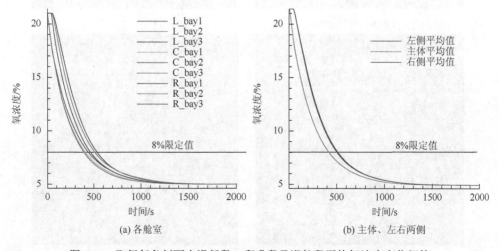

(a) 各舱室 (b) 主体、左右两侧

图 7.32　飞行任务剖面内滑行段、爬升段及巡航段平均氧浓度变化规律

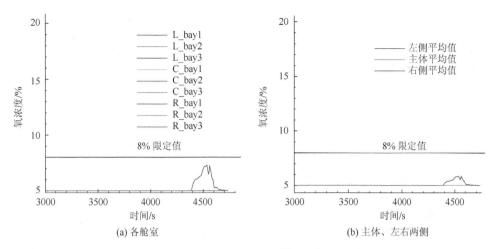

(a) 各舱室　　　　　　　　　　　　　　(b) 主体、左右两侧

图 7.33　飞行任务剖面巡航段与下降段平均氧浓度变化规律

主要参考文献

[1]   汪明明. 飞机油箱气相空间氧浓度控制技术的理论研究[D]. 南京：南京航空航天大学，2010.

[2]   薛勇. 机载中空纤维膜分离性能及民机燃油箱冲洗惰化研究[D]. 南京：南京航空航天大学，2010.

[3]   冯晨曦. 民机油箱气相空间氧浓度控制技术研究[D]. 南京：南京航空航天大学，2011.

[4]   卢吉. 机载空分装置及惰化系统的理论研究[D]. 南京：南京航空航天大学，2011.

[5]   周宇穗. 民用飞机燃油箱惰化技术研究[D]. 南京：南京航空航天大学，2011.

[6]   鹿世化. 油箱惰化间浓度场模拟和气流优化的理论与实验研究[D]. 南京：南京航空航天大学，2012.

[7]   王盛园. 基于国产燃油物理-化学特性的油箱可燃性评估技术研究[D]. 南京：南京航空航天大学，2012.

[8]   付振东. 燃油中溶解氧逸出规律与油箱热模型技术研究[D]. 南京：南京航空航天大学，2012.

[9]   童升华. 国产燃油理化性能与易燃性研究[D]. 南京：南京航空航天大学，2013.

[10] 吕明文. 民机油箱惰化系统数值仿真技术研究[D]. 南京：南京航空航天大学，2013.

[11] 魏树壮. ××型飞机燃油箱惰化系统设计与仿真研究[D]. 南京：南京航空航天大学，2014.

[12] 钟发扬. 飞机油箱上部空间氧浓度场变化规律研究[D]. 南京：南京航空航天大学，2015.

[13] 刘小芳，刘卫华. 飞机供氧和燃油箱惰化技术概况[J]. 北华航天工业学院学报，2008，18（3）：4-7.

[14] 刘小芳，刘卫华，钱国城，等. 机载膜空气分离装置分离特性[J]. 南京航空航天大学学报，2010，42（2）：250-255.

[15] 刘小芳，刘卫华，钱国城，等. 燃油洗涤引射器充氮性能实验[J]. 航空动力学报，2010，25（4）：735-740.

[16] 汪明明，冯诗愚，蒋军昌，等. 飞机燃油箱冲洗与洗涤惰化技术比较分析[J]. 南京航空航天大学学报，2010，42（5）：614-619.

[17] 高秀峰，刘卫华，熊斌，等. 飞机燃油箱冲洗惰化过程的理论研究[J]. 西安交通大学学报，2010，44（9）：16-20，114.

[18] 冯诗愚，鹿世化，刘卫华，等. 洗涤效率对飞机燃油箱惰化过程的影响分析[J]. 航空动力学报，2010，25（11）：2457-2463.

[19] 薛勇，刘卫华，高秀峰，等. 机载惰化系统中空纤维膜分离性能的实验研究[J]. 西安交通大学学报，2011，45（3）：107-111.

[20] 卢吉，冯诗愚，付振东，等. 开式和闭式环境下燃油地面预洗涤比较分析[J]. 航空科学技术，2011，（4）：74-78.

[21] 冯诗愚，刘卫华，黄龙，等. 飞机燃油箱气相空间平衡氧浓度理论研究[J]. 南京航空航天大学学报，2011，43（4）：556-560.

[22] 冯晨曦，刘卫华，鹿世化，等. 气体分配方式对多隔舱燃油箱地面惰化的影响[J]. 航空动力学报，2011，26（11）：2528-2533.

[23] 冯诗愚，卢吉，刘卫华，等. 机载制氮系统中空纤维分离特性[J]. 航空动力学报，2012，27（6）：1332-1339.

[24] 王志伟，王学德，刘卫华，等. 不同进气方式对某民机中央翼油箱惰化性能的影响[J]. 安全与环境学报，2012，12（3）：172-176.

[25] 冯诗愚，冯晨曦，汪其祥，等. 气体分配方式对民机多隔仓燃油箱惰化的影响[J]. 北京航空航天大学学报，2012，28（5）：595-600.

[26] 刘小芳，刘卫华，钱国城，等. 机载中空纤维膜富氮性能实验[J]. 航空动力学报，2012，27（5）：975-980.

[27] 鹿世化，冯诗愚，王盛园，等. 考虑氧逸出的多舱燃油箱惰化理论研究[J]. 南京航空航天大学学报，2012，44（1）：100-104.

[28] 张声奇，王学德，刘卫华，等. 民机燃油箱惰化流场的数值仿真及其特性分析[J]. 航空计算技术，2012，42（1）：50-53.

[29] 鹿世化，刘卫华，冯诗愚，等. 民用飞机多舱油箱内惰化气体分布的研究[J]. 实验流体力学，2012，26（5）：61-64.

[30] 王学德，王志伟，刘卫华，等. 某中央翼燃油箱惰化流场的数值模拟及特性分析[J]. 航空动力学报，2012，27（12）：2641-2647.

[31] 薛勇，冯诗愚，王澍，等. 一种描述燃油与气体组分传质的频率传质模型[J]. 航空动力学报，2013，28（12）：2709-2716.

[32] 郭军亮，周伟，刘卫华. 民用飞机燃油箱富氮气体分配方案选型设计方法初探[J]. 民用飞机设计与研究，2013，（1）：48-51，70.

[33] 张声奇，王学德，王志伟，等. 多隔舱燃油箱惰化流场的数值模拟与分析[J]. 航空动力学报，2013，28（4）：838-843.

[34] 王志伟，王学德，刘卫华，等. 某中央翼燃油箱全程惰化流场的数值模拟研究[J]. 安全与环境学报，2013，13（1）：180-184.

[35] 童升华，邵垒，古远康，等. 外热源作用下机翼油箱边界温度变化规律研究[J]. 航空兵器，2014，（1）：48-52.

[36] 魏树壮，刘卫华，潘俊，等. 油箱惰化流量需求计算方法研究[J]. 航空兵器，2014，（6）：46-49，54.

[37] 邵垒，刘卫华，冯诗愚，等. 机载空分装置富氮气体流量及影响因素[J]. 北京航空航天大学学报，2015，41（1）：141-146.

[38] 邵垒，刘卫华，孙兵，等. 中空纤维膜分离性能实验与预测[J]. 航空动力学报，2015，30（4）：800-806.

[39] 冯诗愚，邵垒，李超越，等. 航空燃油类型对催化惰化系统性能的影响[J]. 航空学报，2016，37（6）：1819-1826.

[40] 李超越，冯诗愚，邵垒，等. 二氧化碳在RP-3航空燃油中溶解度实验测定[J]. 航空动力学报，2017，32（4）：949-954.

[41] 颜万亿. 飞机燃油系统[M]. 上海：上海交通大学出版社，2010.

[42] 杜博夫金 H，马苏尔，马拉尼切娃 B，等. 喷气燃料性能手册[M]. 常汝揖，译. 北京：航空工业出版社，1990：1-276.

[43] McConnell P M，Dalan G A，Anderson C L. On-board inert gas generator system（OBIGGS）studies，Part 2fuel scrubbing and Oxygen evolution tests[R]. AFWAL-TR-85-2060，1986.

[44] Coordinating Research Council，Inc. Handbook of aviation fuel properties-2004 third edition[R]. AFRL-PR-WP-TR-2004-2127，2004.

[45] Yagle W J，Tolle F F，et al. Performance tests of two inert gas generator concepts for airplane fuel tank inerting[C]. 19th Joint Propulsion Conference，AIAA-83-1140，1983.

[46] Abramowitz A，Boris P. Characterization of an Oxygen/Nitrogen permeable membrane system[R]. Characterization of An Oxygen/nitrogen Permeable Membrane System，1996.

[47] Johnson R L，Gillerman J B，Johnson R L，et al. Aircraft fuel tank inerting system[R]. Aircraft Fuel Tank Inerting System，1983.

[48] Klueg E P，Mcadoo W C，Neese W F. Performance of a DC-9aircraft liquid nitrogen fuel tank inerting system[R]. FAA-NA-72-38，1972.

[49] Reynolds T L，Bailey D B，Lewinski D F，et al. Onboard inert gas generation system/onboard Oxygen gas generation system（OBIGGS/OBOGS）study[R]. NAS 1.26：210950-PT2，2001.

[50] Burch I A，Kennett S R，Fletcher L. A risk assessment approach for selecting a replacement for Halon 1301 fire suppressant[R]. AP-001-817，2001.

[51] Grenich A F，Tolle F F，Glenn G S，et al. Design of on-board inert gas generation systems for military aircraft [R]. San Diego，1984：2518.

[52] Wainright R B，Perlmutter A. Generation of inerting gases for aircraft fuel tanks by catalytic combustion techniques[R]. AFAPL-TR-69-68，1969.

[53] Anderson C，Grenich A，Tolle F，et al. Performance tests of two inert gas generator concepts for airplane fuel tank inerting[C]. AIAA83-1140，1983.

[54] Manatt S A，Buss L B，Funk A F，et al. Design criteria for application of membrane nitrogen inerting systems to army aircraft Fuel tanks[R]. USARTL-TR-77-50，1977.

[55] Aircraft Accident Report. In-flight breakup over the Atlantic Ocean，trans world airlines flight 800，Boeing 747-131，N93119[R]. AAR-00-03，2000.

[56] Cherry R，Warren K. A benefit analysis for nitrogen inerting of aircraft fuel tanks against ground fire explosion[R]. DOT/FAA/AR-99/73，1999.

[57] Cavage W M. The cost of implementing ground-based fuel tank inerting in the commercial Fleet[R]. DOT/FAA/AR-00/19，2000.

[58] Burns M，Cavage W M. Ground and flight testing of a Boeing 737center wing fuel tank inerted with nitrogen-enriched air[R]. FAA William J. Hughes Technical Center，Atlantic City International Airport，NJ，DOT/FAA/AR-01/63，2001.

[59] William M C，Morrison R. Development and testing of the faa simplified fuel tank inerting system[R]. Office of Aviation Research，DOT/FAA/AR-05/6，2005.

[60] SAE AIR 1903. Aircraft Inerting System[S]. 2013.

[61] Klein J K. The F-16 halon tank inerting system[R]. AIAA-81-1638，1981.

[62] Wainright R B，Perlmutter A. Generation of inerting gases for aircraft fuel tanks by catalytic combustion techniques，AFAPL-TR-69-68[R]. Air Force Aero Propulsion Laboratory，1969.

[63] George H，McDonald T A，et al. Catalytic reactor for Inerting of aircraft fuel tanks[R]. ADA000939. Airesearch Manufacturing Company，1974.

[64] MacDonald J A，Wyeth H W G. Fire and explosion protection of fuel tank ullage[R]. Ministry of Aviation Supply，Engineering Physics Department，Royal Aircraft Establishment，2009.

[65] Kuchta J M. Oxygen dilution requirements for inerting aircraft fuel tanks[R]. Second Conference on Fuel System Fire Safety，Federal Aviation Administration，1970.

[66] Browall W，et al. Feasibility of adapting a thin film permeable membrane to jet transport fuel tank inerting system[R]. ADA003799. Federal Aviation Administration，1975.

[67] Michael B，William M C. Inerting of a vented aircraft fuel tank test article with nitrogen-enriched air[R]. DOT/FAA/AR-01/6，2001.

[68] Klueg E P，McAdoo W C，Neese W E. Performance of a DC-9 aircraft liquid nitrogen fuel tank inerting system[R]. FAA Report FAA-RD-72-53，1972.

[69] Knight T C，Ritter J E. The AH-64A nitrogen inerting system[J]. AIAA-84-2480，1984.

[70] Manatt S A，Buss L B，et al. Design criteria for application of membrane nitrogen inerting systems to army aircraft fuel tanks[R]. ADA052869，1977.

[71] Cavage W M. Ground-based intering of commercial transport aircraft fuel tanks[R]. Paper Presented at the RTOAVT Specialist'Meeting on Fire Safty and Survivability，2002.

[72] Cavage W M. Ground-based inerting of a boeing 737 center wing fuel tank[R]SAE Conference Paper 2001-01-2656，2001.

[73] Cavage W M. Modeling in-flight inert gas distribution in a 747center wing fuel tank[R]. NJ08405，Federal Aviation Administration，2004.

[74] Cavage W M，Kils O. Inerting a B-747SP center wing tank scale model with nitrogen enriched air[R]. FAA Report DOT/FAA/AR-02/51，2002.

[75] Cavage W M. Modeling inert gas distribution in commercial transport aircraft fuel tanks[R]. Paper Presented at 22nd AIAA Advanced Measurement Technology/Ground Testing Conference，AIAA 2002-3032，2002.

[76] Michael B，William M C，Richard H，et al. Flight-testing of the FAA onboard inert gas generation system on an airbus A320[R]. DOT/FAA/AR-03/58，2004.

[77] Burns M，et al. Evaluation of fuel tank flammability and the FAA inerting system on the NASA 747 SCA[R]. FAA Report DOT/FAA/AR-04/41，2004.

[78] Cavage W M. Modeling of in-flight fuel tank inerting for FAA OBIGGS research[C]. Paper Submitted to the 4th Triannual Fire and Cabin Safety Research Conference，2004.

[79] Summer S M. Fuel tank flammability assessment method user's manual[R]//DOT/FAA/AR-05/8. Washington：Air Traffic Organization Operations Planning Office of Aviation Research and Development，2008.

[80] Tharanivasan A K，Yang C，Gu Y. Comparison of three different interface mass transfer models used in the experimental measurement of solvent diffusivity in heavy oil[J]. Journal of Petroleum Science and Engineering，2004，（44）：269-282.

[81]　Kondo S，Urano Y，Tokuhashi K，et al. Prediction of flammability of gases by using F-number analysis [J]. Journal of Hazardous Materials，2001，82：113-128.

[82]　Vannice W L，Grenich A F. Fighter aircraft OBIGGS（on-board inert gas generation system）study[R]. ADA183690，1987.

[83]　Kondo S，Urano Y，Takizawa K，et al. Flammability limits of multi-fluorinated compounds [J]. Fire Safety Journal，2006，41：46-56.

[84]　Shebeko Y N，Fan W，Bolodian I A，et al. An analytical evaluation of flammability limits of gaseous mixtures of combustible-oxidizer-diluent [J]. Fire Safety Journal，2002，37：549-568.

[85]　Vidal M，Wong W，Rogers W J，et al. Evaluation of lower flammability limits of fuel air-diluentmixtures using calculate dadiabatic flame temperatures [J]. Journal of Hazardous Materials，2006，130：21-27.